高等职业教育工程造价专业系列教材

建筑与装饰材料

主　编　黄煜煜　刘宏敏
副主编　段　炼　沈　涛　涂　玲　王国霞
参　编　王中锋　洪　伟　祝丹蕾　黄怡鋆
主　审　曹世晖　杜庆燕

机 械 工 业 出 版 社

本书系遵照国家对高职高专人才培养的规格要求及高职高专教学特点编写的。全书共分 12 个单元，包括绪论、建筑与装饰材料的基本性质、水泥、混凝土和砂浆、建筑金属材料、墙体材料、建筑石材、木材及制品、防水材料、绝热与吸声材料、建筑石膏及制品、其他常用的装饰材料。本书主要介绍建筑工程和装饰工程中常用的建筑材料和目前推广应用的新型建筑材料的基本组成、生产工艺、性质、应用，以及质量标准和检验方法等。

本书内容精炼，文字通俗易懂；侧重建筑装饰材料的性能和应用，注重理论和实际的结合，旨在提高实践操作能力；注重教材的科学性和政策性，与职业标准结合，与现行国家标准、行业标准结合。

本书可作为高职高专院校、成人高校及民办高校工程造价、建筑装饰工程技术和工程质量监督与管理等相关专业的教学用书，并可作为社会从业人员的业务参考书及培训用书。

为方便教学，本书配有电子课件，凡使用本书作为教材的教师可登录机工教育服务网 www.cmpedu.com 注册下载。咨询邮箱：cmpgaozhi@sina.com。咨询电话：010－88379375。

图书在版编目（CIP）数据

建筑与装饰材料/黄煜煜，刘宏敏主编．—北京：机械工业出版社，2013.10（2024.1 重印）
高等职业教育工程造价专业系列教材
ISBN 978-7-111-44019-2

Ⅰ.①建…　Ⅱ.①黄…②刘…　Ⅲ.①建筑材料－高等职业教育－教材②建筑装饰－装饰材料－高等职业教育－教材　Ⅳ.①TU5②TU56

中国版本图书馆 CIP 数据核字（2013）第 216281 号

机械工业出版社（北京市百万庄大街 22 号　邮政编码 100037）
策划编辑：李　莉　责任编辑：李　莉　常金锋
版式设计：常天培　责任校对：佟瑞鑫
封面设计：赵颖喆　责任印制：邓　博
北京盛通数码印刷有限公司印刷
2024 年 1 月第 1 版第 4 次印刷
184mm×260mm · 13 印张 · 318 千字
标准书号：ISBN 978-7-111-44019-2
定价：39.00 元

电话服务
客服电话：010－88361066
010－88379833
010－68326294

网络服务
机　工　官　网：www.cmpbook.com
机　工　官　博：weibo.com/cmp1952
金　书　网：www.golden－book.com
机工教育服务网：www.cmpedu.com

前　言

本书根据高职高专人才培养的规格要求及高职高专教学特点，结合职业标准，同时遵循高等职业院校学生的认知规律，以专业知识和职业技能、自主学习能力及综合素质培养为目标，确定本书的内容。

在实践能力的培养方面，突出针对性和实用性，以满足学生学习的需要。本书按照高等职业技术教育培养生产、服务、管理第一线的技术应用型人才的总目标，根据生产实践所需的基本知识、基本理论和基本技能，精选教学内容，在自编教材基础上修改、补充，编纂而成。各单元内容与工程实际相结合，加强工程应用，以培养工程意识及创新思想。

本书由湖北水利水电职业技术学院黄煜煜、刘宏敏任主编；湖北水利水电职业技术学院段炼，山西大学工程学院沈涛，武汉船舶职业技术学院涂玲，湖北水利水电职业技术学院王国霞任副主编；嘉兴学院王中锋，湖北水利水电职业技术学院洪伟、祝丹蕾，武汉大学电气工程学院黄怡鋆任参编。湖南城建职业技术学院曹世晖、武汉志宏水利水电设计院杜庆燕担任本书的主审。编写人员分工如下：黄煜煜、刘宏敏（单元2、12），涂玲（单元1、7、8），沈涛（单元3、5），段炼、王国霞（单元9、10、11），王中锋（单元4），洪伟、祝丹蕾（单元6），黄怡鋆（校稿）。

本书在编写过程中，湖北水利水电职业技术学院薛艳、王中发、欧阳钦、余燕君、金芳、李翠华、张少坤、刘海韵等做了一些辅助工作，在此对他们的辛勤工作表示感谢。

本书大量引用了有关专业文献和资料，未在书中一一注明出处，在此对有关文献的作者表示感谢。由于编者水平有限，加之时间仓促，难免存在错误和不足之处，诚请读者与同行批评指正。

编　者

目　录

单元1　绪　论

知识目标：

- 掌握建筑材料的分类及建筑材料的技术标准。
- 了解建筑材料在建设工程中的地位及建筑材料的发展概况。
- 了解本课程的特点及学习方法。

能力目标：

- 能够进行建筑材料的分类。
- 能够明确本课程的特点及学习方法。

本单元重点介绍建筑材料的分类和建筑材料的技术标准；简要概述建筑材料在建设工程中的地位及其特点；介绍建筑材料的发展概况。

1.1　建筑材料的定义和分类

人类赖以生存的环境中，所有构筑物或建筑物所用材料及制品统称为建筑材料，它是一切建筑工程的物质基础。本课程所讨论的建筑材料，是指用于建筑物地基、基础、地面、墙体、梁、板、柱、屋顶和建筑装饰的所有材料。

建筑材料种类繁多，为了研究、使用和叙述的方便，常从不同的角度对建筑材料进行分类。最常用的是按材料的化学成分和使用功能进行分类。

(1) 按材料的化学成分分类　可分为无机材料、有机材料和复合材料三大类，如下所示：

- 建筑材料
  - 无机材料
    - 非金属材料：天然石材、水泥、混凝土、玻璃、烧土制品等
    - 金属材料：钢、铁、铝、铜及各类合金等
  - 有机材料：木材、塑料、合成橡胶、石油沥青等
  - 复合材料
    - 无机非金属－有机复合材料：聚合物混凝土、玻璃纤维增强塑料等
    - 金属－有机复合材料：轻质金属夹芯板等

(2) 按材料的使用功能分类　按材料的使用功能可分为结构材料和功能材料两大类：

结构材料——用作承重构件的材料，如梁、板、柱所用材料。

功能材料——所用材料在建筑上具有某些特殊功能，如防水、装饰、隔热等功能。

1.2　建筑材料在建设工程中的地位及其特点

建筑材料是一切建筑工程的基础。建筑材料工业推动着建筑业的发展，是国民经济的重要基础工业之一。

各种建筑物与构筑物都是在合理设计基础上由各种建筑材料建造而成的。建筑材料的品种、规格及质量都直接关系到建筑物的适用性、艺术性及耐久性，也直接关系到建筑物的工

程造价。随着社会的发展，需要建造大量高质量的工业与民用建筑，同时也需要建造许多大型工程建筑，以适应国民经济的高速发展。这就需要大量的优质的符合工程使用环境特点的建筑材料，因此建筑工业被公认为是建设工程的基础性产业。

建筑材料不仅用量大，而且常常费用高，在建筑工程造价中，建筑材料的费用往往占较大比例，有的甚至超过50%。所以，在建筑工程中恰当地选择、合理地使用建筑材料对降低工程造价、提高投资效益有着重要意义。

随着现代技术的发展，大量新型建材的不断涌现，建筑技术也取得了突飞猛进的发展。例如烧结砖的出现，产生了砖木结构；水泥和钢筋的出现，产生了钢筋混凝土结构；轻质高强材料的出现，又推动了现代建筑和高层建筑的发展；各种功能材料在建筑业中的广泛应用，不断地为人类创造着各种舒适的生活、生产环境，并且利于节省能源。

总而言之，建筑材料在工程中的使用必须具有如下特点：①具有工程要求的使用功能；②具有与使用环境条件相适应的耐久性；③具有丰富的资源，满足建筑工程对材料量的需求；④材料价廉。

另外，理想的建筑材料应具有轻质、高强、美观、保温、吸声、防水、防震、防火、无毒和高效节能等优点。

1.3 建筑材料的发展概况

各种各样的建筑构成了人类赖以生存的场所，反映出每一个时代的文化科学特征，成为人类物质文明的重要标志之一。

建筑材料是随着人类社会生产力及人民生活水平的提高而发展的。人类最初是“穴居巢处”，铁器时代以后有了简单的工具，开始挖土、凿石为洞，伐木为棚，利用天然材料建造非常简陋的房屋；火的利用使人类学会烧制砖、瓦及石灰，建筑材料由天然材料进入人工生产阶段。18、19世纪，资本主义时期，工业迅猛发展，交通日益发达，钢材、水泥、混凝土及钢筋混凝土相继问世，使建筑材料进入了一个新的发展阶段。

进入20世纪后，材料科学与工程学的形成与发展，使建筑材料不仅性能和质量不断改善，而且品种不断增多，一些具有特殊功能的新型建筑材料，如绝热材料、吸声隔声材料、各种装饰材料、耐热防水材料、防水防渗材料以及耐磨、耐腐蚀、防爆和防辐射材料等不断问世。到20世纪后半叶，建筑材料日益向着轻质、高强、多功能方向发展。

随着人类环保意识的不断加强，无毒、无公害的“绿色建材”将日益推广，绿色建材将成为世界各国21世纪建材工业发展的战略重点，人类也将用更新的建筑材料来营造自己的“绿色家园”。

1.4 建筑材料技术标准简介

为实现建筑材料现代化生产的科学管理，必须对材料产品的各项技术制定统一的执行标准。

产品标准，是为了保证产品的适用性，对产品必须达到的某些或全部要求所制定的标准，一般包括产品规格、分类、技术性能、试验方法、验收规则、包装、储藏、运输等。如各种水泥、陶瓷、钢材等均有各自的产品标准。

建筑材料标准，是企业生产的产品质量是否合格的技术依据，也是供需双方对产品质量进行验收的依据。建筑工程中按技术标准合理地选用材料，能使结构设计、施工工艺也相应标准化，可加快施工进度，使材料在工程实践中具有最佳的经济效益。

目前我国常用的技术标准有如下三大类：

(1) 国家标准 国家标准分为强制性标准（代号 GB）、推荐性标准（代号 GB/T）。

(2) 行业标准 如建筑工程行业标准（代号 JGJ），建筑材料行业标准（代号 JC），冶金工业行业标准（代号 YB），交通行业标准（代号 JT）等。

(3) 地方标准（代号 DB）和企业标准（代号 QB） 地方标准是地方主管部门发布的地方性技术指导文件，适用于该地区使用，其技术标准不低于国家标准的相关要求。企业标准是由企业制定发布的指导本企业生产的技术文件，仅适用于本企业，技术标准应不低于类似（或相关）产品的国家标准。

标准的表示方法为标准名称、部门代号、编号和批准年份。举例如下：

国家标准（强制性）《钢筋混凝土用钢 第 2 部分：热轧带肋钢筋》（GB 1499.2—2007）。

国家标准（推荐性）《低合金高强度结构钢》（GB/T 1591—2008）。

建筑工程行业标准《普通混凝土配合比设计规程》（JGJ 55—2011）。

河北省地方标准《改性石膏保温砂浆应用技术规程》【DB13/T（J）25—2000】。

对强制性国家标准，任何技术（或产品）不得低于其中规定的要求；对推荐性国家标准，表示也可执行其他标准的要求，但是推荐性标准一旦被强制标准采纳，就认为是强制性标准；地方标准或企业标准所制定的技术要求应高于国家标准。

采用国际标准和国外先进标准，是我国一项重要的技术经济政策，可以促进技术进步、提高产品质量、扩大对外贸易及提高我国标准化水平。

国际标准大致可分为以下几类：

1）世界范围统一使用的“ISO”国际标准。

2）国际上有影响的团体标准和公司标准，如美国材料与实验协会标准“ASTM”等。

3）区域性标准。区域性标准是指工业先进国家的标准，如德国工业标准“DIN”、英国的“BS”标准、日本的“JIS”标准等。

1.5 课程特点及学习方法

建筑材料是一门技术基础课，是实践性和适用性很强的课程。本课程为学习建筑设计、结构设计和建筑施工所涉及的专业课程提供建筑材料的相关知识，使初学者具有建筑材料的基础知识和在实践中选择与合理使用建筑材料的基本能力，并获得主要建筑材料试验的基本技能训练。

在学习本课程时，首先要着重学习好主要内容——材料的建筑性能和合理应用。其他内容都是围绕这个中心来设置的。材料的生产工艺、组成结构是材料性质形成的内因，学习中必须理解。学习一些材料的建筑性能时，应当知道形成这些性质的内在原因和这些性质之间的相互关系。对同一类不同品种的材料，不但要学习它们的共性，更重要的是掌握它们各自的特性，如六种常用水泥有许多共性，也有许多它们各自的特性，工程中恰恰是根据各自的特性将其应用到适宜的环境中。

本课程教学中设有试验课，这是重要的教学环节，其任务是验证基本理论，学习试验方法，培养科学研究能力和严谨缜密的科学态度。做试验时，要严肃认真，一丝不苟，即使对一些操作简单的试验也不应例外。要了解试验条件对试验结果的影响，要能对试验结果做出正确的分析和判断。另外，每单元的同步测试，概括了每单元材料的理论知识和实践应用，必须掌握并完成作业。

为了进一步熟悉材料性能和应用，还应参观一些建材厂，同时应密切关注工程施工中材料的应用情况，经常了解建筑材料新品种、新标准，以更好地掌握和使用材料。

单元2　建筑与装饰材料的基本性质

知识目标：

- 了解建筑材料的几种性质。
- 理解材料与水有关的性质、与热有关的性质、力学性能、耐久性。
- 掌握建筑材料的实际密度、表观密度、堆积密度、密实度、孔隙率等概念及计算。

能力目标：

- 能够解释建筑材料的性质。
- 能够写出与建筑材料性质有关的计算公式。
- 能够应用公式计算。

各种材料在建筑物中所处的部位不同，要求它们具有不同的功能、性质。建筑材料在使用时要承受一定的荷载及经受周围环境的各种介质的化学和物理的作用，例如酸、碱、盐的腐蚀，所以，建筑材料必须具备使用要求的相应的性质，同时建筑材料还应具备必需的力学性能、水理性质，地面建筑材料具备防水抗渗性能、耐磨损性能。所以，建筑材料的性质可以归结为以下几类：物理性质，包括基本物理性质及各种物理过程（如水、热作用等）性质；力学性能，包括材料在外力作用下的变形性能及强度；耐久性，材料抵抗外界综合因素影响的稳定性。

2.1　材料的基本物理性质

2.1.1　材料与水有关的性能

建筑与装饰材料在使用中不可避免地会受到自然界的雨、雪、地下水和冻融作用的影响，因此，应特别注意建筑与装饰材料与水有关的性质，它包括材料的亲水性与憎水性、吸水性与吸湿性、耐水性、抗渗性、抗冻性、霉变性与腐朽性等。

1. 亲水性与憎水性

材料在空气中与水接触，首先遇到的问题是材料是否被水湿润。根据其能否被水润湿，将材料分为亲水性材料和憎水性（疏水性）材料。

材料在空气中与水接触时能被水湿润的性质称为亲水性。具有这种性质的材料称为亲水性材料，如木材、混凝土、砖等。

材料在空气中与水接触时不能被水湿润的性质称为憎水性。具有这种性质的材料称为憎水性材料，如沥青、石蜡等。

在材料、空气、水三相交界处，沿水滴表面作切线，切线与材料和水接触面所得夹角θ，称为“润湿角”。θ越小，浸润性越强，当θ为零时，表示材料完全被水润湿。一般认为当$\theta \leq 90°$时，水分子之间的内聚力小于水分子与材料分子之间的吸引力，此种材料称为亲水性材料。当$\theta > 90°$时，水分子之间的内聚力大于水分子与材料分子之间的吸引力，材料表面不易被水润湿，此种材料称为憎水性材料，如图 2-1 所示。

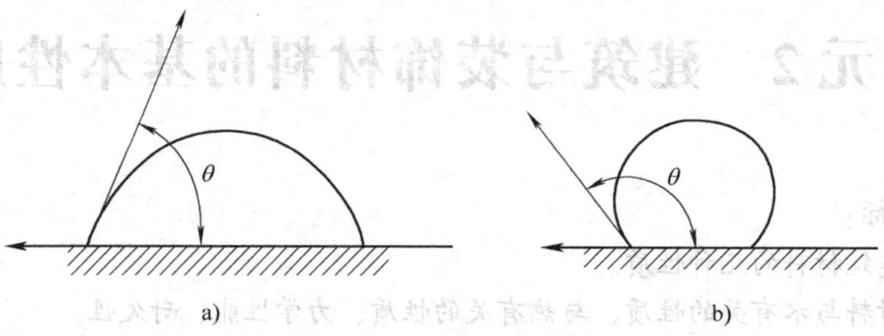

图 2-1　材料的湿润示意图

a）亲水性材料　b）憎水性材料

大多数建筑材料（如混凝土、砖石、木材等）属于亲水性材料，其表面均能被水湿润，且能通过毛细管作用将水吸入材料的毛细管内部。而沥青、石蜡等少数材料属于憎水性材料，其表面不能被水湿润，一般能阻止水分渗入毛细管内，从而能降低材料的吸水性。憎水性材料可用于亲水性材料的表面处理以便降低其亲水性，但主要用作防水材料。

2. 吸水性与吸湿性

材料在浸水状态下吸收水分的能力称为吸水性。当材料吸水达到饱和状态时，其内部所含水分的多少，用吸水率表示。材料的吸水率有质量吸水率和体积吸水率两种表达方式。

质量吸水率是指材料吸水饱和时，所吸收水分的质量与材料干燥时质量的百分比，可按下式计算：

$$W_{质} = \frac{m_{湿} - m_{干}}{m_{干}} \times 100\% \tag{2-1}$$

式中　$W_{质}$——材料的质量吸水率（%）；

$m_{湿}$——材料在吸水饱和后的质量（g）；

$m_{干}$——材料烘干到恒重的质量（g）。

对于多孔材料常用体积吸水率表示。体积吸水率是指材料吸水饱和时，所吸收水分的体积与干燥材料自然体积的百分比，用下式表示：

$$W_{体} = \frac{m_{湿} - m_{干}}{V_0} \times \frac{1}{\rho_H} \times 100\% \tag{2-2}$$

式中　$W_{体}$——材料的体积吸水率（%）；

ρ_H——水的密度（g/cm^3），常温下 $\rho_H = 1g/cm^3$；

$m_{湿}$——材料在吸水饱和后的质量（g）；

$m_{干}$——材料烘干到恒重的质量（g）；

V_0——材料自然状态下的体积（cm^3）。

材料吸水率的大小取决于材料的亲水属性及材料的构造（孔隙率的大小、孔隙特征）。封闭的空隙实际上是不吸水的。材料开口孔隙率越大，吸水性越强，特别是材料具有很多微小开口孔隙或者毛细管连通的孔时，吸水率非常大。因此，影响材料吸水性的主要因素有材料本身的化学组成、结构和构造状况，尤其是孔隙状况。不同材料的吸水率变化范围很大，花岗岩为 0.5% ~0.7%，普通混凝土为 2% ~4%，烧结普通砖为 8% ~15%。

材料在潮湿空气中吸收水分的能力称为吸湿性，用含水率表示：

$$W_{含} = \frac{m_{含} - m_{干}}{m_{干}} \times 100\% \tag{2-3}$$

式中 $W_{含}$——材料的含水率（%）；

$m_{含}$——材料在吸水饱和后的质量（g）；

$m_{干}$——材料烘干到恒重的质量（g）。

影响材料吸湿性的因素，除材料本身的化学组成、结构、构造及孔隙外，还与环境的温度、湿度有关。受潮后的材料表观密度、导热性增大，强度、抗冻性降低。

材料的吸水率是一个定值，含水率是随环境而变化的。材料堆放在施工现场，不断从空气中吸收水分，同时又不断向空气中挥发水分，当吸收和挥发达到动态平衡时，就出现稳定的吸水率。材料中所含水分与空气的湿度相平衡时的含水率，称为平衡含水率。

3. 耐水性

材料长期在饱和水作用下而不破坏，保持其原有性质的能力，称为耐水性。一般情况下，潮湿的材料较干燥时强度低，主要是浸入的水分削弱了材料微粒间的结合力，同时材料内部往往含有一些易被水软化或溶解的物质（如粘土、石膏等）。衡量材料的耐水性的指标是软化系数，用 $K_{软}$ 表示：

$$K_{软} = \frac{f_{饱}}{f_{干}} \tag{2-4}$$

式中 $K_{软}$——材料的软化系数；

$f_{饱}$——材料在饱和状态下的抗压强度（MPa）；

$f_{干}$——材料在干燥状态下的抗压强度（MPa）。

软化系数的大小反映材料浸水后强度降低的程度，其值在 0～1 之间。软化系数越小，其耐水性越差。其实，许多材料吸水（或吸湿），即使未达到饱和状态，其强度及其他性质也会有明显的变化。因此，在选择受水作用的结构材料时，$K_{软}$ 值是一项重要指标。受水浸泡或长期受潮的重要结构材料，其软化系数不宜小于 0.85～0.9；受潮较轻或次要的结构材料，其软化系数不宜小于 0.75～0.85；对于经常处于干燥环境中的结构物，可不必考虑 $K_{软}$。通常认为 $K_{软}$ 大于 0.80 的材料是耐水材料。

4. 抗渗性

材料抵抗压力水渗透的性质，称为抗渗性（或不透水性）。抗渗性常用渗透系数和抗渗等级表示。

根据达西定律，在一定时间 t 内，透过材料的水量 Q 与材料垂直于试件的渗水断面积 A 及作用于试件两侧的水头差 H 成正比，与试件渗透距离（材料的厚度）d 成反比，比例系数 K，称为渗透系数。表达式为：

$$Q = K\frac{H}{d}At \tag{2-5}$$

或

$$K = \frac{Qd}{AtH} \tag{2-6}$$

式中 K——材料的渗透系数（cm/h）；

Q——透水量（cm^3）；

d——试件厚度（cm）；

A——透水面积（cm^2）；

t——透水时间（h）；

H——静水压力水头（cm）。

渗透系数反映了材料抵抗压力水渗透的性质。K 值越小，表明材料的抗渗能力越强。

建筑中大量使用的砂浆、混凝土等材料，其抗渗性用抗渗等级来表示。材料的抗渗等级是指材料用标准方法进行透水试验时，规定的试件在透水前所能承受的最大水压力，以符号 P 及可承受的水压力值（以 MPa 为单位）表示。如 P6、P8、P10、P12 表示材料可抵抗 0.6MPa、0.8MPa、1.0MPa、1.2MPa 的水压力而不渗水。抗渗等级常用来表示砂浆和混凝土的抗渗能力，其值越大，材料的抗渗能力越强。

材料抗渗性的好坏与材料孔隙率和孔隙特征有密切关系。孔隙率很小而且是封闭孔隙的材料往往抗渗能力较强。对于地下建筑及水工建筑物，因常受到压力水的作用，故要求其材料具有一定的抗渗性。对于防水材料，则要求具有更高的抗渗性。

抗渗性是决定材料耐久性的重要因素，也是检验防水材料质量等级的指标之一。

5. 抗冻性

材料在水饱和状态下，能经受多次冻结和融化作用（冻融循环）而不破坏，其强度也不显著降低的性质，称为抗冻性。

抗冻性试验通常是将规定的标准试件浸水饱和后，在规定的试验条件下，进行反复冻融，试件强度降低不大于25%，重量损失不大于5%，材料表面无明显损伤，所能经受的最大、最多循环次数，定为该材料的抗冻等级。材料的抗冻性用抗冻等级“Fi”表示，“i”表示冻融循环次数，如抗冻等级为 F10 的材料，表示材料所能经受的冻融循环次数最多为 10 次。抗冻等级越高，材料的抗冻能力越强。

冻结的破坏作用主要是材料孔隙中的水结冰膨胀所致。当材料孔隙中充满水时，水结冰约产生 9% 的体积膨胀，使材料孔壁产生拉应力，当拉应力超过材料的抗拉强度时，孔壁形成局部开裂。随着冻融次数的增加，材料的破坏更加严重。

材料的抗冻能力取决于材料的吸水饱和程度、孔隙特征及抵抗冻胀应力的能力。闭口孔隙不易进水，粗大的开口孔隙水分不易充满孔隙，都会使材料抗冻能力提高；材料自身的强度高，变形能力强，也会提高材料的抗冻能力。

抗冻性是考查材料耐久性的一个重要指标。水工建筑物经常处于干湿交替作用的环境中，其抗冻性的要求可高达 F500 ~ F1000。

6. 材料的霉变性和腐朽性

建筑材料在潮湿或温暖的气候条件下受到真菌侵蚀，在材料的表面产生绒毛状的或棉花状的，颜色从白色到暗灰色至黑色，有时也会显出蓝绿色、黄绿色或微红色的物质称为材料的霉变。霉变对材料的力学性能影响较小，但影响外观，甚至会引起材料表面变形。材料发生霉变的原因主要有三个，即水分、温度、空气。所以，只要保持材料干燥、通风，就可避免材料发生霉变。

材料在使用过程中受到酸、碱、盐及真菌等各种腐蚀介质的作用，在材料内部发生一系列的物理、化学变化，使材料逐渐受到损害，性能改变、力学性能降低，严重时会引起整个材料彻底破坏的现象称为材料腐朽。如水泥石在淡水、酸类、盐类和强碱的各种介质作用下水化产物发生分解反应，引起水泥石疏松、开裂；装饰材料中的木材受到腐朽菌侵蚀，将木材细胞壁的纤维素等物质分解，使木材腐朽破坏。

2.1.2　与质量有关的性能

1. 三种密度

（1）实际密度　实际密度是指材料在绝对密实状态下的单位体积的质量。用下式计算：

$$\rho = \frac{m}{V} \tag{2-7}$$

式中　ρ——实际密度（g/cm^3）；

m——材料在干燥状态下的质量（g）；

V——材料在绝对密实状态下的体积（cm^3）。

材料在绝对密实状态下的体积，即材料的实体积。实际上，只有少数材料（钢材、沥青等）可视为密实材料，直接测定其密度。其他大多数材料内部都含有一定的孔隙，对于多孔材料，可将材料磨制成规定细度的粉末（粒径小于0.2mm），用排水（液）法测得其体积，再计算出其密度。

在测量某些较致密的而又不规则的散粒材料（如砂、石等）的实际密度时，因内部孔隙少，常常直接用排水（液）法测其体积作为绝对密实状态体积的近似值。用该方法求出的密度为近似密度，称为视密度。

（2）表观密度　表观密度也称体积密度，是指材料在自然状态下单位体积的质量。用下式表示：

$$\rho_0 = \frac{m}{V_0} \tag{2-8}$$

式中　ρ_0——表观密度（g/cm^3或kg/m^3）；

m——材料的质量（g或kg）；

V_0——材料在自然状态下的体积（cm^3 或 m^3）。

材料在自然状态下的体积，是指构成材料的固体物质的体积与全部孔隙体积之和，如图1-2所示。规则外形形状的体积可直接测其外形体积，不规则形状的材料可在表面涂蜡，再用排液法求其体积。表面涂蜡的作用是防止测液进入材料内部孔隙而影响测定值。

材料的表观密度随含水状态的变化而变化。因此，在测定表观密度时，应同时测定含水量，并予以注明材料的含水状态。若无特别说明，常指气干状态（材料含水率与大气湿度相平衡，但未达到饱和状态）下的表观密度。

（3）堆积密度　堆积密度是指材料在规定的装填条件下，单位松散体积的质量。用下式表示：

$$\rho_0' = \frac{m}{V_0'} \tag{2-9}$$

式中　ρ_0'——散粒材料的堆积密度（g/cm^3 或 kg/m^3）。

m——材料的质量（g或kg）；

V_0'——散粒材料的松散体积（cm^3 或 m^3）。

散粒材料的松散体积包括固体颗粒体积、颗粒内部孔隙体积和颗粒之间的空隙体积（图 2-2）。松散体积用容量筒测定。堆积密度与材料的装填条件及含水状态有关。在自然堆积状态下称松堆密度，如经过振实后测得的堆积密度称为紧堆密度。

2. 材料的密实度与孔隙率

（1）密实度　密实度是指材料体积内被固体物质所充实的程度，也就是固体物质的体积占总体积的比例，如图 2-3 所示。密实度反映材料的密实程度，以 D 表示：

$$D=\frac{V}{V_0}\times 100\%=\frac{\rho_0}{\rho}\times 100\% \tag{2-10}$$

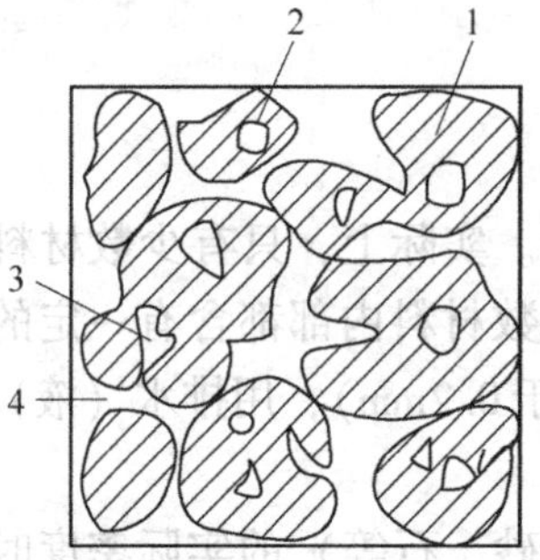

图 2-2　材料孔（空）隙及体积示意图

1—固体物质　2—闭口孔隙　3—开口孔隙　4—颗粒空隙

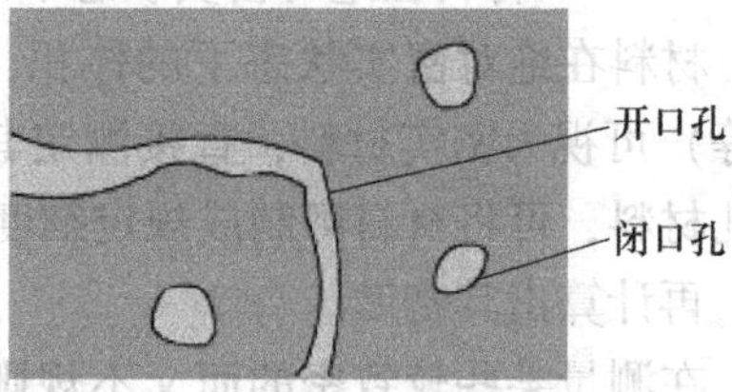

图 2-3　材料的密实度

（2）孔隙率　孔隙率指块状材料中孔隙体积与材料在自然状态下总体积的百分比。用下式表示：

$$P=\frac{V_{孔}}{V_0}\times 100\% \tag{2-11}$$

或

$$P=\frac{V_0-V}{V_0}=\left(1-\frac{V}{V_0}\right)=\left(1-\frac{\rho_0}{\rho}\right)\times 100\% \tag{2-12}$$

式中　P——材料的孔隙率（%）；

$V_{孔}$——材料中孔隙的体积（cm^3）；

ρ_0——材料的体积密度（干燥状态）；

孔隙率与密实度的关系为：$P+D=1$。

常用材料的密度、表观密度及孔隙率见表 2-1。

表 2-1　常用建筑与装饰材料的密度、表观密度及孔隙率

材料	密度/（g/cm^3）	表观密度/（g/cm^3）	孔隙率（%）
普通粘土砖	2.5～2.8	1500～1800	20～40
花岗岩	2.6～2.9	2500～2800	0.5～1.0
普通混凝土	—	2300～2500	5～20
沥青混凝土	—	2300～2400	2～4
松木	1.55～1.60	380～700	55～75
砂	2.6～2.7	1400～1600	40～45
建筑钢材	7.85	7850	0

3. 材料的填充率和空隙率

（1）填充率　填充率是指散粒材料在某容器的堆积体积中，被其颗粒填充的程度，如图2-4所示，以D'表示。可用下式计算：

$$D' = \frac{V_0}{V_0'} \times 100\% = \frac{\rho_0'}{\rho_0} \times 100\% \tag{2-13}$$

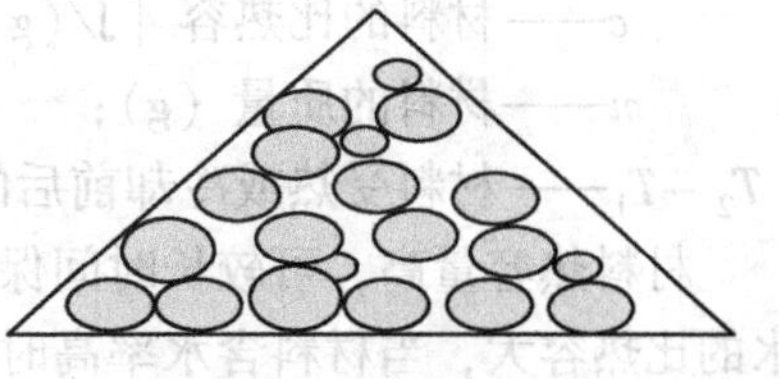

图2-4　材料填充率

（2）空隙率　散粒材料在松散状态下，颗粒之间的空隙体积与松散体积的百分比称为空隙率。用下式表示：

$$P' = \frac{V_0' - V_0}{V_0'} = \left(1 - \frac{V_0}{V_0'}\right) = \left(1 - \frac{\rho_0'}{\rho_0}\right) \times 100\% \tag{2-14}$$

填充率和空隙率的关系是：$D' + P' = 1$。

2.1.3　材料与热有关的性质

在实际工程中，为了节约建筑物的使用能耗以及为生产和生活创造适宜的条件，通常要求建筑材料具有一定的热性质用以维持室内的温度，所以常常要考虑材料的导热性、热容性、热变形性及材料的保温隔热性能。

1. 导热性

材料传导热量的性质称为导热性。材料的导热能力用导热系数λ表示，其物理意义是：面积为$1m^2$、厚度为1m的单层材料，当两侧温差为1K时，经单位面积（$1m^2$）、单位时间（1s）所通过的热量。计算公式如下：

$$\lambda = \frac{Q \cdot d}{At(T_2 - T_1)} \tag{2-15}$$

式中　λ——材料的导热系数［W/(m·K)］；

Q——传导的热量（J）；

A——热传导面积（m^2）；

d——材料厚度（m）；

t——导热时间（s）；

T_1、T_2——材料两侧的温度（K）。

材料的导热系数越小，隔热保温效果越好。各种建筑材料的导热系数差别很大，大致在0.035～3.5W/(m·K)之间。有隔热保温要求的建筑物宜选用导热系数小的材料做围护结构。工程中通常将$\lambda < 0.23$W/(m·K)的材料称为绝热材料。

导热系数与材料的化学组成、显微结构、孔隙率、孔隙形态特征、含水率及导热时的温度等因素有关。

2. 热容性

材料的热容性是指材料受热时吸收热量或冷却时放出热量的能力。它以材料升温或降温时热量的变化来表示，即热容量。材料受热时吸收或冷却时放出的热量与其质量、温度变化值成正比关系，即：

$$Q = cm(T_2 - T_1) \tag{2-16}$$

或

$$c = \frac{Q}{m(T_2 - T_1)} \tag{2-17}$$

式中 Q——材料吸收或放出的热量（J）；

c——材料的比热容［J/(g · K)］；

m——材料的质量（g）；

T_2-T_1——材料受热或冷却前后的温差（K）。

材料热容量高，可较长时间保持房间温度的稳定。工程中常选用比热容大的建筑材料。水的比热容大，当材料含水率高时，比热容值则增大。通常所说材料的比热容是指其干燥状态下的比热容。

几种常见材料的导热系数及比热容见表2-2。

表2-2 常见材料的导热系数及比热容

材　料	导热系数 /［W/(m · K)］	比热容 /［J/(kg · K)］	材　料	导热系数 /［W/(m · K)］	比热容 /［J/(kg · K)］
铜	370	0.38	绝热纤维板	0.05	1.46
钢	55	0.46	玻璃棉板	0.04	0.88
花岗岩	2.9	0.80	泡沫塑料	0.03	1.30
普通混凝土	1.8	0.88	冰	2.20	2.05
普通粘土砖	0.55	0.84	水	0.58	4.19
松木（顺纹）	0.15	1.63	密闭空气	0.025	1.00

3. 热变形性

材料的热变形性是指材料在温度变化时其尺寸的变化。一般材料均具有热胀冷缩这一自然属性。材料的热变形性，常用长度方向变化的线膨胀系数表示，土木工程中总体上要求材料的热变形不要太大。对于像金属、塑料等热膨胀系数大的材料，因温度和日照都易引起伸缩，成为构件产生位移的原因，在构件接合和组合时都必须予以注意。在有隔热保温要求的工程设计中，应尽量选用热容量（或比热容）大、导热系数小的材料。

4. 保温隔热性能

在建筑工程中常把 $1/\lambda$ 称为材料的热阻，用 R 来表示，单位为 m · K/W。导热系数 λ 和热阻 R 都是评定建筑材料保温隔热性能的重要指标。人们常习惯把防止室内热量的散失称为保温，把防止外部热量的进入称为隔热，将保温隔热统称为绝热。

材料的导热系数越小，其热阻值越大，则材料的导热性能越差，其保温隔热性能越好，所以常将 $\lambda \leqslant 0.23$W/（m · K）的材料称为绝热材料。

2.1.4 材料与声有关的性质

1. 材料的吸声性能

材料吸收声音的能力称为材料的吸声性。评定材料吸声性能好坏的主要指标是吸声系数，计算公式为：

$$\delta = E/E_0 \tag{2-18}$$

式中 δ——材料的吸声系数；

E——被材料吸收的声能（包括部分穿透材料的声能）；

E_0——入射到材料表面的总声能。

物体振动时，迫使邻近空气随着振动而形成声波。当声波遇到材料表面时，一部分被反射，另一部分穿透材料，其余的部分则传递给材料内部，在材料的孔隙中引起空气分子与孔壁的摩擦和黏滞阻力，使相当一部分声能转化为热能而被吸收。材料的吸声系数越大，则其吸声性能越好。吸声系数与声音的频率和入射方向有关。同一材料用不同频率的声波，从不同方向射向材料时，有不同的δ值。所以，吸声系数采用的是声音从各方向入射的平均值，但需指出是对哪个频率的吸收。材料的吸声性能与材料的厚度、孔隙的特征、构造形态等有关。开放的互相连通的气孔越多，材料的吸声性能越好。最常用的吸声材料大多为多孔材料，强度较低，多孔吸声材料易于吸湿，安装时应考虑胀缩的影响。

通常采用的6个频率为125Hz、250Hz、500Hz、1000Hz、2000Hz和4000Hz，一般将对上述6个频率的平均吸声系数δ大于0.2的材料称为吸声材料。

2. 材料的隔声性能

材料能够减弱或隔断声波传递的能力称为材料的隔声性能。材料的隔声性用隔声量来表示，计算公式为：

$$R = 10\lg\frac{E_0}{E_2} \tag{2-19}$$

式中　R——隔声量（dB）；

E_0——入射到材料表面的总声能；

E_2——透过材料的声能。

隔绝的声音按其传播的途径可分为空气声（通过空气传播的声音）和固体声（通过固体撞击或振动传播的声音）。两者的隔声原理截然不同。对于空气声，根据声学中的“质量定律”，其传声的大小主要取决于墙或板的单位面积质量，质量越大，越不易被振动，则隔声效果越好。可以认为，隔声量越大，材料的隔声性能越好。隔绝空气声主要是反射，因此必须选择密实、沉重的材料，如黏土砖、钢筋混凝土、钢板等。对于固体声，是由于振源撞击固体材料，引起固体材料受迫振动而发声，并向四周辐射声能的。固体声在传播过程中，声能的衰减极少。隔绝固体声主要是吸收，这和吸声材料是一致的。隔绝固体声最有效的措施是在墙壁和承重梁之间、房屋的框架和墙壁及楼板之间加弹性衬垫，这些衬垫材料大多可以采用上述的吸声材料，如毛毡、软木等，在楼板上可加地毯、木地板等。

结构的隔声性能用隔声量表示。隔声量是指入射与通过材料声能相差的分贝数。隔声量越大，隔声性能越好。

2.2　材料的力学性能

2.2.1　材料的强度性能

1. 强度

材料抵抗外力作用破坏的性能称为强度，如图2-5所示。当材料承受荷载作用时，内部便产生应力。应力随荷载的增大而增大，直至材料发生破坏。此时的极限应力值即为材料的强度。可用下式表示：

$$f = \frac{F_{max}}{A} \tag{2-20}$$

式中　f——强度（MPa）；

F_{max}——极限荷载（N）；

A——受力面积（mm）。

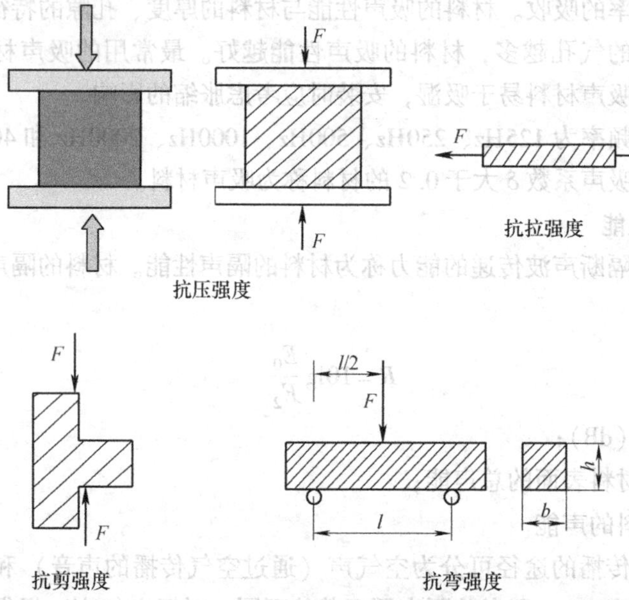

图 2-5　材料静力强度分类和测定

2. 强度等级及影响因素

材料的强度与其组成及结构有关。一般来说，材料的孔隙率越大，则强度越小。材料的强度还与检测时试件的形状、尺寸、含水状态、环境温度、加荷速度等有关。同种材料，试件尺寸小时所测强度值高，加荷速度快时强度值高，试件表面粗糙时强度值高。如果材料含水率增大，环境温度升高，都会使材料强度降低。

3. 材料的比强度

比强度是衡量材料轻质高强性能的重要指标，其值等于材料强度与其体积密度之比。其便于对不同强度的材料进行比较。

例如，木材的强度低于钢材，而木材的比强度远高于钢材，说明木材比钢材更为轻质高强。

2.2.2　材料的其他力学性能

1. 材料的冲击韧性和脆性

材料抵抗冲击、振动荷载作用的能力称为韧性。其值用冲击韧性指标 α_k 表示，α_k 指用带缺口的试件做冲击破坏试验时，断口处单位面积所吸收的功。计算式为：

$$\alpha_k = \frac{A_k}{A} \tag{2-21}$$

式中　α_k——材料的冲击韧性指标（J/mm^2）；
A_k——试件破坏时所消耗的功（J）；
A——试件受力净截面积（mm^2）。

建筑钢材、木材的 α_k 值较高，称为韧性材料。它们在破坏前均有较明显的变形。玻璃、混凝土、砖石等材料破坏前无明显的塑性变形，称为脆性材料。

2. 磨损及磨耗

材料表面在外界物质的摩擦作用下，其质量和体积减小的现象称为磨损，磨损用磨损率表示：

$$K = \frac{m_1 - m_2}{A} \tag{2-22}$$

式中　K——试件的磨损率（g/cm^2）；
m_1、m_2——试件磨损前、后的质量（g）；
A——试件受磨面积（cm^2）。

材料在摩擦和冲击同时作用下，其质量和体积减小的现象称为磨耗。磨耗以试验前、后的试件质量损失百分数表示。

磨损及磨耗统称为材料的耐磨性。材料的硬度大、韧性好、构造均匀致密时，其耐磨性较强。多泥砂河流上水闸的消能结构的材料，要求使用耐磨性较强的材料。

3. 材料的弹性和塑性

材料在外力作用下产生变形，当外力取消后，材料变形即可消失并能完全恢复原来的形状的性质，称为弹性。这种当外力取消后瞬间内即可完全消失的变形，称为弹性变形，属于可逆变性。其数值的大小与外力成正比，其比例系数 E 称为弹性模量。

材料在外力作用下产生变形，如果外力取消后，不能恢复原来形状的性质，称为塑性。这种不能消失的变形，称为塑性变形（或永久变形）。

许多材料受力不大时，仅产生弹性变形；当受力超过一定限度后，即产生塑性变形。

2.3　材料的耐久性

2.3.1　影响材料耐久性的因素

材料的耐久性是指材料在使用条件下，受到各种内在或外来自然因素及有害介质的作用，能长期地保持其使用性能的性质。材料的工作性能是指材料在使用过程中所必需具备的物理、化学及力学性能。影响材料耐久性的因素是多种多样的，除材料内在原因使其组成、构造、性能发生变化以外，还要长期受到使用条件及各种自然因素的作用，这些作用可概括为以下几个方面。

（1）物理作用　它包括干湿变化、温度变化和冻融变化等。这些作用将会使材料发生体积的胀缩，或导致内部裂缝的扩展。若长期反复作用则会使材料逐渐破坏。

（2）化学作用　它包括大气、环境水和在使用环境中的酸、碱、盐等液体或有害气体的侵蚀作用。

（3）机械作用　它包括使用过程中荷载的持续作用，交变荷载引起材料的疲劳破坏以及冲击、磨损等方面的作用。

（4）生物作用　它包括各种生物的菌类、微生物和昆虫等作用而引起材料发生腐朽、虫蛀而破坏。

改变材料工作性能的因素，除了外力的作用，还与材料所处的工作环境有关。环境因素的破坏作用主要是物理作用、化学作用及生物作用。这些因素或单独或交互发生，具有复杂多变性。材料的耐久性与环境破坏因素见表2-3。

表2-3　耐久性与环境破坏因素

名　称	破坏作用	环境因素	评定指标
抗渗性	物理	压力水	渗透系数、抗渗等级
抗冻性	物理	水、冻融	抗冻等级
冲磨气蚀	物理	流水、泥沙	磨损率
碳化	化学	CO_2、HO_2	碳化深度
化学侵蚀	化学	酸、碱、盐及其溶液	*
老化	化学	阳光、空气、水	*
锈蚀	物理、化学	H_2O、O_2、Cl^-、电流	锈蚀率
碱骨料反应	物理、化学	K_2O、活性骨料	*
腐朽	生物	H_2O、O_2、菌	*
虫蛀	生物	昆虫	*
耐热	物理	湿热、冷热交替	*
耐火	物理	高温、火焰	*

注：*表示可参考其强度变化率、裂缝开裂情况、变形情况进行评定。

材料的耐久性是一项综合性质。对材料耐久性的判断，需要在使用条件下进行长期的观察和测定。通常的做法是根据工程对所用材料的使用要求，在实验室进行有关的快速试验，如干湿循环、冻融循环、加湿与紫外线干燥循环、碳化、盐溶液浸渍与干燥循环、化学介质浸渍等，并据此做出耐久性判断。

例如，矿物质材料的抗冻性可以综合反映材料抵抗温度变化、干湿变化等风化作用的能力，因此抗冻性可作为矿物质材料抵抗周围环境物理作用的耐久性综合指标。在建筑工程中，处于温暖地区的结构材料，为抵抗风化作用，对材料也提出一定的抗冻性要求。

2.3.2　提高材料耐久性的措施

1）提高材料本身对外界作用的抵抗能力（如提高密实度、改变空隙构造和改变成分等）。

2）选用其他材料对主体材料加以保护（如做保护层、刷涂料和做饰面层等）。

3）设法减轻大气或其他介质对材料的破坏作用（如降低温度、排除侵蚀性物质等）。

2.3.3　材料耐久性的测定

对材料耐久性最可靠的判断，是对其在使用条件下进行长期的观察和测定，但这需要很长的时间，往往满足不了工程的需要。所以常常根据使用要求，用一些试验室可测定又能基本反映其耐久性特性的短时试验指标来表达。如：常用软化系数来反映材料的耐水性；用实验室的冻融循环（数小时一次）试验得出的抗冻等级来反映材料的抗冻性；采用较短时间的化学介质浸渍来反映实际环境中的水泥石长期腐蚀现象等。

为了提高材料的耐久性，以利于延长建筑物的使用寿命和减少维修费用，可根据使用情况和材料特点，采用相应的措施。如设法减轻大气或周围介质对材料的破坏作用（如降低湿度、排除侵蚀性物质等），提高材料本身对外界作用的抵抗能力（如提高材料的密实度、采取防腐措施等），也可以用其他材料保护主体材料免受破坏（如覆面、抹灰、刷涂料等）。

单元小结

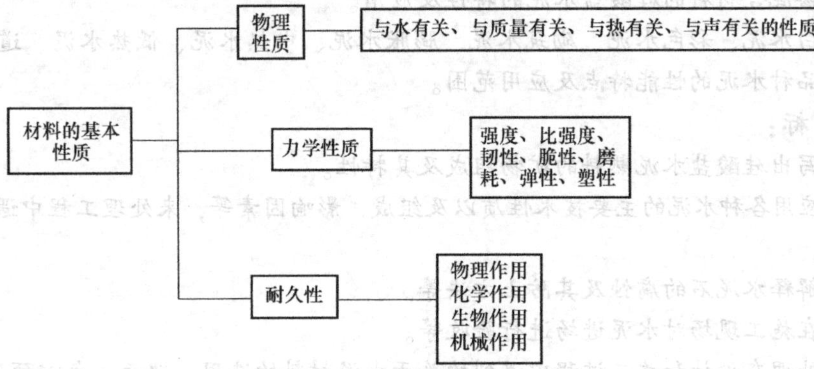

同步测试

2.1　材料的吸水性、吸湿性、耐水性、抗渗性、抗冻性、吸声性及隔声性的含义是什么？各用什么指标表示？

2.2　材料受冻破坏的原因是什么？为什么通过水饱和度可以看出材料的抗冻性？

2.3　如何保持建筑物室内温度的稳定性并减少热损失？

2.4　某天然岩石密度为2.68g/cm^3，孔隙率为2%，将该岩石破碎，碎石的堆积密度为1550kg/m^3。求碎石的体积密度和空隙率。

2.5　某材料干燥状态时破坏荷载为200kN，吸水饱和时的破坏荷载为155kN，求其软化系数并判断该材料是否能用于潮湿环境中。

2.6　材料的吸声性与材料的哪些因素有关？材料的吸声系数是如何确定的？

2.7　弹性材料与塑性材料有何不同？材料的脆性与韧性有何不同？

单元3　水　泥

知识目标：

- 理解硅酸盐水泥熟料的矿物组成及其特性。
- 了解硅酸盐水泥的凝结硬化过程及影响因素。
- 掌握硅酸盐水泥的主要技术性质、特性与应用。
- 理解水泥石的腐蚀及防止方法。
- 了解掺混合材料的硅酸盐水泥的特性及应用。
- 了解白水泥、彩色水泥、砌筑水泥、膨胀水泥、中热水泥、低热水泥、道路水泥等其他品种水泥的性能特点及应用范围。

能力目标：

- 能够写出硅酸盐水泥熟料的矿物组成及其特性。
- 能够应用各种水泥的主要技术性质以及组成、影响因素等，来处理工程中遇到的实际问题。
- 能够解释水泥石的腐蚀及其防止方法等。
- 能够在施工现场对水泥进场进行验收等。
- 能够处理在设计和施工过程中遇到的关于水泥材料的选用、储运、危害预防等问题。

水泥是一种粉末状的水硬性胶凝材料，与水混合后可成为塑性的浆体，再经过一系列的物理化学反应过程，凝结硬化成坚硬的石状体，并且能把散粒状或块状（如砂、石等）材料粘结成具有一定物理力学性能的整体。水泥浆体不仅能在空气中硬化，而且在潮湿环境或水中硬化得更好，保持并继续增长其强度，故水泥属于典型的水硬性胶凝材料。

水泥是建筑及装饰工程中最为重要的建筑材料之一。它不但大量用于工业与民用建筑工程中，而且广泛应用于交通、水利、海港、矿山等工程，几乎任何种类、规模的工程都离不开水泥。

水泥的品种繁多，按其化学成分主要分为硅酸盐系水泥、铝酸盐系水泥、硫铝酸盐系水泥、铁铝酸盐系水泥、磷酸盐系水泥等系列，其中硅酸盐系水泥应用最为广泛。硅酸盐系水泥按其用途和性能又可分为通用水泥、专用水泥及特性水泥三大类。通用水泥是指用于一般建筑工程的水泥，主要包括硅酸盐水泥、普通硅酸盐水泥、矿渣硅酸盐水泥、火山灰质硅酸盐水泥、粉煤灰硅酸盐水泥及复合硅酸盐水泥这六大硅酸盐系水泥；专用水泥是指具有专门用途的水泥，如砌筑水泥、道路水泥、油井水泥等；特性水泥是指具有某种突出性能的水泥，如快硬水泥、白水泥、抗硫酸盐水泥、膨胀水泥等。

本单元主要介绍硅酸盐水泥、掺混合材料的硅酸盐水泥以及一些常见的其他品种水泥。

3.1　硅酸盐水泥

《通用硅酸盐水泥》（GB 175—2007）规定，以硅酸盐水泥熟料、0%～5%石灰石或粒化高炉矿渣、适量石膏磨细制成的水硬性胶凝材料，称为硅酸盐水泥。硅酸盐水泥分两种类型：不掺加混合材料的称 Ⅰ 型硅酸盐水泥，代号 P·Ⅰ；在硅酸盐水泥熟料粉磨时掺加不超过水泥质量5%的石灰石或粒化高炉矿渣混合材料的称Ⅱ型硅酸盐水泥，代号 P·Ⅱ。

3.1.1　硅酸盐水泥的生产

生产硅酸盐水泥的主要原料有石灰质原料和粘土质原料两类，此外再配以少量的铁矿粉等作为辅助材料。生产水泥时，首先将几种原料按适当比例混合后磨细，制成生料，然后将生料送入煅烧窑中进行煅烧，得到以硅酸钙为主要成分的水泥熟料，再加入适量石膏共同磨细，即制得 P·Ⅰ 型硅酸盐水泥。硅酸盐水泥的生产过程主要分为制备生料、煅烧熟料、粉磨水泥三个阶段，这三个过程的主要设备是生料粉磨机、水泥熟料煅烧窑和生料粉磨机，其生产工艺过程可概括为“两磨一烧”。

3.1.2　硅酸盐水泥熟料的矿物组成

以适当成分的生料，煅烧至部分熔融而得到的以硅酸钙为主要成分的物质称为硅酸盐水泥熟料。硅酸盐水泥熟料的主要矿物组成及含量见表3-1。

表3-1　硅酸盐水泥熟料的主要矿物组成及含量

矿物成分名称	基本化学组成	矿物简称	一般含量范围
硅酸三钙	$3CaO \cdot SiO_2$	C_3S	37% ~60%
硅酸二钙	$2CaO \cdot SiO_2$	C_2S	15% ~37%
铝酸三钙	$3CaO \cdot Al_2O_3$	C_3A	7% ~15%
铁铝酸四钙	$4CaO \cdot Al_2O_3 \cdot Fe_2O_3$	C_4AF	10% ~18%

硅酸盐水泥熟料中硅酸盐熟料矿物占75%左右，故名硅酸盐水泥。此外熟料中还含有少量的 SO_3、游离 CaO、游离 MgO 等，如果其含量过高，将造成水泥安定性不良等，危害很大，故国家标准对其含量有严格限制。

四种主要熟料矿物单独与水作用时，所表现的特性是不同的：

C_3S 的水化速率较快，水化热较大，而且主要在早期放出，强度最高，并且能不断得到增长，是决定水泥强度等级高低的最主要矿物。

C_2S 的水化速率最慢，水化热最小，而且主要在后期放出，早期强度不高，但后期强度增长率较高，是保证水泥后期强度增长的主要矿物。

C_3A 的水化速率极快，水化热最大，而且主要在早期放出，硬化时体积缩减也最大，早期强度增长率很快，但强度不高，而且以后几乎不再增长，甚至会降低。

C_4AF 的水化速率较快，仅次于 C_3A，水化热中等，强度较低，脆性比其他矿物小，当其含量增多时，有助于水泥抗拉强度的提高。

水泥熟料的组成成分及各组分的比例是影响硅酸盐系水泥性能的最主要因素。掌握了硅酸盐水泥熟料中各矿物成分的含量及特性之后，就可以大致了解该水泥的性能特点。

3.1.3　硅酸盐水泥的凝结硬化

水泥加水拌和后形成具有可塑性的浆体，随着水化的不断进行，水泥浆体逐渐变稠，失去塑性，但还不具有强度，这一过程称为水泥的凝结。随着水化过程的进一步深入，水泥浆体逐渐坚固而产生明显强度的过程，称为水泥的硬化。

1. 硅酸盐水泥的水化

硅酸盐水泥加水后，各熟料矿物与水发生水化和水解作用，生成一系列新的化合物，称为水化。

（1）硅酸三钙的水化　C_3S 与水作用，生成水化硅酸钙凝胶和氢氧化钙晶体，其反应式如下：

$$2(3CaO \cdot SiO_2) + 6H_2O = 3CaO \cdot 2SiO_2 \cdot 3H_2O + 3Ca(OH)_2$$

（2）硅酸二钙的水化　C_2S 与水作用，生成水化硅酸钙和氢氧化钙，其反应式如下：

$$2(2CaO \cdot SiO_2) + 4H_2O = 3CaO \cdot 2SiO_2 \cdot 3H_2O + Ca(OH)_2$$

（3）铝酸三钙的水化　C_3A 与水作用，生成水化铝酸钙晶体，其反应式如下：

$$3CaO \cdot Al_2O_3 + 6H_2O = 3CaO \cdot Al_2O_3 \cdot 6H_2O$$

由于铝酸三钙与水反应非常快，使水泥凝结加速，为了调节水泥凝结时间，在粉磨水泥时加入适量石膏作缓凝剂，生成高硫型水化硫铝酸钙晶体，又称钙矾石，反应式如下：

$$3CaO \cdot Al_2O_3 \cdot 6H_2O + 3(CaSO_4 \cdot 2H_2O) + 19H_2O = 3CaO \cdot Al_2O_3 \cdot 3CaSO_4 \cdot 31H_2O$$

水泥中石膏掺量必须严格控制，过少起不到缓凝作用，过多则引起水泥石的膨胀性破坏。

（4）铁铝酸四钙的水化　C_4AF 与水作用，生成水化铝酸钙和水化铁酸钙凝胶，其反应式如下：

$$4CaO \cdot Al_2O_3 \cdot Fe_2O_3 + 7H_2O = 3CaO \cdot Al_2O_3 \cdot 6H_2O + CaO \cdot Fe_2O_3 \cdot H_2O$$

综上所述，硅酸盐水泥与水作用后，生成的主要产物有水化硅酸钙和水化铁酸钙凝胶、氢氧化钙、水化铝酸钙、水化硫铝酸钙等。

2. 硅酸盐水泥的凝结、硬化

随着水泥水化的不断进行，水泥浆结构内部孔隙不断被新生水化物填充和加固的过程，称为水泥的“凝结”。随后产生明显的强度并逐渐变成坚硬的人造石——水泥石，这一过程称为水泥的“硬化”。水泥的凝结硬化机理非常复杂，现按一般的看法简单描述如下：

水泥加水拌和后，未水化的水泥颗粒分散在水中，成为水泥浆体。水泥颗粒遇水后，其颗粒表面的水泥首先与水发生水化反应，形成相应的水化物膜层。由于各种水化物的溶解度很小，水化物的生成速度远大于水化物向溶液中扩散的速度，于是生成的水化物很快在水泥颗粒表面聚积形成凝胶膜层，此膜层的阻碍作用使得水泥的水化反应减慢，凝胶的凝聚使水泥浆体具有可塑性。

随着水化反应的进一步进行，水化物不断增加，膜层增厚，自由水分不断减少，水化物颗粒逐渐接近，部分颗粒相互接触连接，形成疏松的空间网络，使浆体失去流动性和部分可塑性，但还不具有强度，这一过程即为“初凝”。随着水化作用进一步深入，生成更多的凝胶和晶体，并互相贯穿使网络结构不断加强，最终浆体完全失去塑性，并具有一定的强度，这一过程即为“终凝”。

以后，水化反应进一步进行，水化物的量随时间的延续而不断增加，逐渐形成了坚硬的水泥石，从而进入了硬化阶段。水化物的进一步增加，水分的不断丧失，使水泥石的强度不断发展。硬化期是一个相当长的时间过程，在适当的养护条件下，水泥硬化可以持续几年甚至几十年。

3. 影响水泥凝结硬化的因素

(1) 水泥熟料矿物组成　水泥的组成成分及各组分的比例是影响水泥凝结硬化的最重要内因。通常水泥中混合材料的增加或熟料含量的减少，会使水泥的水化热降低、凝结时间延长、早期强度下降，例如水泥熟料中 C_2S 与 C_3A 含量提高，会使水泥的凝结硬化加快、早期强度较高，同时水化热也多集中在早期。

(2) 水泥细度　在同等条件下，水泥颗粒越细，与水接触时水化反应表面积越大，水化作用的发展就越迅速、充分，水泥凝结硬化速度也越快，早期强度越高。但水泥细度也并不是越细越好，水泥颗粒过细时会增加磨细的能耗、提高成本，而且不宜久存。

(3) 环境的温、湿度　在水泥养护时，提高温度可以使水泥水化反应加速，早期强度增长加快，但对后期强度反而可能有所降低。温度降低，水化反应速度减慢，强度增长变缓，当温度降至0℃以下，水泥水化反应终止，强度不仅不增长，而且会因水的结冰而导致水泥石结构的破坏。

足够的湿度也是水泥水化反应的必要条件，尤其是在干燥环境中，缺少水分会使水泥的水化反应不能正常进行，硬化也将停止。充足的水分将使水泥的水化得以充分进行，保证强度正常增长。因此，水泥、混凝土在浇筑后的一段时间里，应十分注意温、湿度养护。

(4) 养护龄期　水泥的凝结硬化是随龄期（天数）的延长而渐进的过程，在适宜的温、湿度环境中，水泥强度的增长可持续若干年。在水泥和水作用的最初几天内强度增长最为迅速，如水化 7 天的强度可达到 28 天强度的 70% 左右，28 天以后强度将继续发展，但增长减缓。

此外，水泥的凝结硬化还与石膏掺量、拌和水量、外加剂等因素有关。

3.1.4　硅酸盐水泥的技术性质

1. 密度、堆积密度

水泥在绝对密实状态下单位体积的质量称为密度，单位为 g/cm^3；水泥在堆积状态下单位体积的质量称为堆积密度，单位为 kg/m^3。

硅酸盐水泥的密度一般为 $3.0 \sim 3.2g/cm^3$。硅酸盐水泥的堆积密度与其堆积的密实程度有关，一般松散状态时为 $900 \sim 1300kg/m^3$，紧密堆积时可达 $1400 \sim 1700kg/m^3$。水泥的密度与干燥程度有关，受潮后密度降低。

2. 细度

细度是指水泥颗粒的粗细程度。细度对水泥凝结硬化速度、水化热大小、硬化后体积变形等均有很大影响。通常颗粒越细，与水起反应的比表面积越大，水化速度越快且比较完全，因此水泥的早期强度和后期强度都较高，但是硬化后的水泥收缩也较大，而且颗粒越细，粉磨消耗的能量越高，成本也越高，因此水泥的细度应适当。国家标准规定，硅酸盐水泥的细度用比表面积表示，应不小于 $300m^2/kg$。

3. 标准稠度用水量

为了测定水泥的凝结时间、体积安定性等，要求所用水泥净浆是统一规定稠度的可塑性浆体，这一规定的稠度称为标准稠度。达到标准稠度所需的水量称为标准稠度用水量，硅酸盐水泥的标准稠度用水量一般在 24% ~30% 之间。国家标准规定，水泥标准稠度用水量用标准稠度测定仪测定。

4. 凝结时间

水泥的凝结时间分初凝和终凝。对标准稠度的水泥净浆，从加水拌和起，至水泥开始失去可塑性所需时间为初凝时间；至水泥完全失去可塑性并开始产生强度所需时间为终凝时间。按照国家标准的规定，硅酸盐水泥的初凝时间不得早于45min，终凝时间不得迟于390min。凝结时间对工程施工具有实际意义，初凝不宜过早，以便混凝土有足够的时间进行搅拌、运输、浇筑；终凝不宜过迟，是为了使混凝土尽早产生强度，便于进入下道工序以及加快模板的周转。

5. 体积安定性

水泥的体积安定性是指水泥浆体硬化过程中，体积变化是否均匀的性质。若水泥硬化后体积变化不均匀，即为安定性不良。安定性不良的原因主要是水泥熟料中含有过多的游离氧化钙、游离氧化镁，或石膏掺量过多。国家标准规定，水泥中氧化镁含量不得超过5%，三氧化硫含量不得超过3.5%，用沸煮法检验游离氧化钙必须合格。体积安定性不合格的水泥作报废处理，严禁用于工程中。

6. 强度

强度是水泥力学性能的一项重要指标，也是确定水泥强度等级的依据。实际工程中，由于很少使用水泥净浆，因此在测定水泥强度时，采用水泥胶砂强度，即用质量比为1:3:0.5的水泥、标准砂与水，按规定方法制成40mm×40mm×160mm的标准试件，在标准条件下养护至规定龄期进行抗压、抗折强度试验，按照测定的结果将硅酸盐水泥的强度等级分为42.5、42.5R、52.5、52.5R、62.5、62.5R六个强度等级。

影响水泥强度的主要因素有：水泥的矿物组成、细度、石膏掺量、环境温度及湿度条件、加水量等。

7. 水化热

水泥与水发生水化反应所放出的热量称为水化热。高水化热的水泥在大体积混凝土工程中（如大坝、大型基础、桥墩等）是非常不利的，这是由于水泥水化释放出的热量积聚在混凝土内部散发缓慢，使混凝土表面与内部因温差过大而产生温差应力。致使混凝土受拉而开裂破坏。因此在大体积混凝土工程中，应选择低水化热的水泥，但在冬期施工中，水化热却有利于水泥的凝结、硬化和防止混凝土受冻。

影响水泥水化热的因素主要是水泥熟料的矿物组成，水泥混合材料的品种和数量，水泥的细度及养护条件等。水泥的颗粒越细，矿物中C_3S、C_3A含量越多，水化热越大。

8. 碱含量

水泥中的碱超过一定含量时，遇上骨料中的活性物质如SiO_2等，会生成膨胀性的产物，从而导致混凝土开裂破坏。为防止发生此类反应，需对水泥中的碱含量进行控制。水泥中碱含量按$Na_2O+0.658K_2O$计算值表示。若使用活性骨料，用户要求提供低碱水泥时，水泥中碱含量不得大于0.60%或由供需双方商定。

《通用硅酸盐水泥》（GB 175—2007）中规定，化学指标、凝结时间、安定性、强度中的任何一项技术指标不符合标准规定要求时，均为不合格品。水泥的碱含量和细度两项技术指标属于选择性指标，并非必检项目。

3.1.5 水泥石的腐蚀及防止方法

1. 水泥石的腐蚀

硅酸盐水泥硬化后生成的水泥石，在通常条件下具有较好的耐久性，但在外界侵蚀性介质作用下，如侵蚀性液体或气体，或在水的作用下，强度会逐渐降低，结构遭受破坏，甚至完全崩溃，这种现象称为水泥石的腐蚀。水泥石的腐蚀可分为以下几种类型：

（1）软水腐蚀（溶出性腐蚀）　蒸馏水、雨水、雪水、工厂冷凝水以及含重碳酸盐很少的湖水及河水均属软水。水泥石中的氢氧化钙易溶解于软水，氢氧化钙的溶出会促使水泥石中其他水化物分解，从而引起水泥石结构的破坏，强度降低。

当水泥石处于无压力的软水中时，氢氧化钙的溶解度最大而首先被溶出，并很快在周围的水中达到饱和，使溶解作用终止，软水的侵蚀作用仅限于水泥石表层，影响不大。但在流动水及压力水作用下，溶解的氢氧化钙会不断流失，而且水越纯净、水压越大，氢氧化钙流失得越多。水泥石中的水化物必须在一定浓度的氢氧化钙溶液中，才能稳定存在。因此，如果溶液中氢氧化钙的浓度小于水化物所要求的极限浓度时，则水化物将被溶解或分解，从而使水泥石的密实度降低，导致建筑物的严重破坏。

当环境水中含有重碳酸盐 $Ca(HCO_3)_2$ 时，重碳酸盐会与水泥石中的氢氧化钙发生反应，形成几乎不溶于水的碳酸钙，生成的碳酸钙积聚在水泥石的孔隙中，形成了致密保护层，阻止了外界水的继续侵入和内部氢氧化钙的向外扩散。所以，对需与软水接触的混凝土，如果预先在空气中硬化和存放一段时间，使之形成碳酸钙外壳，则可对溶出性侵蚀起到一定的防止作用。

（2）酸性腐蚀

1）碳酸的腐蚀。某些工业废水、地下水中常溶解有较多的二氧化碳，二氧化碳与水泥石中的氢氧化钙反应产生碳酸钙，碳酸钙又与二氧化碳反应生成碳酸氢钙，其反应方程式如下：

$$Ca(OH)_2 + CO_2 + H_2O = CaCO_3 + 2H_2O$$

$$CaCO_3 + CO_2 + H_2O = Ca(HCO_3)_2$$

上述第二个反应式是可逆反应。若水中含有较多的碳酸，超过平衡浓度，上式向右进行，水泥石中的氢氧化钙通过转变为碳酸氢钙而溶失，使水泥石结构遭到破坏。若水中碳酸含量不多，低于平衡浓度，则反应进行到第一个方程式为止，对水泥石并不起侵蚀作用。

2）一般酸的腐蚀。在工业废水和地下水中也常含有无机酸和有机酸，各种酸对水泥石都有不同程度的破坏作用，它们与水泥石中的氢氧化钙作用后生成的化合物或者易溶于水中而流失，或者体积膨胀造成结构物的局部胀裂，破坏了水泥石的结构。

例如，盐酸与水泥石中的氢氧化钙作用，反应方程式为：

$$2HCl + Ca(OH)_2 = CaCl_2 + 2H_2O$$

生成的氯化钙易溶于水，氢氧化钙流失，水泥石被破坏。

（3）盐类腐蚀

1）镁盐的腐蚀。海水及地下水中常含有氯化镁等镁盐，它们与水泥石中的氢氧化钙起置换反应，生成易溶于水的氯化钙和松软无胶结能力的氢氧化镁，反应式为：

$$MgCl_2 + Ca(OH)_2 = Mg(OH)_2 + CaCl_2$$

2）硫酸盐的腐蚀。在海水、地下水及盐沼水等矿物水中，常含有大量的硫酸盐类，如硫酸钙、硫酸钠、硫酸镁等，它们对水泥石均有严重的破坏作用。

除上述三种腐蚀类型外，对水泥石有腐蚀作用的还有其他一些物质，如糖、氨盐、酒精、强碱等。水泥石的腐蚀是一个极其复杂的物理化学作用过程，往往是几种腐蚀同时存在，互相影响。

2. 水泥石腐蚀的防止

从上面的内容可以看出，使硅酸盐水泥遭受腐蚀的原因：一是水泥石中存在易被腐蚀的组分（如氢氧化钙和水化铝酸三钙）；二是水泥石本身不密实，有很多毛细通道，使侵蚀性介质能进入其内部；三是水泥石周围有侵蚀性介质并以液相形式存在。

针对以上原因，一般可采取如下措施阻止或减轻水泥石的腐蚀：

(1) 根据工程的环境条件选择合适的水泥品种　如采用水化产物中氢氧化钙含量少的水泥，可提高对软水等侵蚀作用的抵抗能力；对于具有硫酸盐腐蚀的环境，可采用水化铝酸三钙含量低于5%的抗硫酸盐水泥；另外，掺入适当的混合材料，也可提高水泥石的抗腐蚀能力。

(2) 提高水泥石的密实度　提高水泥石的密实度可减少侵蚀性介质向水泥石内部渗透，从而减轻水泥石的腐蚀。硅酸盐水泥实际工程用水量往往比水泥水化所需水量多，多余的水分蒸发后形成连通的孔隙，易使水泥石受腐蚀。在实际工程中可通过降低水灰比、合理选择骨料、掺外加剂、改善施工方法等措施提高水泥石的密实度，从而提高水泥石的抗腐蚀性。

(3) 在水泥石表面做保护层　当腐蚀作用比较强时，可直接在水泥石表面做耐腐蚀性强且不易透水的保护层，如用耐酸石料、耐酸陶瓷、玻璃、塑料、沥青、涂料、塑料薄膜防水层等覆盖于其表面，使侵蚀性介质与水泥石隔离，从而达到防止腐蚀的目的。尽管这些措施的成本通常较高，但其效果却十分有效，均能起到保护作用。

3.1.6 硅酸盐水泥的特性与应用

1. 凝结快、强度高

硅酸盐水泥的凝结硬化速度快，早期及后期强度均高，适用于有早强要求及重要结构的高强度混凝土和预应力混凝土。

2. 水化热高

硅酸盐水泥在水化过程中放热速度快，放热量大，因此适用于冬期施工，但不适用于大体积混凝土工程。

3. 耐磨性好

硅酸盐水泥的强度高，耐磨性好，适用于高速公路、道路和地面工程等对耐磨性要求高的工程。

4. 抗碳化性好

水泥石中的氢氧化钙与空气中的二氧化碳及水的作用称为碳化。硅酸盐水泥抗碳化性好，这是由于它水化后氢氧化钙含量较多、碳化引起水泥的碱度降低不明显的缘故。硅酸盐水泥适用于空气中二氧化碳浓度高的环境。

5. 耐腐蚀性差

硅酸盐水泥水化产物中有较多的氢氧化钙及水化铝酸钙，耐软水侵蚀及耐化学腐蚀能力差，因此硅酸盐水泥不适用于有海水、矿物水、硫酸盐等侵蚀性介质存在的环境。

6. 耐热性差

硅酸盐水泥中的一些重要成分在250℃时会发生脱水或分解，造成水泥石的强度下降。当受热温度达到700℃以上时，强度严重降低，甚至产生结构崩溃。故硅酸盐水泥不适用于有耐热、耐高温要求的混凝土工程。

3.2 掺混合材料的硅酸盐水泥

掺混合材料的硅酸盐水泥是指在硅酸盐水泥熟料中，加入一定量的混合材料和适量石膏，共同磨细制成的水硬性胶凝材料。掺混合材料的意义在于不仅增加了新的品种，改善了水泥的某些性能，扩大了水泥的应用范围，而且提高了水泥产量，节约了水泥熟料，降低了成本。

3.2.1 混合材料

在生产水泥及各种制品和构件时，常掺入大量天然的或人工的矿物材料，称为混合材料。混合材料按其在水泥中的性能表现不同，可分为活性混合材料和非活性混合材料。

1. 活性混合材料

在常温下，加水拌和后能与水泥、石灰或石膏发生化学反应，生成具有一定水硬性的水化产物的混合材料称为活性混合材料。活性混合材料的主要化学成分为活性氧化硅和活性氧化铝。它们的化学结构极不稳定，具有在常温下能与其他物质反应的能力，但这些“活性”在通常情况下不会发挥出来，只有在石灰和石膏的激发作用下，活性氧化铝、活性氧化硅的潜在水硬性才能发挥出来。常用的活性混合材料有粒化高炉矿渣、火山灰质混合材料、粉煤灰等。

（1）粒化高炉矿渣　粒化高炉矿渣是将炼铁高炉的熔融矿渣经急速冷却而成的多孔粒状物。急冷一般用水淬方法进行，故又称为水淬高炉矿渣。急冷的目的在于阻止结晶，使其绝大部分成为不稳定的玻璃体，储有较高的潜在化学能。

（2）火山灰质混合材料　火山灰质混合材料是天然的或人工的以氧化硅、氧化铝为主要成分，具有潜在水硬性矿物质材料的统称。其天然形成的有火山灰、凝灰岩、浮石、硅藻土；人工形成的有燃烧过的煤矸石、烧黏土、煤渣、煤灰等。

（3）粉煤灰　粉煤灰是从燃煤的火力发电厂的烟气中收集下来的极细的灰渣颗粒。主要化学成分为活性氧化硅、氧化铝及少量氧化钙，颗粒极细，含大量的呈玻璃态的实心或空心球状体，其活性大小主要取决于玻璃体的含量。

2. 非活性混合材料

凡常温下与石灰、石膏或硅酸盐水泥一起，加水拌和后不能发生水化反应或反应甚微，不能生成水硬性产物的混合材料称为非活性混合材料。这类材料掺入水泥中，不与水泥成分起化学反应或化学反应很弱，主要起填充作用。水泥中掺加非活性混合材料是为了提高水泥的产量，降低成本，调节水泥强度等级，降低水化热等。常用的非活性混合材料有磨细石英砂、石灰石粉、黏土、慢冷矿渣及各种废渣等。

3.2.2 掺混合材料的硅酸盐水泥

在硅酸盐水泥熟料中掺入不同种类的混合材料，可制成性能不同的掺混合材料的通用硅酸盐水泥。常用的有普通硅酸盐水泥、矿渣硅酸盐水泥、火山灰质硅酸盐水泥、粉煤灰硅酸盐水泥及复合硅酸盐水泥。

1. 普通硅酸盐水泥

凡由硅酸盐水泥熟料、5% ~15%混合材料、适量石膏磨细制成的水硬性胶凝材料，称为普通硅酸盐水泥（简称普通水泥），代号 P·O。掺活性混合材料时，最大掺量不得超过20%，其中允许用不超过水泥质量5%的窑灰或不超过水泥质量8%的非活性混合材料来代替。

2. 矿渣硅酸盐水泥

凡由硅酸盐水泥熟料和粒化高炉矿渣、适量石膏磨细制成的水硬性胶凝材料，称为矿渣硅酸盐水泥（简称矿渣水泥），代号 P·S。矿渣水泥中粒化高炉矿渣掺量按质量百分比计为20% ~70%。允许用石灰石、窑灰和火山灰质混合材料中的一种材料代替矿渣，代替总量不得超过水泥质量的8%，代替后水泥中的粒化高炉矿渣不得少于20%。

3. 火山灰质硅酸盐水泥

凡由硅酸盐水泥熟料和火山灰质混合材料、适量石膏磨细制成的水硬性胶凝材料，称为火山灰质硅酸盐水泥（简称火山灰水泥），代号 P·P。水泥中火山灰质混合材料掺量按质量百分比计为20% ~40%。

4. 粉煤灰硅酸盐水泥

凡由硅酸盐水泥熟料和粉煤灰、适量石膏磨细制成的水硬性胶凝材料，称为粉煤灰硅酸盐水泥（简称粉煤灰水泥），代号 P·F。水泥中粉煤灰掺量按质量百分比计为20% ~40%。

5. 复合硅酸盐水泥

凡由硅酸盐水泥熟料、两种或两种以上规定的混合材料、适量石膏磨细制成的水硬性胶凝材料，称为复合硅酸盐水泥（简称复合水泥），代号 P·C。水泥中混合材料总掺量按质量百分比计应大于20%，但不超过50%。

3.2.3 掺混合材料硅酸盐水泥的特性与应用

1. 普通水泥

由于普通水泥中掺入少量混合材料，矿物组成变化不大，基本性能与同强度等级硅酸盐水泥相近，只是早期硬化速度稍慢，水化热及早期强度稍低。普通水泥是一种应用最为广泛的水泥品种。

普通水泥的细度为0.08mm，方孔筛筛余量不超过10%，终凝时间不得迟于600min，初凝时间及安定性要求均与硅酸盐水泥相同。普通水泥分为42.5、42.5R、52.5、52.5R四个强度等级，各等级水泥在不同龄期的强度要求见表3-2。

表3-2 普通硅酸盐水泥技术标准

<table>
<tr><td rowspan="2">技术性质</td><td rowspan="2">细度 0.08mm 方孔筛筛余百分数（%）</td><td colspan="2">凝结时间</td><td rowspan="2">安定性（沸煮法）</td><td rowspan="2">MgO 含量（%）</td><td rowspan="2">SO_3 含量（%）</td><td rowspan="2">烧失量（%）</td><td rowspan="2">氯离子（质量分数）</td></tr>
<tr><td>初凝 /min</td><td>终凝 /min</td></tr>
<tr><td>指标</td><td>≤10.0</td><td>≥45</td><td>≤600</td><td>必须合格</td><td>≤5.0</td><td>≤3.5</td><td>≤5.0</td><td>≤0.06</td></tr>
<tr><td rowspan="2">强度等级</td><td colspan="4">抗压强度/MPa</td><td colspan="4">抗折强度/MPa</td></tr>
<tr><td colspan="2">3d</td><td colspan="2">28d</td><td colspan="2">3d</td><td colspan="2">28d</td></tr>
<tr><td>42.5</td><td colspan="2">≥16.0</td><td colspan="2">≥42.5</td><td colspan="2">≥3.5</td><td colspan="2">≥6.5</td></tr>
<tr><td>42.5R</td><td colspan="2">≥21.0</td><td colspan="2">≥42.5</td><td colspan="2">≥4.0</td><td colspan="2">≥6.5</td></tr>
<tr><td>52.5</td><td colspan="2">≥22.0</td><td colspan="2">≥52.5</td><td colspan="2">≥4.0</td><td colspan="2">≥7.0</td></tr>
<tr><td>52.5R</td><td colspan="2">≥26.0</td><td colspan="2">≥52.5</td><td colspan="2">≥5.0</td><td colspan="2">≥7.0</td></tr>
</table>

2. 矿渣水泥、火山灰水泥、粉煤灰水泥

这三种水泥都是在硅酸盐水泥熟料中加入大量活性混合材料，再加入适量石膏磨细制成的。它们的水化过程基本相似，因此其性质有很多相似的地方，主要表现在以下几方面：

1）凝结硬化速度慢，早期强度低，但后期强度增长较多，甚至能超过同强度等级的普通水泥。这三种水泥加水后，其水化反应分两步进行。首先是熟料矿物的水化，生成水化硅酸钙、水化铝酸三钙、氢氧化钙等水化产物；其次是生成的氢氧化钙和掺入的石膏分别作为激发剂，与矿渣中的活性氧化硅、活性氧化铝作用，生成水化硅酸钙、水化铝酸三钙等水化产物。

这三种水泥由于掺入了大量的活性混合材料，水泥熟料相对较少，所以凝结硬化速度明显减慢，早期强度较低，但在硬化后期，由于水化产物数量的增多，使水泥石强度增长较多。

2）具有较强的抗软水、抗硫酸盐腐蚀的能力。由于水泥中熟料少，因而水化产生的氢氧化钙及水化铝酸三钙含量就少。加之和活性混合材料的活性氧化钙、活性氧化铝的二次反应又消耗掉部分氢氧化钙和水化铝酸三钙，因此这三种水泥被腐蚀的因素大为削弱，使这三种水泥抵抗软水、海水及硫酸盐腐蚀的能力增强，适用于水利、海港工程，以及受侵蚀介质作用的工程。

3）水化放热速度慢，水化热低。由于熟料含量少，因而水化放热量少而且慢，因此，这三种水泥适用于大体积混凝土工程。

4）硬化时对湿热敏感性强，在较低温度时凝结硬化缓慢，故冬期施工时需加强保温措施，而在湿热条件下，水泥的强度发展很快，故这三种水泥宜采取蒸汽养护。

5）抗碳化能力较差，其中尤以矿渣水泥最为明显。用矿渣水泥拌制的砂浆及混凝土，由于其中氢氧化钙碱度较低，因而表层的碳化作用进行得较快，碳化深度也较大，当碳化深度达到钢筋表面时，就会导致钢筋的锈蚀，最后使混凝土产生顺筋裂缝。

三种水泥除了具有以上共性外，每一种水泥又有各自的特性。

矿渣水泥表现为以下特性：

1）耐热性强。由于矿渣本身出自高炉，且矿渣含量较大，氢氧化钙含量少，因此其耐热性强，适用于高温车间、高炉基础及热气体通道等耐热工程。

2）保水性差、泌水性大、干缩性大。由于矿渣颗粒难以磨得很细，且矿渣亲水性小，因此矿渣水泥的保水性较差、泌水性较大。由于其泌水性大，形成毛细通道，增加水分的蒸发，因此其干缩性大。干缩易使混凝土表面产生很多微细裂缝，从而降低混凝土的力学性能和耐久性。

3）抗冻及耐磨性差。矿渣水泥抗冻及耐磨性均较普通水泥及硅酸盐水泥差，因此不适用于水位经常变动的部位，也不宜用于耐磨性要求高的工程。

火山灰水泥具有如下特性：

1）泌水性小、抗掺性好。火山灰水泥的标准稠度用水量比一般水泥大，其泌水性小，且火山灰质混合材料在石灰溶液中会产生膨胀现象，使拌制的混凝土较为密实，故抗渗性好。

2）抗冻性、耐磨性差。火山灰水泥的抗冻、耐磨性比矿渣水泥还要差，故应避免用于对此有要求的工程。

3）干缩性大。火山灰水泥的水化产物中晶体产物较少，而凝胶体产物较多，在干燥环境中易失水干缩，所以这种水泥干缩率大。因此，使用时应特别注意加强养护，在较长时间内保持潮湿状态，避免产生干缩裂缝。对于处在热环境中施工的工程，不宜使用火山灰水泥。

粉煤灰水泥有如下特性：干缩性较小，抗裂性好，用它配调的混凝土和易性较好，主要是由于粉煤灰的颗粒多呈球形微粒，且较为致密，吸水性较小，因而能减小拌合物的摩擦阻力。

硅酸盐水泥、普通水泥、矿渣水泥、火山灰水泥及粉煤灰水泥是工程中常用的水泥品种，其主要特征及适用范围见表3-3。

表3-3　通用水泥的特性及应用

项目 代号	硅酸盐水泥 P·Ⅰ、P·Ⅱ	普通水泥 P·O	矿渣水泥 P·S	火山灰水泥 P·P	粉煤灰水泥 P·F
混合材料掺量	0%～5%	6%～15%	20%～70%	20%～50%	20%～40%
特性	早期、后期强度高，水化热大，抗冻性好，耐热性差，干缩性较小，抗渗性较好，耐蚀性差，抗碳化性好，耐磨性好	早期强度稍低、后期强度高，水化热略小，抗冻性较好，抗碳化性较好，耐蚀性略差，耐磨性较好	对温度敏感，适合高温养护，耐蚀性好，水化热小，抗冻性较差，抗碳化性较差，泌水性大，抗渗性差，耐热性较好，干缩较大	对温度敏感，适合高温养护，耐蚀性好，水化热小，抗冻性较差，抗碳化性较差，保水性好，抗渗性好，干缩大，耐磨性差	对温度敏感，适合高温养护，耐蚀性好，水化热小，抗冻性较差，抗碳化性较差，泌水性大（快），抗渗性差，干缩小、抗裂性好，耐磨性差
适用范围	早期强度要求高的混凝土，有耐磨要求的、严寒地区反复遭受冻融的混凝土，抗碳化性要求高的混凝土，掺混合材料的混凝土	与硅酸盐水泥基本相同	水下混凝土，海港混凝土，大体积混凝土，耐蚀性要求较高的混凝土，高温养护的混凝土，有耐热要求的混凝土	水下混凝土，海港混凝土，大体积混凝土，耐蚀性要求较高的混凝土，高温养护的混凝土，有抗渗要求的混凝土	水下混凝土，海港混凝土，大体积混凝土，耐蚀性要求较高的混凝土，高温养护的混凝土，抗裂性要求较高的构件

（续）

项目 代号	硅酸盐水泥 P·Ⅰ、P·Ⅱ	普通水泥 P·O	矿渣水泥 P·S	火山灰水泥 P·P	粉煤灰水泥 P·F
不适用 范围	大体积混凝土工程，受化学及海水侵蚀的工程，耐热要求高的工程，有流动水及压力水作用的工程	与硅酸盐水泥基本相同	早强要求较高的混凝土，有抗冻要求的混凝土	早强要求较高的混凝土，有抗冻要求的混凝土，干燥环境的混凝土，有耐磨性要求的工程	早强要求较高的混凝土，有抗冻要求的混凝土，有抗碳化要求的混凝土

3.3 其他品种水泥

3.3.1 白水泥

凡以适当成分的生料烧至部分熔融，得到以硅酸钙为主要成分、含有少量氧化铁的白色硅酸盐水泥熟料，再加入适量石膏，磨细而制成的水硬性胶凝材料称为白色硅酸盐水泥，简称白水泥，代号P·W。

1. 白水泥的生产

硅酸盐水泥通常是呈灰色的，主要是因其含较多氧化铁及其他杂质的缘故，因此，生产白色硅酸盐水泥时，在配料和生产过程中就要严格控制氧化铁及其他有色金属氧化物的含量，以保证水泥的白度。

为保证白水泥的质量，在配料和生产过程中应注意以下几方面：

（1）精选原料　生产白水泥所用的石灰石质及黏土质原料中的氧化铁含量应分别低于0.1%和0.7%。常用的黏土质原料有高岭土、瓷石、白泥、石英砂等，石灰石质原料则多采用白垩。

（2）使用油或气体燃料　由于煤的灰分中含有较多铁质，所以应尽量使用无灰烬的液体燃料（如柴油、重油、酒精等）或气体燃料（如天然气等）。

（3）用非金属研磨体　粉磨生料和熟料时，普通球磨机的衬板与钢球在研磨物料时会混入铁质而严重降低白度，因此通常以白色花岗岩、高强陶瓷作衬板，以烧结刚玉、瓷球、卵石等作研磨体。

（4）水泥熟料的漂白处理　给刚出窑的红热熟料喷水、喷油或浸水，使熟料周围形成少氧多CO的还原气氛，从而使高价色深的Fe_2O_3还原成低价色浅的FeO或Fe_3O_4以提高白度。

（5）采取适当提高水泥细度等方法　可以采用适当地提高水泥细度、掺入适量洁白且杂质少的石膏（如雪花石膏）等方法来提高水泥白度。

2. 白水泥的主要技术性质

（1）白度　白水泥的白度是将白水泥样品装入标准压样器中，压成表面平整的白板，将其置于白度仪中进行测定，以其表面对红、绿、蓝三原色光的反射率与氧化镁标准白板的反射率比较，所得相对反射百分率即为水泥的白度。白水泥的水泥白度值应不低于87。

（2）强度　根据《白色硅酸盐水泥》（GB/T 2015—2005）规定，白色硅酸盐水泥按3d

和28d的抗压强度和抗折强度分为32.5、42.5、52.5三个强度等级，各强度等级的各龄期强度不得低于表3-4中的数值。

表3-4 白色硅酸盐水泥的强度等级与各龄期强度

强度等级	抗压强度/MPa		抗折强度/MPa	
	3d	28d	3d	28d
32.5	≥12.0	≥32.5	≥3.0	≥6.0
42.5	≥17.0	≥42.5	≥3.5	≥6.5
52.5	≥22.0	≥52.5	≥4.0	≥7.0

（3）细度、凝结时间及体积安定性　白色硅酸盐水泥的细度要求为0.08mm，方孔筛筛余量不得超过10%；凝结时间要求为初凝不早于45min，终凝不迟于10h；体积安定性要求用沸煮法检验必须合格，同时其熟料中氧化镁含量不宜超过5.0%，水泥中三氧化硫含量应不超过3.5%。

3.3.2 彩色水泥

凡由硅酸盐水泥熟料及适量石膏（或白色硅酸盐水泥）、混合材料及着色剂磨细或混合制成的带有色彩的水硬性胶凝材料称为彩色硅酸盐水泥，简称彩色水泥。

1. 彩色水泥的生产方式

广义的彩色水泥按其化学成分可分为彩色硅酸盐水泥、彩色硫铝酸盐水泥和彩色铝酸盐水泥三种，其中以彩色硅酸盐水泥产量最大，应用最广，故本单元只介绍彩色硅酸盐水泥。

彩色硅酸盐水泥根据其着色方法的不同，有以下两种生产方式：

（1）染色法　染色法是将硅酸盐水泥熟料（白水泥熟料或普通水泥熟料）、适量石膏和碱性颜料共同磨细而制得彩色水泥。这是目前国内外生产彩色水泥应用最为广泛的方法。此外，也有将颜料直接与水泥粉混合而配制成彩色水泥的，但这种方法颜料用量大，色泽也不易均匀。

（2）直接烧成法　直接烧成法是在水泥生料中加入着色原料而直接煅烧成彩色水泥熟料，再加入适量石膏共同磨细制成彩色水泥。所用着色原料通常为一些金属氧化物和氢氧化物，如加入氧化铬或氢氧化铬可制得绿色水泥，加入氧化锰在还原气氛中可制得浅蓝色水泥、在氧化气氛中可制得浅紫色水泥等。

2. 彩色水泥的颜料

彩色水泥所用的颜料直接影响着水泥的颜色及性能。生产彩色水泥所用的颜料应满足以下基本要求：

1）不溶于水，分散性好。

2）耐大气稳定性好，耐光性应在7级以下（耐光性共分8级）。

3）抗碱性强，应为0级碱性（耐碱性共分7级）。

4）着色力强，颜色浓。

5）不含杂质。

6）不会使水泥的强度显著降低，也不能影响水泥的正常凝结硬化。

7）价格较便宜。

一般情况下颜料的掺量与着色度的关系是掺量越多、颜色越浓。着色度也因颜料种类不同而有所区别。研究表明，颜料的着色能力与其粒径的平方成反比，如铁丹的粒径比较细，故着色效果也比较好。

此外，颜料掺量还将影响到彩色水泥的性能，其影响程度因颜料的品种和掺量而异。水泥胶砂强度一般因颜料的掺入而降低，掺炭黑时最为明显，但由于优质炭黑着色力很强，掺量很少即可达到颜色要求，所以采用优质炭黑时，对强度的影响不大。

在建筑装饰工程中，常用白水泥、彩色水泥配制成水泥色浆或水泥砂浆，用于陶瓷、大理石、花岗石板材的铺贴、勾缝或饰面刷浆；还可制成各种花色的水磨石、水刷石、斩假石、人造大理石等建筑饰面及制品，用于楼地面、广场和人行道等建筑部位；白水泥、彩色水泥还是制作雕塑作品的理想材料。白水泥、彩色水泥以其良好的装饰性能被广泛用于各种装饰工程，故常称其为装饰水泥。

3.3.3 砌筑水泥

砌筑水泥是以活性混合材料或具有水硬性的工业废料为主要原料，加入适量硅酸盐水泥熟料和石膏，经磨细制成的水硬性胶凝材料，代号 M。

根据《砌筑水泥》（GB/T 3183—2003）规定，砌筑水泥所用混合材料可采用矿渣、粉煤灰、沸腾炉渣和沸石等，掺加量按质量百分比计应大于50%，允许掺入适量的石灰石或窑灰；凝结时间要求初凝不早于60min，终凝不迟于12h；按砂浆吸水后保留的水分计，保水率应不低于80%；体积安定性用沸煮法检验应合格，水泥中三氧化硫含量应不大于4.0%。砌筑水泥的强度等级与各龄期强度值应不低于表3-5中的数值。

表3-5 砌筑水泥的强度等级与各龄期强度

强度等级	抗压强度/MPa		抗折强度/MPa	
	7d	28d	7d	28d
12.5	≥7.0	≥12.5	≥1.5	≥3.0
22.5	≥10.0	≥22.5	≥2.0	≥4.0

砌筑水泥的强度较低，不能用于钢筋混凝土等承重结构中，主要用于工业与民用建筑的砌筑砂浆、内墙抹面砂浆及基础垫层，也可用于生产砌块及瓦等制品。

3.3.4 膨胀水泥和自应力水泥

在水化和硬化过程中产生体积膨胀的水泥属膨胀类水泥。一般硅酸盐水泥在空气中硬化时，体积会发生收缩。由于收缩，混凝土内部会产生裂纹，这样不但降低了水泥石结构的密实性，而且还会影响结构的抗渗、抗冻、耐腐蚀等性能。膨胀水泥在硬化过程中体积不会发生收缩，还略有膨胀，可以解决由于收缩带来的不利结果。

当用膨胀水泥制造混凝土时，由于水泥石膨胀，引起与之黏结的钢筋一起膨胀，钢筋受拉而伸长，混凝土则因钢筋的限制而受到相应的压应力。当混凝土受到外界的拉应力时，可以和混凝土内的预先有的压应力抵消。这种水泥水化本身预先产生的压应力，称为“自应力”。

根据在约束条件下产生的膨胀量和用途的不同，膨胀水泥可分为收缩补偿型膨胀水泥

（简称膨胀水泥）和自应力型膨胀水泥（简称自应力水泥）两大类。膨胀水泥所产生的压应力大致抵消了干缩所引起的拉应力，膨胀值不是很大；自应力水泥膨胀值较大，其膨胀在抵消了干缩以后，仍能使混凝土有较大的自应力值。

根据膨胀水泥的组成，可将其分为硅酸盐膨胀水泥、铝酸盐膨胀水泥、硫铝酸盐膨胀水泥、铁铝酸盐膨胀水泥等，其中硅酸盐膨胀水泥和铝酸盐膨胀水泥的应用最为广泛。

膨胀水泥适用于补偿收缩混凝土结构工程、防渗层及防渗混凝土、构件的接缝及管道接头、结构的加固与修补、机器底座的浇筑及地脚螺栓的固结等。自应力水泥适用于制造自应力钢筋混凝土压力管及其配件等。

3.3.5 中、低热硅酸盐水泥及低热矿渣硅酸盐水泥

这三种水泥是适用于要求水化热较低的大坝和大体积混凝土工程的水泥。《中热硅酸盐水泥 低热硅酸盐水泥 低热矿渣硅酸盐水泥》（GB 200—2003）对这三种水泥做出了规定：

以适当成分的硅酸盐水泥熟料，加入适量石膏，磨细制成的具有中等水化热的水硬性胶凝材料，称为中热硅酸盐水泥（简称中热水泥），代号 P·MH。

以适当成分的硅酸盐水泥熟料，加入适量石膏，磨细制成的具有低水化热的水硬性胶凝材料，称为低热硅酸盐水泥（简称低热水泥），代号 P·LH。

以适当成分的硅酸盐水泥熟料，加入粒化高炉矿渣、适量石膏，磨细制成的具有低水化热的水硬性胶凝材料，称为低热矿渣硅酸盐水泥（简称低热矿渣水泥），代号 P·SLH。低热矿渣水泥中矿渣掺量按质量百分比计为 20%～60%，允许用不超过混合材料总量 50% 的粒化电炉磷渣或粉煤灰代替部分粒化高炉矿渣。

生产低水化热水泥，主要是降低水泥熟料中的高水化热组分，故规定：中热水泥熟料中 C_3A 的含量不得超过 6%，C_3S 的含量不得超过 55%；低热水泥熟料中 C_3A 的含量不得超过 6%，C_2S 的含量不低于 40%；低热矿渣水泥熟料中 C_3A 的含量不得超过 8%。

中、低热水泥及低热矿渣水泥的强度等级及各龄期强度不得低于表 3-6 中的数值，水化热不得高于表 3-7 中的数值。

表 3-6 中、低热水泥及低热矿渣水泥的强度等级与各龄期强度

品种	强度等级	抗压强度/MPa			抗折强度/MPa		
		3d	7d	28d	3d	7d	28d
中热水泥	42.5	≥12.0	≥22.0	≥42.5	≥3.0	≥4.5	≥6.5
低热水泥	42.5	—	≥13.0	≥42.5	—	≥3.5	≥6.5
低热矿渣水泥	32.5	—	≥12.0	≥32.5	—	≥3.0	≥5.5

表 3-7 中、低热水泥及低热矿渣水泥强度等级的各龄期水化热

品种	强度等级	水化热/（kJ/kg）	
		3d	7d
中热水泥	42.5	≤251	≤293
低热水泥	42.5	≤230	≤260
低热矿渣水泥	32.5	≤197	≤230

3.3.6 道路硅酸盐水泥

凡以适当成分的生料烧至部分熔融，得到以硅酸钙为主要成分和较多的铁铝酸钙的硅酸盐水泥熟料，称为道路硅酸盐水泥熟料。由道路硅酸盐水泥熟料、0%～10%活性混合材料和适量石膏磨细而制成的水硬性胶凝材料称为道路硅酸盐水泥，简称道路水泥，代号P·R。

为了满足道路工程对水泥耐磨性和抗折强度等方面的要求，《道路硅酸盐水泥》（GB 13693—2005）中规定：道路水泥中铁铝酸四钙的含量不得小于16.0%，铝酸三钙的含量不得小于5.0%；其初凝时间不得早于1.5h，终凝时间不得迟于10h；28d干缩率应不大于0.10%；水泥中SO_3的含量不得超过3.5%，MgO的含量不得超过5.0%。道路水泥强度等级分为32.5、42.5和52.5三个等级，各强度等级、各龄期强度不得低于表3-8中的数值。

表3-8 道路水泥各强度等级、各龄期强度值

强度等级	抗压强度/MPa		抗折强度/MPa	
	3d	28d	3d	28d
32.5	≥16.0	≥32.5	≥3.5	≥6.5
42.5	≥21.0	≥42.5	≥4.0	≥7.0
52.5	≥26.0	≥52.5	≥5.0	≥7.5

道路水泥强度（特别是抗折强度）高，耐磨性好，干缩率低，抗冲击性、抗冻性及抗硫酸盐侵蚀能力均较好，适用于建造混凝土公路路面，也可用于公路和铁路桥梁、飞机场跑道、火车站站台及公共广场等工程。

单元小结

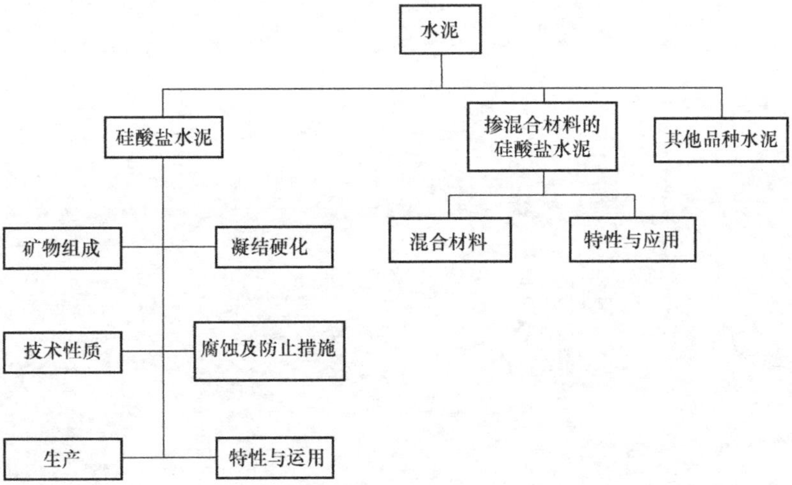

同步测试

3.1 水泥的细度对水泥应用有什么影响？是否细度越细越好？国家规定的硅酸盐水泥细度指标是多少？

3.2 何谓水泥的体积安定性？水泥体积安定性不良的原因有哪些？安定性不合格的水泥如何处理？

3.3 何谓活性混合材料及非活性混合材料？它们填入硅酸盐水泥中各起什么作用？

3.4 硅酸盐水泥腐蚀的类型有哪几种？腐蚀的机理是什么？

3.5 水泥水化热对混凝土工程有何危害？有哪些预防措施？

3.6 什么是矿渣水泥？有哪些特性？

3.7 何谓水泥的凝结时间？为什么国家标准要规定水泥的凝结时间？

3.8 为保证白水泥的质量，应从哪些方面采取措施？

单元4 混凝土和砂浆

知识目标：

- 了解混凝土的定义、分类和特点。
- 理解普通混凝土的组成材料及其性质、作用原理和质量要求等。
- 掌握混凝土拌合物的和易性概念及评定方法。
- 掌握混凝土抗压强度及强度等级的确定和影响因素等。
- 了解混凝土耐久性及其影响因素等。
- 了解混凝土外加剂的种类、作用原理及应用等。
- 掌握普通混凝土的配合比设计方法。
- 了解混凝土的质量控制和评定方法。
- 掌握建筑砂浆的基本组成与性质。
- 理解砌筑砂浆配合比设计的方法。
- 了解抹面砂浆、装饰砂浆、防水砂浆、商品砂浆等其他砂浆的技术性能特点及应用。

能力目标：

- 能够写出混凝土的分类、特点等。
- 能够应用混凝土的组成材料及其性质、作用原理和质量要求来合理选择原料的品种、质量和用量。
- 能够操作试验仪器来测定混凝土拌合物的和易性。
- 能够解释混凝土的强度、耐久性等的确定和影响因素及其提高措施等。
- 能够写出混凝土外加剂的种类、作用原理及应用等。
- 能够处理普通混凝土的配合比设计计算及应用。
- 能够解释混凝土的质量控制和评定方法。
- 能够写出建筑砂浆的基本组成与性质。
- 能够处理砂浆的配合比设计计算及试配调整等。
- 能够写出抹面砂浆、装饰砂浆、防水砂浆、商品砂浆等其他砂浆的技术性能特点及应用。

4.1 混凝土的概述

混凝土是指用胶凝材料将粗细骨料胶结成整体的复合固体材料的总称。混凝土的种类很多，分类方法也很多。

4.1.1 混凝土的分类

1. 按表观密度分类

（1）重混凝土　表观密度大于2600kg/m^{3}的混凝土。常用重晶石和铁矿石配制而成，对

X 射线和 γ 射线有较高的屏蔽能力，可用作防辐射混凝土。

(2) 普通混凝土　表观密度为 1950～2600kg/m^3 的混凝土。主要以砂、石子和水泥配制而成，是土木工程中最常用的混凝土品种。其组织结构如图 4-1 所示。

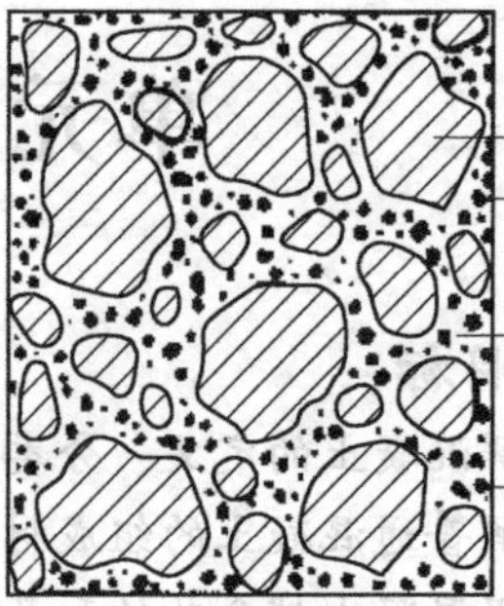

图 4-1　普通混凝土的组织结构

(3) 轻混凝土　表观密度小于 1950kg/m^3，它又可分为轻骨料混凝土（表观密度 800～1950kg/m^3）、多孔混凝土（表观密度 300～1000kg/m^3）及大孔混凝土（表观密度 1500～1900kg/m^3）。轻骨料混凝土用陶粒、浮石、膨胀珍珠岩、煤渣等轻骨料拌和而成；多孔混凝土（泡沫混凝土、加气混凝土）中有大小不等的气孔而无骨料；大孔混凝土是用水泥浆将石子胶结而成，无细骨料。轻骨料混凝土可作为结构材料及保温隔热材料，大孔混凝土也常用作滤水材料。

2. 按胶凝材料的品种分类

通常根据主要胶凝材料的品种，以其名称命名，如水泥混凝土、石膏混凝土、水玻璃混凝土、硅酸盐混凝土、沥青混凝土、聚合物混凝土等。有时也以加入的特种改性材料命名，如水泥混凝土中掺入钢纤维时，称为钢纤维混凝土；水泥混凝土中掺入粉煤灰时则称为粉煤灰混凝土等。

3. 按使用功能和特性分类

按使用部位、功能和特性通常可分为：结构混凝土、道路混凝土、水工混凝土、耐热混凝土、耐酸混凝土、防辐射混凝土、补偿收缩混凝土、防水混凝土、泵送混凝土、自密实混凝土、纤维混凝土、聚合物混凝土、高强混凝土、高性能混凝土等。

4.1.2　混凝土的主要优点和缺点

1. 原材料来源丰富

混凝土中约 70% 以上的材料是砂石料，是地方性材料，可就地取材，避免远距离运输，因而价格低廉。

2. 施工方便

混凝土拌合物有良好的流动性和可塑性，可根据工程需要浇筑成各种形状尺寸的构件及构筑物，既可现场浇筑成型，也可预制。

3. 性能可根据需要设计调整

通过调整各组成材料的品种和数量，特别是掺入不同外加剂和掺合料，可获得不同施工和易性、强度、耐久性或具有特殊性能的混凝土，满足工程上的不同要求。

4. 抗压强度高

混凝土的抗压强度一般在 20～60MPa 之间。当掺入高效减水剂和掺合料时，强度可达 100MPa 以上。而且，混凝土与钢筋具有良好的适配性，浇筑成钢筋混凝土后，可以有效地改善抗拉强度低的缺陷，使混凝土能够应用于各种结构部位。

5. 耐久性好

原材料选得正确、配比合理、施工养护好的混凝土具有优异的抗渗性、抗冻性和耐腐蚀性能，且对钢筋有保护作用，可保持混凝土结构长期使用性能稳定。

混凝土存在的主要缺点是自重大，抗拉强度低，易开裂，收缩变形大。

建筑工程中使用的混凝土，一般应满足下面的基本要求：

1）满足便于搅拌、运输和浇捣密实的施工和易性。

2）满足设计要求的强度等级。

3）满足工程所处环境条件所必需的耐久性。

4）在保证质量的前提下，降低水泥用量，节约成本。

为了满足上述四项基本要求，就必须熟悉原材料性能，研究影响混凝土和易性、强度、耐久性、变形性能的主要因素，研究配合比设计原理、混凝土质量波动规律，以及相关的检验评定标准等。

4.2 混凝土的组成材料

混凝土的性能在很大程度上取决于组成材料的性能。因此必须根据结构性质、设计要求和施工现场条件合理选择原料的品种、质量和用量。要做到合理选择原材料，则首先必须了解组成材料的性质、作用原理和质量要求。

4.2.1 水泥

1. 水泥品种的选择

水泥品种的选择主要根据工程结构特点、工程所处环境等条件确定。配制普通的混凝土一般可采用硅酸盐水泥、普通硅酸盐水泥、矿渣硅酸盐水泥、火山灰质硅酸盐水泥和粉煤灰硅酸盐水泥。如果结构混凝土有耐热要求，一般宜选用耐热性好的矿渣硅酸盐水泥等。在满足工程条件的前提下，一般可选用价格较低的水泥品种，以尽可能降低成本。

2. 水泥强度等级的选择

水泥强度等级的选择原则为：混凝土设计强度等级越高，则水泥强度等级也越高；设计强度等级低，则选用的水泥强度等级也相应较低。一般情况下，选用水泥的强度等级约为混凝土强度等级的1.5~2.0倍。例如：C40以下混凝土，一般选用强度等级32.5级；C45~C60混凝土一般选用42.5级，在采用高效减水剂等条件下也可选用32.5级；大于C60的高强混凝土，一般宜选用42.5级或更高强度等级的水泥。而低于C15的混凝土，则宜选择强度等级为32.5级的水泥，并外掺粉煤灰等混合材料。在选择水泥强度等级时，前提是要保证混凝土中有适量的水泥，既不能过多，也不能过少。水泥用量过多时（低强度等级水泥配制高强度混凝土），一方面成本增加，另一方面，混凝土收缩增大，对耐久性不利。相反，如果水泥用量过少（高强度等级水泥配制低强度混凝土），混凝土的粘聚性变差，不易获得均匀密实的混凝土，严重影响其耐久性。

4.2.2 细骨料

混凝土用砂为0.15~4.75mm粒径的细骨料，按产源分为天然砂、人工砂两类。我国建筑用砂以天然砂为主，它是岩石风化后所形成的散粒材料，包括河砂、湖砂、山砂和淡化海砂。河砂颗粒圆滑，比较洁净，来源广；山砂与河砂相比有棱角，表面粗糙，但含泥量和含有机杂质较多；海砂虽然有河砂的优点，但常混有贝壳碎片和含较多盐分。一般工程上多使用河砂，如使用山砂和海砂应按技术要求进行检验。

近些年来，建筑业对砂石的需求日益增大，天然砂资源出现短缺，大量工程实践证明，使用人工砂在经济上是合理的，在技术上是可行的。在《建设用砂》（GB/T 14684—2011）标准中增加了人工（机制）砂标准。

人工砂的定义为经过除土处理的机制砂、混合砂的统称。机制砂指由机械破碎、筛分制成，粒径小于4.00mm的岩石颗粒，但不包括软质岩、风化岩石的颗粒；混合砂指由机制砂和天然砂混合制成的砂，其原料为尾矿、卵石，来源广泛，特别是在天然砂源缺乏及有大量尾矿、卵石需要处理和利用的地区，人工砂更具有发展的条件。

砂按技术要求分为Ⅰ类、Ⅱ类、Ⅲ类。Ⅰ类宜用于强度等级大于C60的混凝土；Ⅱ类宜用于强度等级C30～C60及抗冻、抗渗或其他要求的混凝土；Ⅲ类宜用于强度等级小于C30的混凝土和建筑砂浆。

混凝土用砂的技术要求，主要有如下几项：

1. 砂的颗粒级配

砂的颗粒级配是指粒径大小不同的砂相互搭配的情况。级配好的砂应该是粗砂空隙被较细砂所填充，较细砂空隙被更细砂所填充，使砂的空隙达到尽可能小。用级配良好的砂配制混凝土，不仅可减少水泥浆量，即节省水泥，而且因水泥石含量少，混凝土密实度提高，强度和耐久性得以加强。由图4-2可以看出，同一粒径组成的砂，空隙最大（图4-2a）；两种粒径组成的砂，有所减小（图4-2b）；各种粒径组成的砂，空隙最小（图4-2c）。由此可见，要想减小砂粒间的空隙，就必须有大小不同的颗粒搭配，即良好的级配。

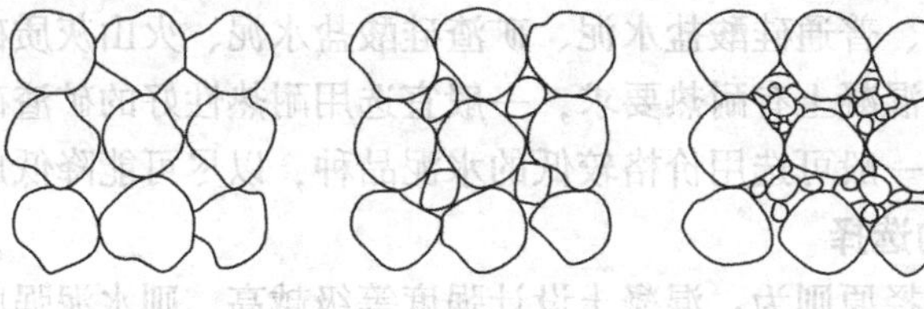

图4-2 砂的颗粒级配

评定砂的颗粒级配，通常采用筛分析法。按GB/T 14684—2011的规定，该法是用一套孔径（净孔）为4.75mm、2.36mm、1.18mm、0.60mm、0.30mm、0.15mm的标准筛，将预先通过孔径为9.50mm的干砂试样 M（500g）由粗到细依次过筛，然后称量各筛上遗留砂样的质量，并计算出各筛上的“分计筛余百分率”及“累计筛余百分率”，计算关系如下式：

$$M_x = \frac{(A_2 + A_3 + A_4 + A_5 + A_6) - 5A_1}{100 - A_1} \tag{4-1}$$

式中 M_x——砂的细度模数；

A_1、A_2、A_3、A_4、A_5、A_6——分别为4.75mm、2.36mm、1.18mm、0.60mm、0.30mm、0.15mm筛的累计筛余百分率。

细度模数越大，表示砂越粗。普通混凝土用砂的细度模数范围一般为3.7～1.6，其中 M_x 在3.7～3.1为粗砂，M_x 在3.1～2.3为中砂，M_x 在2.3～1.6为细砂，配制混凝土时，应优先选用中砂。M_x 在1.5～0.7的砂为特细砂，用于配制混凝土时，要作特殊考虑。

应当注意，砂的细度模数并不能反映其级配的优劣，细度模数相同的砂，级配可以很不相同。所以，配制混凝土时，必须同时考虑砂的颗粒级配和细度模数。表4-1为砂的颗粒级配。

表4-1　颗粒级配

方筛孔径 \ 累计筛余（%） \ 级配区	1	2	3
9.50mm	0	0	0
4.75mm	10～0	10～0	10～0
2.36mm	35～5	25～0	15～0
1.18mm	65～35	50～10	25～0
600μm	85～71	70～41	40～16
300μm	95～80	92～70	85～55
150μm	100～90	100～90	100～90

注：1. 砂的实际颗粒级配与表中所列数字相比，除4.75mm和600μm筛孔外，可以略有超出，但超出总量应小于5%。

2. 1区人工砂中150μm筛孔的累计筛余可以放宽到100%～85%，2区人工砂中150μm筛孔的累计筛余可以放宽到100%～80%，3区人工砂中150μm筛孔的累计筛余可以放宽到100%～75%。

以累计筛余百分率为纵坐标，以筛孔尺寸为横坐标，根据表4-1的规定画出1、2、3级配区的筛分曲线，如图4-3所示。砂的筛分曲线应处于任何一个级配区内。1区的砂较粗，以配制富混凝土和低流动性混凝土为宜。1区右下方的砂过粗，不宜用于配制混凝土。3区的砂较细，3区以左的砂过细，配成的混凝土水泥用量较多，而且强度显著降低，也不宜用于配制混凝土。

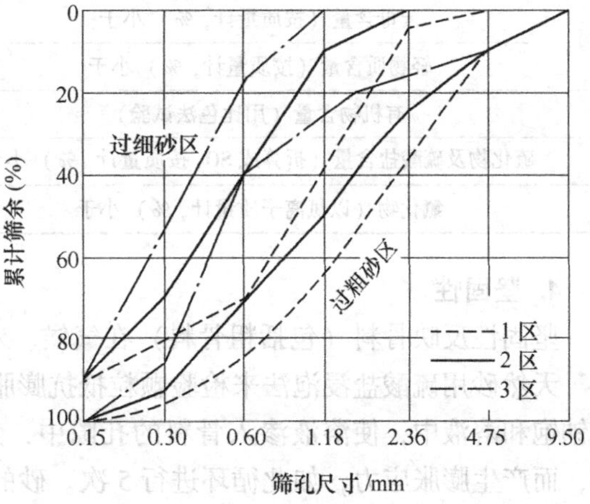

图4-3　筛分曲线

如果砂的自然级配不符合级配区的要求，可以用人工级配的办法予以改善，可以将粗细砂按适当比例进行试配，掺合使用，也可将砂筛分，筛去过粗或过细的颗粒，调整砂的级配。

评定砂是否适合配制混凝土，除颗粒级配外，还应评定其粗细程度。砂的粗细程度，是指不同粒径的砂粒混合在一起的总体的粗细程度。

2. 泥和泥块含量

含泥量指骨料中粒径小于0.075mm的岩屑、淤泥等颗粒的含量。

泥块含量在细骨料中是指粒径大于1.18mm，经水洗、手捏后变成小于0.60mm的颗粒的含量；在粗骨料中则是指粒径大于4.75mm，经水洗、手捏后变成小于2.36mm的颗粒的含量。骨料中的泥颗粒极细，会粘附在骨料表面，影响水泥石与骨料之间的胶结能力；而泥块会在混凝土中形成薄弱部分，对混凝土的质量影响重大。因此，对骨料中泥和泥块含量必须严加限制，见表4-2。

表4-2　天然砂含泥量和泥块含量

项目	指标		
	Ⅰ类	Ⅱ类	Ⅲ类
含泥量（按质量计，%）	≤1.0	≤3.0	≤5.0
泥块含量（按质量计，%）	0	≤1.0	≤2.0

3. 有害物质含量

有害物质包括硫化物、硫酸盐、有机物及云母等。硫化物、硫酸盐及有机物等对水泥石有腐蚀作用，降低混凝土的耐久性。云母及轻物质（表观密度小于$2g/cm^3$），它们本身强度低，与水泥石黏结不牢，会降低混凝土强度及耐久性。

氯离子对钢筋有锈蚀作用，当采用海砂配制钢筋混凝土时，海砂中氯离子含量不应大于0.06%（以干砂的质量计），对预应力混凝土，则不宜用海砂。

砂中上述有害物质含量应符合表4-3的规定。

表4-3　砂中有害物质的限值

项　目	质量指标		
	Ⅰ类	Ⅱ类	Ⅲ类
云母含量（按质量计，%）小于	1.0	2.0	2.0
轻物质含量（按质量计，%）小于	1.0	1.0	1.0
有机物含量（用比色法试验）	合格	合格	合格
硫化物及硫酸盐含量（折算成SO_3按质量计，%）小于	0.5	0.5	0.5
氯化物（以氯离子质量计，%）小于	0.01	0.02	0.06

4. 坚固性

坚固性反映骨料（包括粗骨料）在气候、外力或其他物理因素作用下抵抗破碎的能力。

天然砂用硫酸盐浸泡法来检验颗粒抵抗膨胀应力的能力。此法是先将骨料试样浸泡于硫酸钠饱和溶液中，使溶液渗入骨料的孔隙中，然后取出试样进行烘烤，使孔隙中的溶液结晶，而产生膨胀应力，如此循环进行5次。砂的质量损失应符合表4-4的要求。

表4-4　天然砂的坚固性指标

项目	指标		
	Ⅰ类	Ⅱ类	Ⅲ类
质量损失（%）	≤8	≤8	≤10

5. 碱骨料反应

骨料中若含有活性氧化硅或含有粘土的白云石质石灰石，在一定的条件下会与水泥中的碱发生碱—骨料反应（碱—硅酸盐反应或碱—碳酸盐反应），产生膨胀并导致混凝土开裂。因此，当用于重要工程或对骨料有怀疑时，须按标准规定，采用化学法或长度法对骨料进行碱活性检验。经碱骨料反应试验后，由砂制备的试件无裂缝、酥裂、胶体外溢等现象，在规定的试验龄期内膨胀率应小于0.10%。

4.2.3　粗骨料

粒径大于4.75mm的骨料称为粗骨料。常用的有碎石（包括碎卵石）及卵石两种。碎石是由天然岩石或大的卵石经破碎、筛分而得。卵石是由于自然条件作用而形成的、粒径大于5mm的颗粒，如河卵石、海卵石、山卵石等。

与碎石比较，卵石表面光滑，少棱角，空隙率及表面积较小，拌制混凝土时需用水泥浆量较少，拌制的混凝土拌合物的和易性较好。但卵石与水泥石的黏结力较小，因此，在相同条件下，卵石混凝土的强度较碎石混凝土低。碎石与卵石各有特点，应本着就地取材的原则结合工程要求合理选用。

（1）颗粒级配　粗骨料的颗粒级配与细骨料的颗粒级配的原则是相同的，就是使不同粒径颗粒适当搭配，使石子的空隙尽可能小，以减少水泥用量，保持混凝土拌合物具有良好的和易性，提高混凝土的密实度。石子的级配也通过筛分析来评定，所用标准筛（方孔筛）的孔径为2.36mm、4.75mm、9.50mm、16.0mm、19.0mm、26.5mm、31.5mm、37.5mm、53.0mm、63.0mm、75.0mm、90mm。各筛上分计筛余百分率及累计筛余百分率的计算方法与砂相同。碎石或卵石的颗粒级配范围见表4-5。

表4-5　碎石或卵石颗粒级配范围

公称粒级/mm		累计筛余（%）方孔筛/mm											
		2.36	4.75	9.50	16.0	19.0	26.5	31.5	37.5	53.0	63.0	75.0	90
连续粒级	5~16	95~100	85~100	30~60	0~10	0							
	5~20	95~100	90~100	40~80	—	0~10	0						
	5~25	95~100	90~100	—	30~70	—	0~5	0					
	5~31.5	95~100	90~100	70~90	—	15~45	—	0~5	0				
	5~40	—	95~100	70~90	—	30~65	—	—	0~5	0			
单粒粒级	5~10	95~100	80~100	0~15	0								
	10~16		95~100	80~100	0~15								
	10~20		95~100	85~100		0~15	0						
	16~25			95~100	55~70	25~40	0~10						
	16~31.5		95~100		85~100			0~10	0				
	20~40			95~100		80~100			0~10	0			
	40~80					95~100			70~100		30~60	0~10	0

粗骨料公称粒级的上限称为该粒级的最大粒径，如采用5~40的粗骨料时，则最大粒径为40mm。最大粒径的大小表示粗骨料的粗细程度，粗骨料最大粒径增大时，骨料总表面积减小，因而可使水泥浆用量减少，这不仅能节约水泥，而且有助于提高混凝土的密实度，减少发热量及混凝土的收缩，因此在条件允许的情况下，当配制中等强度等级以下的混凝土时，应尽量采用最大粒径的粗骨料。但最大粒径的确定，还要受到结构截面尺寸、钢筋净距及施工条件的限制。根据《混凝土质量控制标准》（GB 50164—2011）的规定，粗骨料最大

粒径不得大于结构截面最小尺寸的1/4，并不得大于钢筋最小净距的3/4，对混凝土实心板最大粒径不得大于板厚的1/3，并不得超过40mm。配制高强度混凝土时，骨料最大粒径一般不大于25mm。

粗骨料颗粒级配有连续级配与间断级配之分。连续级配是从最大粒径开始，由大到小各级相连，其中每一级石子都占有适当的比例，表4-5中所列的连续粒级即属于连续级配。工程中常将表中的连续粒级与单粒粒级的石子按适当比例配成连续级配的石子。例如将连续粒级5~20mm的石子与单粒级20~40mm的石子配合使用，即成为5~40mm的连续级配。连续级配在工程中应用较多。

间断级配是各级石子不连续，即省去中间的一、二级石子。例如将5~10mm与20~40mm两种粒级的石子配合使用，中间缺少10~20mm的石子，即成为间断级配。间断级配能降低骨料的空隙率，可节约水泥，但易使混凝土拌合物产生离析，故在建筑工程中应用较少。

（2）针、片状颗粒　粗骨料中针、片状颗粒含量对混凝土拌合物的和易性有明显影响，如针、片状颗较含量增加25%，高强度等级混凝土的坍落度约减少12mm。针、片状颗粒含量过大，对强度也有影响。

碎石、卵石颗粒的长度大于该颗粒所属粒级的平均粒径2.4倍者称为针状颗粒，厚度小于平均粒径0.4倍者称为片状颗粒。这是根据我国石子资源的质量和产量而定的，以便既保证混凝土质量，又能充分利用资源。碎石或卵石中针、片状颗粒含量应符合表4-6的规定。

（3）含泥量、泥块含量及有害物质　这些物质的危害作用，与在砂中的作用相同。混凝土用碎石或卵石中的含泥量及泥块含量应符合表4-7的规定。碎石或卵石中有害物质含量应符合表4-8的规定。

表4-6　粗骨料针、片状颗粒含量

项目	指标		
	Ⅰ类	Ⅱ类	Ⅲ类
针、片状颗粒（按质量计，%）	≤5	≤10	≤15

表4-7　粗骨料中含泥量和泥块含量

项目	指标		
	Ⅰ类	Ⅱ类	Ⅲ类
含泥量（按质量计，%）	≤0.5	≤1.0	≤1.5
泥块含量（按质量计，%）	0	≤0.2	≤0.5

表4-8　有害物质的限值

项　目	质量指标		
	Ⅰ类	Ⅱ类	Ⅲ类
有机物含量（用比色法试验）	合格	合格	合格
硫化物及硫酸盐含量（折算成 SO_3 按质量计，%）	≤0.5	≤1.0	≤1.0

(4) 强度及坚固性

1) 强度。碎石的强度可用岩石的抗压强度和压碎指标值表示。岩石抗压强度应由生产单位提供，工程采用压碎指标值进行质量控制。

岩石的抗压强度是以 50mm×50mm×50mm 的立方体（或 ϕ50mm×50mm 的圆柱体）试件，在水饱和状态下测得的抗压强度极限值。强度等级为 C60 及以上的混凝土所用碎石应进行岩石抗压强度检验，在水饱和状态下，岩石的抗压强度与混凝土强度等级之比应不小于 1.5，且火成岩强度不宜低于 80MPa，变质岩不宜低于 60MPa，水成岩不宜低于 30MPa。

压碎指标值的测定，是将一定量气干状态下 9.50～19.0mm 的石子装入压碎指标测定仪的圆筒内，放好加压头，在试验机上按 1kN/s 的速度均匀地加荷到 200kN 并稳荷 5s，然后卸荷。倒出试样，称出其质量 m_0，然后用孔径为 2.36mm 的筛，筛除被压碎的细粒，称量剩余在筛上的试样质量 m_1，则压碎指标 Q_e 为：

$$Q_e = \frac{m_0 - m_1}{m_0} \times 100\% \tag{4-2}$$

压碎指标值越小，说明骨料抵抗压碎能力越强。碎石的压碎指标值应符合表 4-9 的规定。

表 4-9　碎石、卵石压碎指标值

项目	指标（%）		
	Ⅰ类	Ⅱ类	Ⅲ类
碎石压碎指标	≤10	≤20	≤30
卵石压碎指标	≤12	≤14	≤16

2) 坚固性。对碎石、卵石坚固性要求的目的，与砂基本相同。采用硫酸钠溶液法进行试验，卵石和碎石经 5 次循环后，其质量损失应符合表 4-10 的规定。

表 4-10　碎石、卵石坚固性指标

项目	指标		
	Ⅰ类	Ⅱ类	Ⅲ类
质量损失（%）	≤5	≤8	≤12

(5) 碱—骨料反应　经碱—骨料反应试验后，由卵石或碎石制备的试件无裂缝、酥裂、胶体外溢等现象，在规定的试验龄期内膨胀率应小于 0.10%。

4.2.4　骨料的含水状态

1. 骨料的饱和面干状态及饱和面干吸水率

骨料的含水状态一般可分为干燥状态、气干状态、饱和面干状态和湿润状态四种，如图 4-4 所示。骨料含水率等于或接近于零时称干燥状态；含水率与大气湿度相平衡时称气干状态；骨料表面干燥面内部孔隙含水达饱和时称饱和面干状态；湿润状态的骨料不仅内部孔隙含水饱和，而且表面还附有一层自由水。

如果骨料的含水状态不一样，在配制混凝土时会增大混凝土用水量和骨料用量的误差，影响混凝土质量。

采用饱和面干骨料能保证配料准确，因为饱和面干骨料既不从混凝土中吸取水分，也不

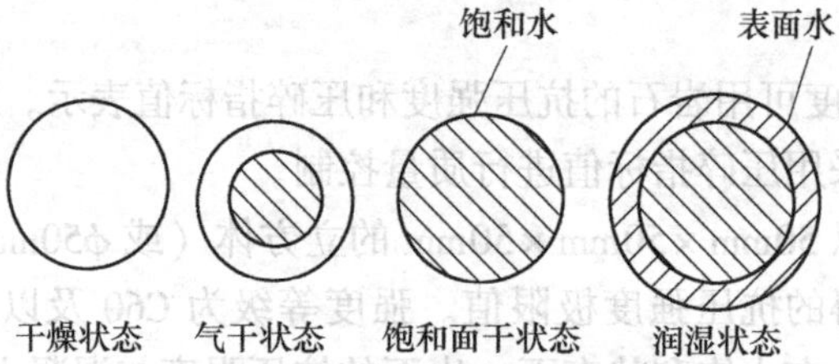

图 4-4 骨料的含水状态

向混凝土拌合物中带入水分，此时对混凝土用水量的控制就比较准确。因此一些大型水利工程多按饱和面干状态的骨料来设计混凝土配合比。

骨料在饱和面干状态时的含水率，称为饱和面干吸水率。饱和面干吸水率越小，表示骨料颗粒越密实，质量越好。一般坚固的骨料其饱和面干吸水率在1%左右。气干状态密实骨料的含水率在1%以下，与其饱和面干吸水率相差不多，故工程中常以气干状态骨料为基准进行混凝土配合比设计。同时，在工程施工中，必须经常测定骨料的含水率，以及时调整混凝土组成材料实际用量的比例，从而保证混凝土配料的均匀与质量的稳定性。

2. 砂子的容胀

细骨料的体积和堆积密度与其含水状态紧密相关。气干状态的砂随着其含水率的增大，砂颗粒表面形成一层吸附水膜，推挤砂粒分开而引起砂体积增大，这种现象称为砂的容胀，其中细砂的湿胀要比粗砂大得多。当砂的含水率增大为5%～8%时，其体积最大而堆积密度最小，砂的体积可增加20%～30%。若含水率继续增大，砂表面水膜增厚，当水的自重超过砂粒表面对水的吸附力时而产生流动，并迁入砂粒间的空隙中，于是砂粒表面的水膜被挤破消失，砂体积减小。当含水率增大至20%左右时，湿砂体积与干砂相近；含水率继续增大，则砂粒互相挤紧，这时湿砂的体积小于干砂。砂的体积与其含水率的关系如图4-5所示。

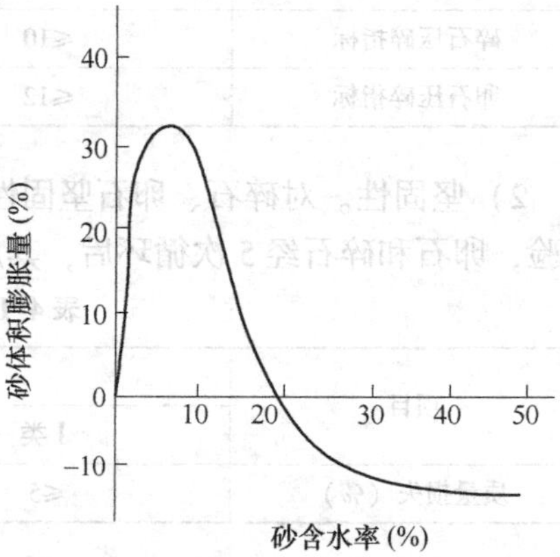

图 4-5 砂的体积与含水率的关系

由此可知，在拌制混凝土时，砂的用量应按质量计，而不能以体积计量，以免引起混凝土拌合物砂量不足，出现离析和蜂窝现象。

4.2.5 混凝土用水

混凝土用水的基本质量要求是：不影响混凝土的凝结和硬化；无损于混凝土强度发展及耐久性；不加快钢筋锈蚀；不引起预应力钢筋脆断；不污染混凝土表面。混凝土用水中的物质含量限值见表4-11。

表 4-11 混凝土用水中物质含量表

项目	预应力混凝土	钢筋混凝土	素混凝土
pH 值	≥5.0	≥4.5	≥4.5
不溶物/（mg/L）	≤2000	≤2000	≤5000

（续）

项目	预应力混凝土	钢筋混凝土	素混凝土
可溶物/（mg/L）	≤2000	≤5000	≤10000
氯化物（以 Cl^- 计）/（mg/L）	≤500	≤1000	≤3500
硫酸盐（以 SO_4^{2-} 计）/（mg/L）	≤600	≤2000	≤2700
碱含量/（mg/L）	≤1500	≤1500	≤1500

凡能饮用的水和清洁的天然水，都可用于混凝土拌制和养护。海水不得拌制钢筋混凝土、预应力混凝土及有饰面要求的混凝土。工业废水须经适当处理后才能使用。

4.3　混凝土的性能

4.3.1　混凝土拌合物的和易性

1. 和易性的概念

和易性是指在一定的施工条件下，混凝土拌合物易于施工操作，并获得均匀密实混凝土的性质。和易性包括流动性、粘聚性、保水性三方面的含义。

流动性是指混凝土拌合物在自重或施工机械的作用下，产生流动，并获得均匀密实混凝土的性能。流动性反映了混凝土的稀稠程度。

粘聚性是指混凝土拌合物有一定的粘聚力，在运输及浇捣过程中，不致发生分层离析，使混凝土保持整体均匀的性能。粘聚性差的混凝土拌合物，在施工过程中的振动、冲击下及转运、卸料时，砂浆与石子易分离，振捣后容易出现蜂窝、孔洞等缺陷，影响工程质量。

保水性是指混凝土拌合物有一定的保水能力，在施工过程中不致产生严重泌水现象。如果混凝土的保水性差，水分在振动下容易泌出并上升至表面，使水分经过之处形成毛细通道。水分浮于表面后，在上下层混凝土间形成疏松的夹层。另外有些水分上升时，由于粗骨料的阻挡，而聚集于粗骨料之下，严重影响水泥浆与骨料的胶结。

由于混凝土拌合物的和易性包括上述三方面的含义，所以很难用一个指标来表示。对于流动性较大的混凝土拌合物，通常通过坍落度试验来测定和易性。

2. 和易性的测量

进行坍落度试验时，将混凝土拌合物用小铲分三次均匀装入截头圆锥坍落度筒内，使捣实后高度为每层的二分之一左右。每层用振捣棒沿螺旋方向由外向中心插捣25次。

顶层插捣完毕后，刮去多余的混凝土，抹平，将筒垂直提起，提离过程在5~10s内完成，从装料到提离应在150s内完成。提起坍落度筒后，测定拌合物下坍的高度，即坍落度，以mm表示，如图4-6所示。坍落度的大小反映了混凝土拌合物的流动性，根据坍落度的大小，可将混凝土拌合物分为四级，见表4-12。

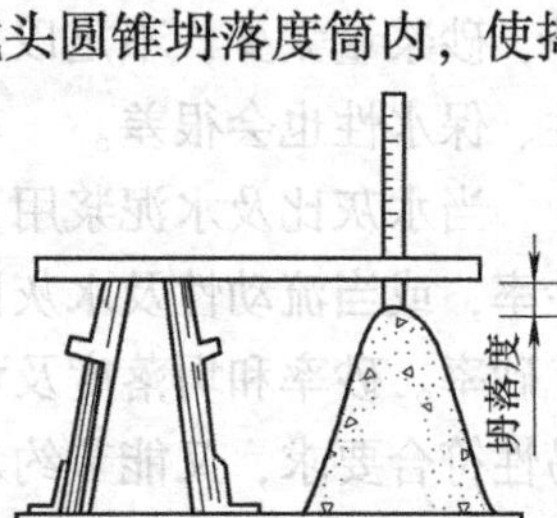

图4-6　混凝土的坍落度

表 4-12　混凝土坍落度的分级

级别	名称	坍落度/mm
T_1	低塑性混凝土	10 ~ 40
T_2	塑性混凝土	50 ~ 90
T_3	流动性混凝土	100 ~ 150
T_4	大流动性混凝土	>160

试验中还须通过观察来判断评定混凝土拌合物的粘聚性及保水性。用捣棒轻击混凝土拌合物侧面时，如果锥体是逐渐下坍，则表明粘聚性良好，如果锥体是突然倒塌或崩溃，则表示粘聚性不好。保水性以混凝土拌合物稀浆析出的程度来评定，坍落度筒提起后如有较多的稀浆从底部析出，锥体部分的混凝土也因失浆而骨料外露，则表明此混凝土拌合物的保水性能不好；若无稀浆或仅有少量稀浆自底部析出，则表明此拌合物的保水性良好。

对于坍落度小于 10mm 的干硬性混凝土拌合物，可通过工作度（维勃稠度）的测定来评价其和易性。将混凝土拌合物按规定的方法装入固定在标准振动台上的工作度仪（维勃仪）的截头圆锥筒内，提起锥筒，开动振动台，拌合物振平所需的秒数即为工作度。

3. 影响混凝土拌合物和易性的主要因素

（1）水泥浆用量　在混凝土拌合物中，水泥浆除填充骨科的缝隙外，还须有一定的富裕以包裹骨料颗粒，形成润滑层。所以当水灰比不变时，单位体积混凝土拌合物的水泥浆用量大，富裕的用于润滑的水泥浆就多，混凝土的流动性好。若水泥浆过多，会出现流浆现象，混凝土拌合物的粘聚性、保水性就变差。所以水泥浆的用量应以满足流动性要求为宜。

水泥浆用量对拌合物流动性的影响，实际上是用水量的影响，用水量多，拌合物就稀。但在工程中，为使混凝土拌合物的流动性变好而增加水泥浆用量时，应保持水灰比不变，同时增加水和水泥的用量。若只增加用水量，将使水灰比变大而影响混凝土的强度和耐久性。

（2）水泥浆的稀稠　水泥浆的稀稠取决于水灰比的大小，水灰比是混凝土拌合物中用水量与水泥用量之比。水灰比小时，水泥浆较稠，拌合物的粘聚性、保水性好，但流动性差。水灰比过小时，拌合物过稠，将无法施工。而水灰比大时，水泥浆稀，拌合物流动性好，但粘聚性、保水性变差。

（3）砂率　砂率是拌合物中砂的质量占砂石总量的百分数。砂率大，砂子的相对用量较多，砂子的总表面积及空隙率较大。若水泥浆用量一定，水泥浆除填充砂石空隙外，用以包裹砂石并对砂石进行润滑的水泥浆量相对较少，拌合物显得干涩，流动性差。若砂率过小，砂浆量太少，不足以包裹石子表面，也不能填满石子间的空隙，不仅流动性差，粘聚性、保水性也会很差。

当水灰比及水泥浆用量一定，拌合物的粘聚性、保水性符合要求，获得最大流动性时的砂率，或当流动性及水灰比一定，粘聚性、保水性符合要求，水泥用量最少时的砂率称为最优砂率。砂率和坍落度及水泥用量的关系如图 4-7、图 4-8 所示。为了使混凝土拌合物的和易性符合要求，又能节约水泥，混凝土应尽量采用最优砂率。

（4）其他因素　除上述因素外，水泥品种、骨料种类、粒径、粒形及级配，是否使用外加剂等都对混凝土拌合物的和易性有影响。一般来说，在相同的条件下，用水量较小的混凝土拌合物流动性好；骨料最大粒径大、粒形圆、级配好的，拌合物流动性好；在拌合物中掺入某些种类的外加剂，也能显著改善其流动性。

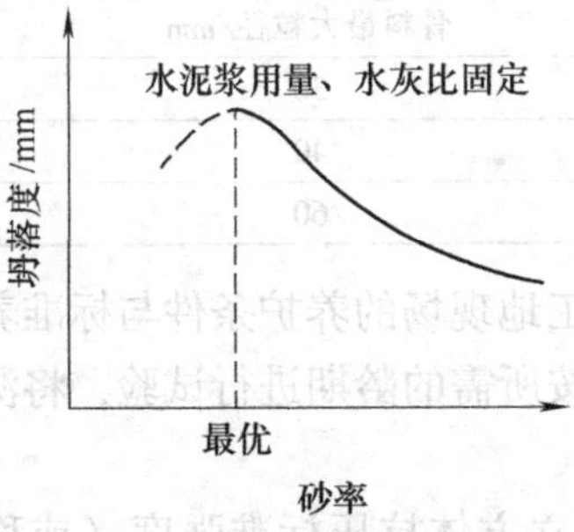

图4-7　砂率和坍落度的关系

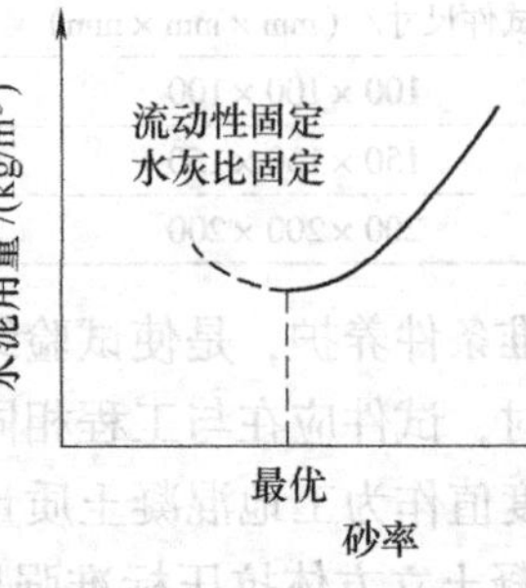

图4-8　砂率和水泥用量的关系

4. 流动性指标的选择

一般来说，坍落度小的混凝土拌合物水泥用量较少，所以在保证混凝土施工质量的前提下，应尽量选用较小的坍落度。

坍落度应根据结构特点、钢筋的疏密程度、混凝土振捣的方法及气温来选择。表4-13为《混凝土结构工程施工质量验收规范》（GB 50204—2002）中推荐的混凝土浇筑时的坍落度。

表4-13　混凝土浇筑时的坍落度

结构种类	坍落度/mm
基础或地面等的垫层、无配筋的大体积结构（挡土墙、基础等）或配筋稀疏的结构	10~30
板、梁和大型及中型截面的柱子等	30~50
配筋密列的结构（薄板、斗仓、筒仓、细柱等）	50~70
配筋特密的结构	70~90

注：1. 本表系采用机械振捣混凝土时的坍落度，当采用人工捣实混凝土时，其值可适当增大。
2. 当需要配制大坍落度混凝土时，应掺用外加剂。
3. 曲面或斜面结构混凝土的坍落度应根据实际需要另行选定。
4. 轻骨料混凝土的坍落度，宜比表中数值减少10~20mm。

4.3.2　混凝土的强度

1. 混凝土的抗压强度

（1）混凝土立方体抗压强度（f_{cu}）　根据《普通混凝土力学性能试验方法标准》（GB/T 50081—2002）的规定，将混凝土拌合物制成边长为150mm的立方体试件，在标准条件（温度20℃±2℃，相对湿度95%以上）下养护或在温度为20℃±2℃的不流动的$Ca(OH)_2$饱和溶液中养护到28天，测得的抗压强度值为混凝土立方体试件抗压强度（即立方体抗压强度）。

根据粗骨料的最大粒径，按表4-14选择立方体试件的尺寸，若为非标准试件时，测得的抗压强度值乘以换算系数，以换算成相当于标准试件的试验结果。选用边长为100mm的立方体试件时，换算系数为0.95；选用边长为200mm的立方体试件时，换算系数为1.05。

表 4-14　立方体试件尺寸选用表

试件尺寸/（mm×mm×mm）	骨料最大粒径/mm
100×100×100	30
150×150×150	40
200×200×200	60

采用标准条件养护，是使试验结果有可比性，但若工地现场的养护条件与标准养护条件有较大差异时，试件应在与工程相同的条件下养护，并按所需的龄期进行试验，将测得的立方体抗压强度值作为工地混凝土质量控制的依据。

（2）混凝土立方体抗压标准强度（$f_{cu,k}$）　混凝土立方体抗压标准强度（或称为立方体抗压强度标准值），是具有 95% 保证率的立方体试件抗压强度。抗压标准强度是用数理统计的方法计算得到的达到规定保证率的某一强度数值，并非实测的立方体试件的抗压强度。

（3）混凝土的强度等级　混凝土强度等级是按混凝土立方体抗压标准强度来确定的。我国现行《混凝土结构设计规范》（GB 50010—2010）规定，普通混凝土按立方体抗压强度标准值划分为：C15、C20、C25、C30、C35、C40、C45、C50、C55、C60、C65、C70、C75、C80 14 个强度等级，其数字表示该等级混凝土的立方体抗压强度标推值（MPa）。

2. 混凝土的轴心抗压强度

确定混凝土的强度等级是采用立方体试件，但在实际工程中，钢筋混凝土构件大部分是棱柱体或圆柱体。为了符合实际情况，在结构设计中混凝土受压构件的计算采用混凝土的轴心抗压强度。

按 GB/T 50081—2002 规定，混凝土轴心抗压强度采用 150mm×150mm×300mm 的棱柱体为标准试件，也可采用非标推尺寸的棱柱体试件，但其高宽比应在 2~3 范围内。轴心抗压强度比同截面的立方体抗压强度值小，棱柱体试件随着高宽比的增大，轴心抗压强度变小，但当高宽比达到一定值后，强度不再降低。试验表明，在立方体抗压强度 $f_{cu,k}=10\sim55$MPa 的范围内，轴心抗压强度 $f_{ck}=(0.76\sim0.82)\ f_{cu,k}$。

3. 混凝土的抗拉强度

混凝土的抗拉强度很低，一般为抗压强度的 1/10~1/20，混凝土强度等级越高，比值越小。所以，混凝土的抗拉强度一般不予考虑利用。但是，混凝土的抗拉强度对抗裂有重要的意义，有抗裂要求的结构，除需对混凝土提出抗压强度要求外，还需对抗拉强度提出要求。

测定混凝土抗拉强度的方法，有轴心抗拉试验及劈裂抗拉试验两种。前者用 8 字形试件或棱柱体试件，由于试验时试件的轴线很难与力的作用线一致，而稍有偏心将影响试验结果的准确性，而且夹具附近混凝土很容易产生局部破坏，而影响试验的结果。按 GB/T 50081—2002 标准规定，我国测定混凝土的抗拉强度是采用劈裂法间接测定。

4. 影响混凝土强度的因素

除施工方法及施工质量影响混凝土强度外，水泥强度及水灰比、骨料种类及级配、养护条件及龄期对混凝土强度的影响较大。

（1）水泥强度及水灰比　观察由于受力而破坏的混凝土时，可以发现破坏主要发生于水泥石与骨料的界面及水泥石本身，很少见到骨料破坏而导致混凝土破坏的现象。进一步观察发现，混凝土在受力前，由于水泥凝结硬化时产生的收缩受到骨料的约束，水泥石产生拉应力，在水泥石与骨料的界面上及水泥石本身就已经存在微细的裂缝。同时，由于水泥泌水，在振捣过程中上升的水分受到骨料阻止后，会在骨料底部形成水隙或裂缝。混凝土受力后，这些微细裂缝逐渐开展、延长并连通，最后使混凝土失去连续性而破坏。

由此得出结论：混凝土的强度主要取决于水泥石的强度及水泥石与骨料的胶结强度。水泥的强度反映水泥胶结能力的大小，所以水泥石及水泥石与骨料的胶结强度与水泥强度有关，水泥强度越高，混凝土的强度也越高。当水泥强度等级相同时，随着水灰比的增大，混凝土强度会有规律地降低。

水泥水化所需的水量（即转化为水化物的化学结合水），一般只占水泥质量的25%左右，为了获得必要的流动性，拌混凝土时要加较多的水（一般塑性混凝土的水灰比为0.4～0.7）。多余的水分形成水泡或蒸发后成为气孔，减小了混凝土承受荷载的有效截面，而且在小孔周围产生应力集中。水灰比大，泌水多，水泥浆的收缩也大，骨料底部聚集的水分也多，这些都是造成混凝土产生微细裂缝的原因。因此在一定范围内，水灰比越大，混凝土强度越低。

试验证明，在其他条件相同的情况下，混凝土拌合物能被充分振捣密实时，混凝土的强度随水灰比的增大而有规律地降低，如图4-9a所示；而灰水比（水灰比的倒数）增大时，强度随之提高，二者呈直线关系，如图4-9b所示。但若水灰比过小，水泥浆过于干稠，在一定的振捣条件下，混凝土无法振实，强度反而降低，如图4-9a中虚线所示。

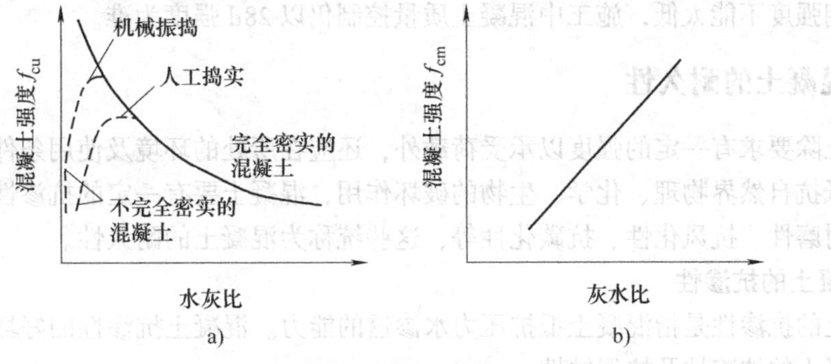

图4-9　混凝土强度与水灰比的关系

a）强度与水灰比的关系　b）强度与灰水比的关系

根据大量的试验，可以得到混凝土强度与水泥强度及水胶比关系的经验公式：

$$f_{cu,0}=\alpha_a f_b\ (B/W-\alpha_b) \tag{4-3}$$

式中　$f_{cu,0}$——混凝土配制强度（MPa）；

f_b——胶凝材料28d胶砂抗压强度（MPa）；

B/W——混凝土胶水比；

α_a、α_b——经验系数，与骨料种类、水泥品种有关，有条件时可以通过试验测定，无条件试验时，可采取如下数值：碎石混凝土：$\alpha_a=0.53$，$\alpha_b=0.20$；卵石混凝土：$\alpha_a=0.49$，$\alpha_b=0.13$。

利用以上经验公式可以解决两类问题，一是已知水泥强度等级及水胶比，推算混凝土的28d抗压强度；二是已知水泥强度等级及要求的混凝土强度等级来估算应采用的水胶比。

（2）骨料种类及级配　碎石表面粗糙，有棱角，与水泥的胶结力较强，而且相互间有嵌固作用，所以在其他条件相同时，碎石混凝土的强度高于卵石混凝土。当骨料中有害杂质含量过多且质量较差时，会使混凝土的强度降低。

骨料级配良好、砂率适中时，空隙率小，组成的骨架较密实，混凝土的强度也就较高。

（3）养护条件与龄期　混凝土养护条件主要是指养护的温度与湿度，它们对混凝土强度的发展有较大的影响。

水泥水化需要一定的水分，在干燥环境下，混凝土强度的发展会减缓甚至完全停止，同时会有较大的干缩，以致产生干缩裂缝，影响混凝土的强度。所以，在混凝土硬化初期，一定要使其表面保持潮湿状态。

在一定的湿度下，养护温度高，水泥水化速度快，强度发展也快，所以用蒸汽养护可加速混凝土硬化。温度低，混凝土硬化慢，当温度低于0℃时，混凝土硬化停止，低于－3℃时还会发生冰冻破坏。因此在冬季施工时，必须注意混凝土保温，使混凝土能正常硬化。

在正常的养护条件下，混凝土在最初7～14d内强度发展较快，以后逐渐变慢，28d后更慢，但只要保持一定的温度、湿度，混凝土强度增长可以延续十几年，甚至几十年。混凝土强度增长的速度，因水泥品种及养护条件不同而异。

一般的工程都是以28d龄期的混凝土强度作为设计强度的，但有些工程工期较长，承受荷载较晚，为充分利用混凝土强度以节省水泥，也可选用60d、90d甚至180d龄期的混凝土强度作为设计强度。为了保证混凝土在初期能承受一定的荷载和在温度应力作用下不致产生裂缝，早期强度不能太低，施工中混凝土质量控制仍以28d强度为准。

4.3.3　混凝土的耐久性

混凝土除要求有一定的强度以承受荷载外，还应在所处的环境及使用条件下经久耐用。

为了抵抗自然界物理、化学、生物的破坏作用，混凝土要有一定的抗渗性、抗冻性、抗侵蚀性、耐磨性、抗风化性、抗碳化性等，这些统称为混凝土的耐久性。

1. 混凝土的抗渗性

混凝土的抗渗性是指混凝土抵抗压力水渗透的能力。混凝土抗渗性的好坏，很大程度上影响着混凝土的抗冻性及抗侵蚀性。

混凝土的抗渗性可用渗透系数或抗渗等级来表示，我国目前用抗渗等级表示。抗渗等级是根据养护28d的标准试件，在标准的试验方法下能承受的最大水压力来划分的。混凝土抗渗等级分为：P4、P6、P8、P10、P12及P12以上，它们能承受的最大水压力分别为：0.4MPa、0.6MPa、0.8MPa、1.0MPa、1.2MPa及1.2MPa以上。

高层建筑基础的混凝土强度等级不宜低于C30。当有防水要求时，混凝土抗渗等级应根据地下水最大水头与防水混凝土厚度的比值按表4-15采用，且不应小于0.6MPa，必要时可设置架空排水层。

表4-15　基础防水混凝土的抗渗等级

最大水头 H 与防水混凝土厚度 h 的比值	设计抗渗等级/MPa
$\frac{H}{h}<10$	0.6
$10\leq\frac{H}{h}<15$	0.8

（续）

最大水头 H 与防水混凝土厚度 h 的比值	设计抗渗等级/MPa
$15 \leqslant \frac{H}{h} < 25$	1.2
$25 \leqslant \frac{H}{h} < 35$	1.6
$\frac{H}{h} \geqslant 35$	2.0

混凝土渗水，是由于其内部孔隙相连通形成渗水通道而造成的。形成孔洞的原因有很多，如采用泌水性大的矿渣水泥，骨料级配不良，施工时混凝土密实度差等。水灰比大，多余水分形成毛细通道及骨料下部的水隙，是造成渗水的主要原因，所以混凝土抗渗性与水灰比有关，抗渗混凝土的水灰比可参考表4-16选用。

表4-16　抗渗混凝土的最大水灰比

抗渗等级	最大水灰比	
	C20～C30 混凝土	C30 以上混凝土
P6	0.60	0.55
P8～P12	0.55	0.50
＞P12	0.50	0.45

当混凝土中加入引气剂等外加剂时，由于产生了互不连通的气泡，阻塞了混凝土中的毛细通道，可显著提高混凝土的抗渗性。

2. 混凝土的抗冻性

混凝土的抗冻性是指混凝土在水饱和状态下，经受多次冻融循环作用而不破坏，强度也未显著降低的性能。

混凝土的抗冻性用抗冻等级表示。将28d龄期的混凝土标准试件，在水饱和状态下经受冻融（冰冻温度为－17～－20℃，融化温度为20±3℃），质量损失不大于5%，强度损失不大于25%时的最大冻融循环次数，即抗冻等级。混凝土的抗冻等级分为：F50、F100、F150、F200、F250、F300、F350、F400及F400以上。

混凝土的抗冻性与水泥品种及水灰比有关。抗冻混凝土的最大水灰比可参考表4-17选择。提高混凝土的密实度或在混凝土中掺入引气剂、减水剂可显著提高混凝土的抗冻性。

表4-17　抗冻混凝土的最大水灰比

抗冻等级	无引气剂时	掺引气剂时
F50	0.55	0.60
F100	—	0.55
F150 及以上	—	0.50

3. 混凝土的抗侵蚀性

混凝土的抗侵蚀性是指混凝土抵抗环境水侵蚀的能力。抗侵蚀性与水泥品种、混凝土密实程度等因素有关。在环境水具有侵蚀性时，要根据侵蚀的类型选择合适的水泥品种，并尽可能提高混凝土的密实程度或掺用引气剂，以提高混凝土的抗侵蚀能力。

4. 混凝土的碳化

水泥石中的 $Ca(OH)_2$ 与空气中的 CO_2 作用，生成 $CaCO_3$ 的过程称为碳化。碳化后的混凝土化学性能及物理力学性能与碳化前有所不同，会产生一些有利及不利的影响。

混凝土碳化后，表面抗压强度及硬度提高，但碱度降低，减弱了对钢筋的保护，导致钢筋锈蚀；碳化使混凝土表面收缩增大，在混凝土内部约束下，表面产生裂缝，使混凝土的抗拉、抗弯强度降低。

混凝土碳化深度及速度与水泥品种有关，拌合料中的硅酸盐水泥抗碳化能力较差。碳化速度与混凝土的水灰比及水泥用量有关，水灰比小、水泥用量多的混凝土抗碳化较好。环境中 CO_2浓度越高，碳化速度越快。碳化速度还和环境湿度有关，混凝土在水中或相对湿度100%的条件下，由于孔隙中的水阻止了 CO_2向混凝土内部扩散，碳化停止；在特别干燥的环境下（相对湿度25%以下），因缺乏碳化反应所需求的水分，碳化也完全停止；在相对湿度50% ~75%时，碳化速度最快。

混凝土碳化后，表面裂缝，钢筋锈蚀，钢筋锈蚀后体积膨胀导致裂缝开展。碳化是造成混凝土建筑物老化甚至破坏的一个重要原因，为保证建筑物的耐久性，必须采取措施加以防治。

5. 提高混凝土耐久性的措施

混凝土所处的部位及使用条件不同，对耐久性也有不同的要求，因此要根据具体条件，采取相应的措施来提高耐久性。一般来说，提高温凝土耐久性可以从选择品种合适、质量优良的材料及提高混凝土密实度两个方面着手，常用的措施有：

1）根据混凝土所处的部位及使用条件，选择合适的水泥品种及强度等级。

2）使用杂质含量少、质量优良、级配良好的砂石料。在允许的最大粒径范围内尽量选择较大粒径的粗骨料。

3）选择适当的水灰比是影响混凝土耐久性的主要因素。《普通混凝土配合比设计规程》中规定的混凝土最大水灰比和最小水泥用量见表4-18。

表4-18　混凝土最大水灰比和最小水泥用量

环境条件	结构物类型	最大水灰比			最小水泥用量/（kg/m^3）		
		素混凝土	钢筋混凝土	预应力混凝土	素混凝土	钢筋混凝土	预应力混凝土
干燥环境	正常的居住或办公用房屋内部件	不作规定	0.65	0.60	200	260	300
潮湿环境（无冻害）	高湿度的室内部件 室外部件 在非侵蚀性土和（或）水中的部件	0.70	0.60	0.60	225	280	300
潮湿环境（有冻害）	经受冻害的室外部件 在非侵蚀性土和（或）水中且经受冻害的部件 高湿度且经受冻害的室内部件	0.55	0.55	0.55	250	280	300
有冻害和除冰剂的潮湿环境	经受冻害和有除冰剂作用的室内和室外部件	0.50	0.50	0.50	300	300	300

注：1. 当用活性掺合料取代部分水泥时，表中的最大水灰比和最小水泥用量，即为取代前的水灰比和水泥用量。

2. 配制C15级及其以下等级的混凝土，可不受本表限制。

4）掺减水剂可减少用水量，有利于提高混凝土的密实度和耐久性；掺引气剂可改变混凝土内部孔隙结构，提高混凝土的抗渗性、抗冻性，但强度及抗磨性有所降低。

5）在混凝土施工中，要加强质量控制，注意拌透、浇匀、振实，并加强养护，以提高混凝土的质量，提高其耐久性。

4.4　外加剂和掺合料

4.4.1　外加剂的分类、命名与定义

掺于混凝土中，掺量不大于水泥质量5%（特殊情况下除外）以改善混凝土性能的物质称为混凝土外加剂，它已成为混凝土除水泥、水、砂和石以外的第五种组分。

1. 改善混凝土流变性能的外加剂

（1）减水剂

1）普通减水剂。在不影响混凝土工作性能的条件下，能使单位用水量减少；或在不改变单位用水量的条件下，可以改善混凝土的工作性；或同时具有以上两种效果，又不显著改变含气量的外加剂。

2）高效减水剂。在不改变混凝土工作性的条件下，能大幅度地减少单位用水量，并显著提高混凝土强度；或不改变单位用水量的条件下，可显著改善工作性的减水剂。

3）早强减水剂。兼有早强作用的减水剂。

4）缓凝减水剂。兼有缓凝作用的减水剂。

5）引气减水剂。兼有引气作用的减水剂。

（2）泵送剂　改善混凝土拌合物泵送性能的外加剂。

2. 调节混凝土凝结硬化性能的外加剂

（1）早强剂　能提高混凝土早期强度并对后期强度无显著影响的外加剂。

（2）缓凝剂　能延缓混凝土凝结时间并对后期强度无显著影响的外加剂。

（3）速凝剂　使混凝土急速凝结、硬化的外加剂。

3. 调节混凝土气体含量的外加剂

（1）引气剂　能使混凝土中产生均匀分布的微气泡，并在硬化后仍能保留其气泡的外加剂。

（2）加气剂　在混凝土拌和时和浇筑后能发生化学反应，放出氢、氧、氮等气体并形成气孔的外加剂。

（3）泡沫剂　因物理作用而引入大量空气于混凝土中，从而能用以生产泡沫混凝土的外加剂。

4. 改善混凝土耐久性的外加剂

（1）阻锈剂　能阻止或减少混凝土中钢筋或金属预埋件发生锈蚀的外加剂。

（2）防冻剂　能使混凝土在负温下硬化，并在规定时间内达到足够强度的外加剂。

5. 为混凝土提供特殊性能的外加剂

（1）膨胀剂　能使混凝土在硬化过程中产生微量体积膨胀以补偿收缩，或少量剩余膨胀使体积更为致密的外加剂。

（2）防水剂（抗渗剂）　能降低混凝土在静水压力下透水性的外加剂。

4.4.2　常用外加剂的组成与特性

1. 减水剂

（1）减水剂的作用机理　各类减水剂尽管成分不同，但都属于表面活性剂，其减水作

用机理基本相似。表面活性剂的分子由亲水基团和憎水基团两部分组成。在水溶液中加入表面活性剂后，亲水基团指向溶液，而憎水基团指向空气、非极性液体或固体，作定向排列，组成吸附膜，因此降低了水的表面张力，并降低了水与其他液相或固相之间的界面张力。这种表面活性作用是减水剂有减水效果的主要原因。

当水泥加水拌和后，由于水泥颗粒间分子凝聚力的作用，使水泥浆形成絮凝结构，如图4-10所示，这种絮凝结构将一部分拌和水（游离水）包裹在水泥颗粒之间，降低了混凝土拌合物的流动性。如在水泥浆中加入减水剂，减水剂的憎水基团定向吸附于水泥颗粒表面，使水泥颗粒表面带有相同的电荷。在电性斥力作用下，水泥颗粒分开，如图4-11所示，从而将絮凝结构内的游离水释放出来。减水剂的这种分散作用使混凝土拌合物在不增加用水量的情况下，增加了流动性。

图4-10　水泥浆的絮凝结构

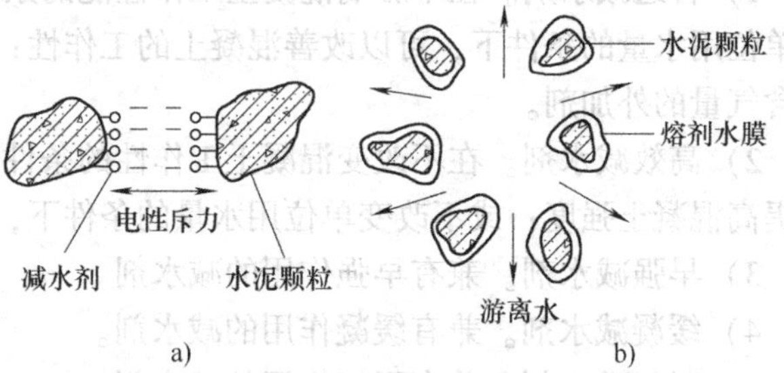

图4-11　减水剂作用示意图

（2）减水剂的主要种类

1）木质素系减水剂。木质素系减水剂的主要品种是木质素磺酸钙（M型减水剂），它是由生产纸浆或纤维浆的木质废渣，经发酵处理、脱糖、浓缩、干燥、喷雾而制成的粉状物质。

M型减水剂的掺量一般为水泥质量的0.2%~0.3%，在保持配合比不变的条件下可提高混凝土坍落度一倍以上；若维持混凝土的抗压强度和坍落度不变，一般可节省水泥用量10%；若维持混凝土坍落度和水泥用量不变，减水率可为10%~15%，并可提高抗压强度10%~20%。M型减水剂还可减小混凝土拌合物的泌水性，改善混凝土的抗渗性及抗冻性，故适用于大体积浇筑、滑模施工、泵送混凝土及夏季施工等。M型减水剂对混凝土有缓凝作用，掺量过多，除造成缓凝外，还可能使温度下降。M型减水剂不利于冬季施工，也不宜进行蒸汽养护。

2）多环芳香族磺酸盐系减水剂。此类减水剂又称萘系减水剂，通常是由工业萘或煤焦油中的萘、蒽、甲基萘等馏分，经磺化、水解、缩合、中和、过滤、干燥而制成。

萘系减水剂的减水、增强、改善耐久性等效果均优于木质素系，属于高效减水剂。一般减水率在15%以上，早强显著，混凝土28d增强20%以上，适宜掺量为水泥质量的0.2%~0.5%，大部分品种属于非引气型，或引气量小于2%。萘系减水剂对不同品种水泥的适应性都较强，主要用于配制要求早强、高强的混凝土及流态混凝土。

3）水溶性树脂系减水剂。它是由三聚氰胺与甲醛反应制成三羟甲基三聚氰胺，然后用亚硫酸钠碱化得到以三聚氰胺甲醛树脂为主要成分的一类减水剂。

树脂系减水剂属早强、非引气型高效减水剂，其减水及增强效果比萘系减水剂更好。掺量为0.5%~1.0%，减水率为10%~24%，1d强度提高30%~100%，7d强度提高30%~70%，28d强度提高30%~50%，混凝土其他性能也有所改善。该种减水剂对混凝土蒸养工艺适应性好，蒸养出池强度可提高20%~30%。树脂系减水剂适用于高强混凝土、早强混凝土、蒸养混凝土及流态混凝土等。

2. 引气剂

（1）引气剂主要类型　引气剂有如下几种主要类型：松香树脂类（文沙尔树脂，松香热聚物）；烷基苯磺酸盐类（烷基苯磺酸钠盐）；脂肪酸类（脂肪醇硫酸钠，高级脂肪醇衍生物）；非离子型表面活性剂（烷基酚与环氧乙烷缩合物）；木质素磺酸盐类（木质磺酸钙）。

（2）引气剂主要作用

1）改善混凝土拌合物的和易性。引气剂的掺入使混凝土拌合物内形成大量微气泡，这些微气泡如同滚珠一样，减少骨料颗粒间的摩擦阻力，使混凝土拌合物的流动性增加。同时，由于水分会均匀分布在大量气泡的表面，使混凝土拌合物中能自由移动的水量减少，泌水量因此减少，而保水性、粘聚性提高。

2）降低混凝土的强度。一般地说，当水灰比固定时，空气量增加1%，混凝土的抗压强度降低4%～5%，抗折强度降低2%～3%。同时，气泡的引入会使混凝土弹性变形增大，弹性模量略有降低。因此，为保持混凝土的力学性能，引入的气泡应适量。但引气剂有一定的减水作用（尤其像引气型减水剂，减水作用更为显著），水灰比的降低，可使强度得到一定补偿。

3）提高混凝土的抗渗性、抗冻性。引气剂使混凝土拌合物泌水性减小，因而泌水通道的毛细管也相应减少。同时，大量微气泡的存在，堵塞或隔断了混凝土中毛细管渗水通道，改变了混凝土的孔结构，使混凝土抗渗性显著提高。此外，气泡有较大的弹性变形能力，对由水结冰所产生的膨胀反力有一定的缓冲作用，因而可提高混凝土的抗冻性和耐久性。

（3）引气剂的作用机理　引气剂均属表面活性剂，但其作用机理与减水剂有所不同。减水剂的作用主要发生在水—固界面，而引气剂的作用则发生在气—液界面。引气剂能显著降低混凝土拌合物中水的表面张力，使水在搅拌作用下，容易引入空气并形成大量微小的气泡。同时，由于引气剂分子定向排列在气泡表面，使气泡坚固而不易破裂。气泡形成的数量和尺寸与加入的引气剂种类和数量有关。

3. 早强剂

（1）早强剂的种类　早强剂按化学成分可分为无机、有机及复合三大类。

1）无机类。主要是一些无机盐类，又可分为氯化物系（氯化钠、氯化钙、氯化铁、氯化铝）和硫酸盐系（硫酸钠、硫代硫酸钠、硫酸钙、硫酸铝钾），此外还有铬酸盐等。

2）有机类。常用的有三乙醇胺、乙酸钠、甲酸钙等。

3）复合类。由有机—无机早强剂复合或早强剂与其他外加剂复合而成。

（2）早强剂的主要特性　各类早强剂均可加速混凝土硬化过程，明显提高混凝土的早期强度，多用于冬季施工和抢修工程，或用于加快模板的周转。

含氯盐早强剂会加速混凝土中钢筋的锈蚀，因此在有关规范中，对氯盐的掺量有所限制。为防止氯盐对钢筋的锈蚀，一般可采取将氯盐与阻锈剂复合使用。此外，含氯盐早强剂会降低混凝土的抗硫酸盐性。

硫酸盐对钢筋无锈蚀作用，并能提高混凝土的抗硫酸盐侵蚀能力。但若掺入量过多，会导致混凝土后期性能变差，且混凝土表面易析出“白霜”，影响外观与表面装饰，故对其掺量必须控制。此外，硫酸钠的掺入提高了混凝土中碱含量，当混凝土中有活性骨料时，会加速碱骨料反应，因此硫酸钠不可用于含有活性骨料的混凝土。

三乙醇胺对混凝土有缓凝作用，故必须严格控制掺量，掺量过多时会造成混凝土严重缓凝和混凝土强度下降。

在实际应用中，早强剂单掺效果不如复合掺加。因此较多使用由多种组分配成的复合早强剂，尤其是早强剂与早强减水剂复合使用，其效果更好。

4. 缓凝剂

（1）缓凝剂的主要种类　缓凝剂主要有：羟基羧酸及其盐（酒石酸、酒石酸钾钠、柠檬酸、水杨酸等），多羟基碳水化合物（糖蜜、淀粉），无机化合物（磷酸盐、硼酸盐、锌盐），木质磺酸盐（木质磺酸钙）。

我国最常用的缓凝剂为木质磺酸钙及糖蜜。其中，糖蜜的缓凝效果最好，它是一种经石灰处理过的制糖下脚料。

（2）缓凝剂的基本特性　有机类缓凝剂大多是表面活性剂，吸附于水泥颗粒以及水化产物新颗粒表面，延缓了水泥的水化和浆体结构的形成。无机类缓凝剂往往是在水泥颗粒表面形成一层难溶的薄膜，对水泥颗粒的水化起屏障作用，阻碍了水泥的正常水化。

缓凝剂的主要作用是延缓混凝土凝结时间和水泥水化热释放速度，多用于大体积混凝土、泵送和滑模混凝土施工，以及高温炎热天气下远距离运输的商品混凝土。在分层浇筑混凝土时，为防止出现冷缝，也常掺加缓凝剂。

缓凝剂对水泥品种适应性十分明显，不同水泥品种，其缓凝效果不相同，甚至会出现相反效果，使用前必须进行试拌，检测其效果。

5. 速凝剂

（1）速凝剂的种类　速凝剂主要有无机盐类（硅酸钠、铝酸钠、硝酸盐）和有机物类（聚丙烯酸、聚甲基丙烯酸、羟基胺）。我国常用的速凝剂多为无机盐类。

（2）速凝剂基本性质　掺入混凝土中的速凝剂可使水泥中的石膏形成 Na_2SO_4，失去其缓凝作用，从而使 C_3A 迅速水化，并在溶液中析出其水化物，导致水泥浆迅速凝固，使混凝土在几至十几分钟内凝结，1h 产生强度，1d 强度提高 2 ~ 3 倍。

温度升高对速凝作用有增强效果；水灰比增大，速凝效果降低。

速凝剂使混凝土的后期强度下降，28d 强度约为不掺时的 80% ~90%。

速凝剂主要用于矿井、铁路隧洞、引水涵洞、地下厂房等工程堵漏以及喷射混凝土。

4.4.3　掺合料

在混凝土拌合物制备时，为了节约水泥、改善混凝土性能、调节混凝土强度等级而加入的天然的或者人造的矿物材料，统称为混凝土掺合料。

用于混凝土中的掺合料可分为活性矿物掺合料和非活性矿物掺合料两大类。非活性矿物掺合料一般与水泥组分不起化学作用，或化学作用很小，如磨细石英砂、石灰石、硬矿渣之类的材料。活性矿物掺合料虽然本身不硬化或硬化速度很慢，但能与水泥水化生成的 $Ca(OH)_2$ 发生化学反应，生成具有水硬性的胶凝材料，如粒化高炉矿渣、火山灰质材料、粉煤灰、硅灰等。

活性矿物掺合料依其来源可分为天然类、人工类和工业废料类，见表 4-19。

表4-19　活性矿物掺合料的分类

类别	主要品种
天然类	火山灰、凝灰岩、硅藻土、蛋白石质黏土、钙性黏土、黏土页岩
人工类	煅烧页岩或黏土
工业废料类	粉煤灰、硅灰、沸石粉、水淬高炉矿渣粉、煅烧煤矸石

1. 粉煤灰

粉煤灰是由燃烧煤粉的锅炉烟气中收集到的细粉末，其颗粒多呈球形，表面光滑。

粉煤灰有高钙粉煤灰和低钙粉煤灰之分，由褐煤燃烧形成的粉煤灰，其氧化钙含量较高（一般 $CaO > 10\%$），呈褐黄色，称为高钙粉煤灰，它具有一定的水硬性；由烟煤和无烟煤燃烧形成的粉煤灰，氧化钙含量很低（一般 $CaO < 10\%$），呈灰色或深灰色，称为低钙粉煤灰，一般具有火山灰活性。

低钙粉煤灰来源比较广泛，是当前国内外用量最大、使用范围最广的混凝土掺合料，作为掺合料，有两方面的效果：

1）节约水泥，一般可节约水泥10%～15%，有显著的经济效益。

2）改善和提高混凝土的和易性、抗渗性、抗硫酸盐性能，降低混凝土的水化热，抑制碱骨料反应。

《用于水泥和混凝土中的粉煤灰》将粉煤灰分为三个等级，见表4-20。

表4-20　粉煤灰质量指标及等级

质量指标	等级		
	Ⅰ	Ⅱ	Ⅲ
细度（0.045mm方孔筛的筛余量，%）	≤12	≤20	≤45
需水量比（%）	≤95	≤105	≤115
烧失量（%）	≤5	≤8	≤15
含水量（%）	≤1		不作规定
三氧化硫（%）	≤3		

注：1. 表中需水量比系对干排法获得的粉煤灰而言，对湿排法获得的粉煤灰要求质量均匀。

2. 对主要用于改善混凝土和易性的粉煤灰不受此限制。

3. 质量指标中任何一项不满足，都应重新在同一批粉煤灰中加倍取样重新检验，若复检后仍达不到要求，该批粉煤灰降级处理或处理为不合格。

配制泵送混凝土、大体积混凝土、抗渗结构混凝土、抗硫酸盐和抗软水侵蚀混凝土、蒸养混凝土、轻骨料混凝土、地下工程和水下工程混凝土等，均可掺用粉煤灰。

《粉煤灰混凝土应用技术规范》规定：

1）Ⅰ级粉煤灰适用于钢筋混凝土和跨度小于6m的预应力钢筋混凝土。

2）Ⅱ级粉煤灰适用于钢筋混凝土和无筋混凝土。

3）Ⅲ级粉煤灰主要用于无筋混凝土，对强度等级要求等于或大于C30的无筋粉煤灰混凝土，宜采用Ⅰ、Ⅱ级粉煤灰。

4）用于预应力钢筋混凝土、钢筋混凝土及强度等级要求等于或大于C30的无筋混凝土的粉煤灰等级，经试验论证，可采用比上述规定低一级的粉煤灰。

粉煤灰在混凝土中取代水泥量（以质量计）应符合表 4-21 的限定。

表 4-21　粉煤灰取代水泥的最大限值

混凝土种类	粉煤灰取代水泥的最大限值（以质量计，%）			
	硅酸盐水泥	普通硅酸盐水泥	矿渣硅酸盐水泥	火山灰质硅酸盐水泥
预应力钢筋混凝土	25	18	10	
钢筋混凝土 高强度混凝土 高抗冻融性混凝土 蒸养混凝土	30	27	20	15
中低强度混凝土 泵送混凝土 大体积混凝土 水下混凝土 地下混凝土 压浆混凝土	50	40	30	20
碾压混凝土	65	55	45	35

高钙粉煤灰虽然具有较高的活性，但其游离 CaO 含量较高，使用不当时会引起混凝土质量事故，有关其适用于全国性的品质指标应用技术规范，目前仍在研究制定之中。

2. 硅灰

硅灰又称为硅粉或硅烟灰，是从生产硅铁合金或硅钢等所排放的烟气中收集到的颗粒极细的烟尘，色呈浅灰到深灰。硅灰的颗粒是微细的玻璃球体，其粒径为 0.1 ~ 1.0μm，是水泥颗粒粒径的 1/50 ~ 1/100，比表面积为 18.5 ~ 20m^2/g。硅灰有很高的火山灰活性，可配制高强、超高强混凝土，其掺量一般为水泥用量的 5% ~ 10%，在配制超高强混凝土时，掺量可达 20% ~ 30%。

由于硅灰具有高比表面积，因而其用水量需要很大才能保证混凝土的和易性。

硅灰用作混凝土掺合料有以下几方面效果：

1）改善混凝土拌合物的粘聚性和保水性。在混凝土中掺入硅粉的同时又掺用了高效减水剂，保证了混凝土拌合物必须具有的流动性的情况下，由于硅粉的掺入，会显著改善混凝土拌合物的粘聚性和保水性。故适宜配制高流态混凝土、泵送混凝土及水下浇筑混凝土。

2）提高混凝土强度，配制高强、超高强混凝土。普通硅酸盐水泥水化后生成的 $Ca(OH)_2$ 约占体积的 29%，硅灰能与该部分 $Ca(OH)_2$ 反应生成水化硅酸钙，均匀分布于水泥颗粒之间，形成密实的结构。掺入水泥质量 5% ~ 10% 的硅灰，可配制出抗压强度达 100MPa 的超高强混凝土。

3）改善混凝土的孔结构，提高混凝土抗渗性、抗冻性及抗腐蚀性。掺入硅灰的混凝土，其总孔隙率虽变化不大，但其毛隙孔会相应变小，大于 0.1μm 的大孔几乎不存在。因而掺入硅灰的混凝土抗渗性明显提高，抗冻性及抗硫酸盐腐蚀性也相应提高。

4）抑制碱骨料反应。

3. 粒化高炉矿渣粉

粒化高炉矿渣粉是指将粒化高炉矿渣经干燥、磨细达到相当细度且符合相应活性指数的粉状材料，粒化高炉矿渣粉分为S105、S95和S75三个级别。

粒化高炉矿渣粉作为混凝土的掺合料，可等量取代水泥，而且还能显著改善混凝土的综合性能。如改善混凝土拌合物的和易性；降低水化热的温升；提高混凝土的抗腐蚀能力和耐久性；增强混凝土的后期强度。

4. 沸石粉

沸石粉是天然的沸石岩磨细而成的。沸石岩是经天然锻烧后的火山灰质铝硅酸盐矿物，含有一定量活性二氧化硅和三氧化铝，能与水泥水化析出的氢氧化钙作用，生成胶凝物质。沸石粉具有很大的内表面积和开放性结构，其细度为0.08mm筛的筛余量小于5%，平均粒径为5.0~6.5μm，颜色为白色。

沸石粉的适宜掺量依所需达到的目的而定，配制高强混凝土时的掺量约为10%~15%，以高强度等级水泥配制低强度等级混凝土时掺量可达40%~50%，置换水泥30%~40%；配制普通混凝土时掺量一般为10%~27%，可置换水泥10%~20%。

沸石粉用作混凝土掺合料主要有以下几方面效果：

1）提高混凝土强度，配制高强混凝土。

2）改善混凝土和易性，配制流态混凝土及泵送混凝土。

沸石粉与其他矿物掺合料一样，也具有改善混凝土和易性及可泵性的功能。

5. 燃烧煤矸石

煤矸石是煤矿开采或洗煤过程中排除的夹杂物。我国煤矿排出的煤矸石约占原煤产量的10%~20%，数量较大。所谓煤矸石，实际上并非单一的岩石，而是含碳物质和岩石（砾岩、砂岩、贝岩和粘土）的混合物，是一种碳质岩，其灰分超过40%。煤矸石的成分随着煤层地质年代的不同而波动，其主要成分为SiO_2和Al_2O_3，其次是Fe_2O_3及少量CaO、MgO等。

煤矸石经过高温燃烧，使所含粘土矿物脱水分解，并除去炭分，烧掉有害杂质，便具有较好的活性，成为一种火山灰质掺合料。

6. 浮石、火山渣

浮石、火山渣都是火山喷出的轻质多孔岩石，具有发达的气孔结构。两者以表观密度大小区分，密度小于$1.00g/cm^3$的为浮石，大于$1.00g/cm^3$的为火山渣。从外观颜色区分，白色至灰白色者为浮石，灰褐色至红褐色者为火山灰。

浮石、火山渣的主要化学成分为SiO_2和Al_2O_3，并且多呈玻璃体结构状态。在碱性激发条件下，可获得水硬性，是理想的混凝土掺合料。

7. 超细微粒矿物质掺合料

超细微粒矿物质掺合料是将高炉矿渣、粉煤灰、液态渣、沸石粉等超细粉磨而成，其比表面积一般大于$500m^2/kg$，可等量替代水泥15%~50%，是配制高性能混凝土必不可少的组分。掺入混凝土中后，可产生化学效应和物理效应，前者指它们在水泥水化硬化过程中发生化学反应，产生胶凝性；后者指它们可填充水泥颗粒间的空隙，起微骨料作用，使混凝土形成紧密堆积体系。

随超细微粒矿物质掺合料的品种、细度和掺量不同，其作用效果有所不同，一般具有以下几方面效果：

1）显著改善混凝土的力学性能。

2）显著提高混凝土的抗渗、抗冻等耐久性能。

3）改善混凝土的流动性。

4）抑制碱骨料反应。

4.5 混凝土的配合比设计

混凝土配合比是指混凝土中各种材料用量之间的比例关系。混凝土配合比通常用各种材料质量的比例关系表示（即质量比）。常用的表示方法有两种：

以每立方米混凝土中各种材料的质量表示，如水泥 300kg、水 180kg、砂 720kg、石子 1200kg；以各种材料间质量之比表示，如 $m_{水泥}:m_{砂}:m_{石子}=1:2.4:4$，水胶比 = 0.6。

4.5.1 混凝土配合比设计的任务、要求及方法

1. 混凝土配合比设计的任务

混凝土配合比设计的任务是根据工程对混凝土提出的技术要求，各种材料的技术性能及施工现场的条件，合理地选用原材料并确定它们的用量。

2. 混凝土配合比设计的要求

设计出的混凝土配合比应满足的基本要求是：

1）满足施工对混凝土拌和物的和易性要求。

2）满足结构设计提出的对混凝土的强度等级要求。

3）满足工程所处环境对混凝土的抗渗性、抗冻性及其他耐久性要求。

4）在满足上述要求的前提下，尽量节省水泥，以满足经济性要求。

3. 混凝土配合比设计的方法

混凝土配合比设计通常采用计算试验法。小型工程的零星混凝土也可用查表法确定其配合比。

组成混凝土的四种材料，即水泥、水、砂、石子的用量（均指质量）之间有三个对比关系。水泥等胶凝材料与水用量之间的对比关系，用水胶比表示；砂与砂、石总量之间的关系，用砂率表示；水泥浆与骨料用量之间的对比关系，称为浆骨比，但通常用每立方米混凝土用水量，即单位用水量表示。水胶比、砂率、单位用水量是混凝土配合比的三个重要参数。

用计算试验法确定混凝土配合比，是先根据对混凝土的强度等级及耐久性要求，初步确定水胶比；根据对混凝土拌合物和易性的要求，初步确定砂率及单位用水量。然后加上一个补充条件，计算出混凝土的“初步计算配合比”。按初步计算配合比试拌混凝土，对用水量及砂率进行调整，得出供混凝土强度试验用的“基准配合比”。然后进行强度、耐久性复核，并对水胶比进行调整，确定“试验室配合比”。最后根据施工现场材料的具体条件，对试验室配合比进行换算得到“施工配合比”，并用于混凝土的施工配料。

由于补充条件不同，在计算初步配合比时，又有重量法及体积法两种方法。

查表法是根据混凝土配合比表，查出各种材料的用量，然后通过试拌调整及强度、耐久

性复核，得出混凝土的配合比。

4.5.2　混凝土配合比设计的步骤

根据《混凝土配合比设计规程》（JGJ 55—2011），混凝土配合比设计步骤如下：

1. 初步配合比的计算

（1）确定混凝土的配制强度 $f_{cu,0}$

$$f_{cu,0} \geqslant f_{cu,k} + 1.645\sigma \tag{4-4}$$

（2）选择水胶比（W/B）

1）根据强度要求计算水胶比。根据混凝土的配制强度及水泥的实际强度，用经验公式计算水胶比。

$$f_{cu,0} = \alpha_a f_b (B/W - \alpha_b) \tag{4-5}$$

$$\frac{W}{B} = \frac{\alpha_a \cdot f_b}{f_{cu,0} + \alpha_a \cdot \alpha_b \cdot f_b} \tag{4-6}$$

式中　$f_{cu,0}$——混凝土配制强度（MPa）；

α_a、α_b——混凝土强度回归系数；

f_b——胶凝材料28d胶砂抗压强度（MPa）。

2）查表4-17确定满足耐久性要求的混凝土的最大水胶比。

3）选择以上两个水胶比中的小值作为初步水胶比。

（3）选择单位用水量（m_{w0}）。

1）干硬性和塑性混凝土。

① 当水胶比在0.4～0.8范围时，用水量根据粗骨料的品种、粒径及施工要求的混凝土拌合物稠度，参照表4-22选择。表中所列的单位用水量，砂、石均以干燥状态（细骨料含水率小于0.5%，粗骨料含水率小于0.2%）为准。

表4-22　干硬性和塑性混凝土的用水量　（单位：kg/m^3）

拌合物稠度		卵石最大粒径/mm				碎石最大粒径/mm			
项目	指标	10	20	31.5	40	16	20	31.5	40
维勃稠度/s	16～20	175	160	—	145	180	170	—	155
	11～15	180	165	—	150	185	175	—	160
	5～10	185	170	—	155	190	180	—	165
坍落度/mm	10～30	190	170	160	150	200	185	175	165
	35～50	200	180	170	160	210	195	185	175
	55～70	210	190	180	170	220	205	195	185
	75～90	215	195	185	175	230	215	205	195

注：1. 本表用水量是采用中砂时的平均值。采用细砂时，每立方米混凝土用水量可增加5～10kg；采用粗砂时，可减少5～10kg。

2. 掺用各种外加剂或掺合料时，用水量应相应调整。

② 水胶比小于0.4或大于0.8的混凝土以及采用特殊成型工艺的泥凝土用水量应通过试验确定。

2）流动性（坍落度为100～150mm）、大流动性（坍落度大于160mm）混凝土。

① 以表4-22中坍落度90mm的用水量为基础，按坍落度每增大20mm用水量增加5kg，计算出未掺外加剂时的混凝土用水量。

② 掺外加剂混凝土用水量可按下式计算：

$$m_{wa}=m_{w0}(1-\beta) \tag{4-7}$$

式中 m_{wa}——掺外加剂时每立方米混凝土的用水量（kg）；

m_{w0}——未掺外加剂时每立方米混凝土的用水量（kg）；

β——外加剂的减水率（%），经试验确定。

（4）胶凝材料、矿物掺合料和水泥用量　每立方米混凝土的胶凝材料用量（m_{b0}）应按式（4-8）计算确定，并应进行试拌调整，在拌合物性能满足的情况下，取经济合理的胶凝材料用量。

$$m_{b0}=\frac{m_{w0}}{W/B} \tag{4-8}$$

式中 m_{b0}——计算配合比每立方米混凝土中胶凝材料用量（kg）；

m_{w0}——计算配合比每立方米混凝土的用水量（kg）；

W/B——混凝土水胶比。

（5）选择砂率（β_s）　为保证混凝土有良好的和易性，选择的砂率应为最优砂率，但影响最优砂率的因素较多，无法用计算方法得到。根据《普通混凝土配合比设计规程》（JGJ 55—2011），砂率的确定可根据下述方法进行。

1）坍落度为10～60mm的混凝土砂率，可根据粗骨料品种、粒径及水胶比按表4-23选取。

表4-23　混凝土的砂率

水灰比（W/B）	卵石最大粒径/mm			碎石最大粒径/mm		
	10	20	40	16	20	40
0.4	26～32	25～33	24～30	30～35	29～34	27～32
0.5	30～35	29～34	28～33	33～38	32～37	30～35
0.6	33～38	32～37	31～36	36～41	35～40	33～38
0.7	36～41	35～40	34～39	39～44	38～43	36～41

注：1. 本表数值系中砂的选用砂率，对细砂或粗砂，可相应地减小或增大砂率。
2. 只用一个单粒级粗骨料配制混凝土时，砂率应适当增大。
3. 对薄壁构件砂率取偏大值。
4. 本表中的砂率系指砂与骨料总量的质量比。

2）坍落度大于60mm的混凝土砂率，可按试验确定，也可在表4-23的基础上，按坍落度每增大20mm，砂率增大1%的幅度予以调整。

3）坍落度小于10mm的混凝土，砂率应经试验确定。

（6）计算粗、细集料单位用量（m_{g0}、m_{s0}）　粗、细集料的单位用量，可用质量法或体积法求得。

1）质量法。质量法又称假定表观密度法。该法是假定混凝土拌合物的表观密度为一固定值，混凝土拌合物各组成材料的单位用量之和即为其表观密度。在砂率值为已知的条件下，粗、细集料的单位用量可由下式求得。

$$m_{c0}+m_{w0}+m_{s0}+m_{g0}=m_{cp} \tag{4-9}$$

$$\frac{m_{s0}}{m_{s0}+m_{g0}}\times 100\%=\beta_s \tag{4-10}$$

式中　m_{c0}、m_{w0}、m_{s0}、m_{g0}——每立方米混凝土水泥、水、细集料和粗集料的用量（kg）；

β_s——砂率（%）；

m_{cp}——每立方米混凝土拌合物的假定质量（kg），可取2350～2450。

将上两式联立，即可求得每立方米混凝土的砂、石用量。

2）体积法。又称绝对体积法，该法是假定混凝土拌合物的体积等于各组成材料绝对体积和混凝土拌合物中所含空气体积之和。在砂率值为已知的条件下，粗、细集料的单位用量可由下式求得。

$$\frac{m_{c0}}{\rho_c}+\frac{m_{w0}}{\rho_w}+\frac{m_{s0}}{\rho_s}+\frac{m_{g0}}{\rho_g}+0.01\alpha=1 \tag{4-11}$$

$$\frac{m_{s0}}{m_{s0}+m_{g0}}\times 100\%=\beta_s \tag{4-12}$$

式中　ρ_c——水泥密度（kg/m^3），可取2900～3100；

ρ_g、ρ_s——粗、细集料的表观密度（kg/m^3）；

ρ_w——水的密度（kg/m^3），可取1000；

α——混凝土的含气量百分率（%），在不使用引气型外加剂时可取1。

以上两式联立，即可求出每立方米混凝土的砂、石用量。

2. 试配调整、确定基准配合比

混凝土初步配合比中的参数是根据经验公式及图表确定的，不一定符合和易性的要求，所以要通过试配进行调整。

按初步配合比，根据表4-24规定量称取混凝土的各种材料，搅拌均匀后测定坍落度或维勃稠度，并观察其粘聚性及保水性。当坍落度或维勃稠度不能满足要求，或粘聚性、保水性不好时，应在保证水胶比不变的条件下相应调整用水量或砂率，直到符合要求为止。

表4-24　混凝土试配最小搅拌量

骨料最大粒径/mm	拌合物数量/L
≤31.5	20
40	25

注：当采用机械搅拌时，搅拌量不应小于搅拌机额定搅拌量的1/4。

调整可按以下原则进行：

1）当坍落度太小时，应保持水胶比不变，适当增加水泥浆用量。一般用水量每增加2%～3%，坍落度增加10mm。

2）当坍落度太大而粘聚性良好时，可保持砂率不变，增加砂、石骨料用量。

3）若混凝土拌合物的砂浆量显得不足，粘聚性、保水性不良时，应适当增大砂率；反之，可减小砂率。

每次调整都要对各种材料的调整量进行记录，调整后要重新进行坍落度试验，调控至和易性符合要求后，测定混凝土拌合物的实际表观密度，并提出供混凝土强度试验用的“基准配合比”，即 $m_{ca}:m_{wa}:m_{sa}:m_{ga}$。

3. 校核水胶比、确定试验室配合比

经和易性调整得出的基准配合比，其水胶比不一定选择合适，即强度不一定能满足要求，所以还应检验混凝土的强度。

混凝土强度试验时应至少采用三个不同的配合比，其中一个应是基准配合比，另外两个配合比的水胶比，宜较基准配合比分别增加或减少 0.05，其用水量与基准配合比基本相同，砂率可分别增加或减小 1%。当不同配合比的混凝土拌合物坍落度与要求值相差超过允许偏差时，可以增、减用水量进行调整。每种配合比至少制作一组（三块）试件，并进行标准养护到 28d 时试压。在制作试件时，还需检验混凝土拌合物的和易性并测定混凝土拌合物的表观密度。

由试验得出的各胶水比及其相对应的混凝土强度关系，用作图法或计算法求出与混凝土配制强度相对应的胶水比，并确定每立方米混凝土各种材料用量（试验室配合比）。

1）用水量（m_w）。应取基准配合比中的用水量，并根据制作强度检验试件时测得的坍落度或维勃稠度进行调整。

2）水泥用量（m_c）。应以用水量乘以选定的胶水比计算确定。

3）砂和石子用量（m_s和 m_g）。应取基准配合比中的砂、石子用量，并按选定的胶水比进行调整。

4）根据满足和易性及强度要求的配合比，计算混凝土表观密度的计算值 $\rho_{c,c}$。

$$\rho_{c,c}=m_w+m_c+m_s+m_g \tag{4-13}$$

5）因计算配合比时作了一些假定，故计算混凝土表观密度与实测表观密度不一定相等，需根据实测表观密度计算校正系数，并校正各种材料的用量。校正系数 δ 计算如下：

$$\delta=\rho_{c,t}/\rho_{c,c} \tag{4-14}$$

式中 $\rho_{c,t}$——混凝土表观密度实测值（kg/m^3）；

$\rho_{c,c}$——混凝土表观密度计算值（kg/m^3）。

当混凝土表观密度实测值与计算值之差的绝对值不超过计算值的 2% 时，材料用量不必校正；若两者之差超过 2% 时，将配合比中每项材料用量乘以校正系数 δ，即为确定的混凝土试验室配合比。

4. 施工配合比换算

试验室确定配合比时，骨料均以干燥状态为准，而工地现场的砂、石材料均含有一定的水分，为了准确地实现试验室配合比，应根据现场砂石的含水率对配合比进行换算。

若现场砂的含水率为 $a\%$，石子的含水率为 $b\%$，经换算后，每立方米混凝土各种材料的用量为：

水泥：$m'_c=m_c$

砂：$m'_s=m_s\ (1+a\%)$

石子：$m'_g=m_g\ (1+b\%)$

水：$m'_w=m_w-m_s\cdot a\%-m_g\cdot b\%$

4.5.3 混凝土配合比设计实例

某工程的钢筋混凝土梁（干燥环境），混凝土设计强度等级为 C25，施工要求坍落度为

35 ~ 50mm（混凝土由机械搅拌，机械振捣），施工单位无混凝土强度历史统计资料。

材料：普通硅酸盐水泥，强度等级42.5级（实测28d强度45.7MPa），密度 $\beta_c = 3000kg/m^3$，富余系数为1.06；中砂，表现密度 $\rho_s = 2650kg/m^3$；碎石，表观密度 $\beta_g = 2700kg/m^3$；施工现场砂的含水率为3%，碎石含水率为1%。

试设计混凝土的配合比，并换算为施工配合比。

1. 确定混凝土的计算配合比

（1）确定配制强度（$f_{cu,0}$）

$$f_{cu,0} = f_{cu,k} + 1.645\sigma = 25MPa + 1.645 \times 5.0MPa = 33.2MPa$$

（2）确定水胶比（W/B）

$$W/B = \frac{0.53 \times 42.5 \times 1.06}{33.2 + 0.53 \times 0.2 \times 42.5 \times 1.06} = 0.63$$

由表查得，在干燥环境中要求 $W/B \leqslant 0.65$，所以可取水胶比为0.63。

（3）确定用水量　查表4-22，按坍落度要求35 ~ 50mm，碎石最大粒径为20mm，则1m³混凝土的用水量可选用 $m_{w0} = 195kg$。

（4）确定水泥用量（m_{c0}）

$$m_{c0} = \frac{m_{w0}}{W/B} = \frac{195}{0.63} = 309.5$$

由表查得，在干燥环境下，要求最小水泥用量为260kg/m³，所以取水泥用量为309.5kg。

（5）确定砂率（β_s）

查表4-23，$W/B = 0.63$，碎石的最大粒径为20mm时，可取 $\beta_s = 33\%$。

（6）确定1m³混凝土的砂、石用量（m_{s0}，m_{g0}）

采用体积法，有：

$$\frac{309.5}{3000} + \frac{195}{1000} + \frac{m_{s0}}{2650} + \frac{m_{g0}}{2700} + 0.01 \times 1 = 1$$

$$\frac{m_{s0}}{m_{s0} + m_{g0}} \times 100\% = 33\%$$

得出结果　$m_{s0} = 613.15kg$；$m_{g0} = 1243.71kg$

综上计算，得出混凝土计算配合比。1m³混凝土的材料用量为

水泥：309.5kg；水：195kg；砂：613.15kg；石子：1243.71kg。

也可以用比例关系表示为 $m_{c0} : m_{w0} : m_{s0} : m_{g0} = 1 : 0.63 : 1.98 : 4.02$

2. 进行和易性和强度调整

（1）调整和易性　按计算配合比取样25L，各材料用量如下：

水泥：$0.025 \times 309.5 = 7.74kg$

水：$0.025 \times 195 = 4.87kg$

砂：$0.025 \times 613.15 = 15.33kg$

石子：$0.025 \times 1243.71 = 31.09kg$

经试拌，测得坍落度为20mm，低于规定值要求的35 ~ 50mm。增加水泥浆3%，测得坍落度为35mm，保水性和粘聚性均良好。经调整后，试样的实际各材料用量如下：

水泥: 7.97kg；水: 5.02kg；砂: 15.33kg；石子: 31.09kg。其总重为 59.41kg。

虽然在试拌时是按照体积量为 25L 进行的，但其实际体积并不一定等于 25L。若假设其体积为 V_0（m^3），则其标准配合比 $1m^3$ 的混凝土各材料用量如下：

水泥：$7.97/V_0$（kg）；水：$5.02/V_0$（kg）；砂：$15.33/V_0$（kg）；石子：$31.09/V_0$（kg）。其计算表面密度为：$59.41/V_0$（kg/m^3）。

（2）校核强度　用 0.58、0.63、0.68 三个水胶比分别拌制三个试样（其中 0.58 和 0.68 做和易性调整后满足要求），测得其表观密度分别为 2420、2410 和 2400（kg/m^3），然后做成试块，实测 28d 抗压强度结果如下：

	W/B	B/W	f_q（MPa）
Ⅰ	0.58	1.72	37.8
Ⅱ	0.63	1.59	33.4
Ⅲ	0.68	1.47	28.2

根据配制强度要求 $f_{cu,0}=33.2MPa$，故第Ⅱ组满足要求。

（3）计算混凝土实验室配合比　上述第Ⅱ组拌合物的表观密度实测值为 $\beta_c=2410kg/m^3$，其计算表观密度为：

$\beta_{c,c}=59.97/V_0$　（kg/m^3），所以配合比校正系数为：

$$\delta=\rho_{c,t}/\rho_{c,c}=\frac{2410}{59.97/V_0}=40.19V_0$$

由此可得实验室配合比 $1m^3$ 混凝土水泥、水、砂及石子的用量为：

$$m_{c,b}=7.97/V_0\times40.19V_0=320.31(kg)$$
$$m_{w,b}=5.02/V_0\times40.19V_0=201.75(kg)$$
$$m_{s,b}=15.33/V_0\times40.19V_0=616.11(kg)$$
$$m_{g,b}=31.09/V_0\times40.19V_0=1249.51(kg)$$

（4）计算混凝土的施工配合比　$1m^3$ 混凝土各材料用量分别为：

水泥：$m_c=m_{c,b}=320.31$（kg）

水：$m_w=m_{w,b}-m_{s,b}\times a\%-m_{g,b}\times b\%=201.75-616.11\times3\%-1249.51\times1\%=170.77$（kg）

砂：$m_s=m_{s,b}(1+a\%)=616.11\times(1+3\%)=634.59$（kg）

石子：$m_g=m_{g,b}(1+b\%)=1249.51\times(1+1\%)=1262.01$（kg）

4.6　混凝土的质量控制

4.6.1　混凝土质量波动与统计

混凝土工程施工过程较多，每一施工过程中都有若干影响混凝土质量的因素，因此在正常的施工条件下，按同一施工方法、同一配合比生产的混凝土质量也有较大的波动。以混凝土强度为例，造成波动的原因有：原材料质量的波动；施工配料时计量精度的波动；搅拌、运输、浇筑、振捣、养护条件的波动；气温变化等。另外，由于试验机的误差及试验人员操作不一致，也会造成混凝土强度试验值的波动。在正常的施工条件下，上述因素都是随机的，因此混凝土强度也是随机的。对于随机变量，可以用数理统计的方法来进行评定。

下面以混凝土强度为例来说明统计方法的一些基本概念。

1. 强度的分布规律

对在一定的施工方法和施工条件下生产的相同配合比的混凝土进行随机取样测定其强度，在取样次数足够多时，将数据整理后绘出的强度概率分布曲线一般接近正态分布，如图4-12所示。

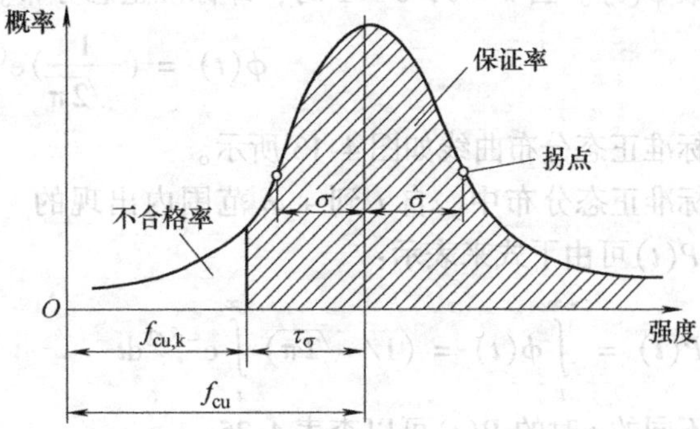

图4-12 正态分布曲线

曲线的最高点为混凝土平均强度的概率。以平均强度为轴，曲线的左右两边是对称的，距对称轴越远（比平均强度低得越多或高得越多）出现的概率越小，并以横轴为渐近线，逐渐趋近于0。曲线与横轴间的面积为概率的总和，等于100%。

当混凝土的平均强度相同时，概率曲线高而窄，强度测定值比较集中，波动小，混凝土均匀性好，施工水平高。如果曲线宽而矮，强度值离散程度大，混凝土均匀性差，施工水平较低。

2. 强度平均值、均方差、离差系数

混凝土的质量，可以用数理统计方法中样本的算术平均值、均方差及离差系数等参数来综合评定。

$$\text{强度平均值：}\bar{f}_{cu} = \frac{1}{n}\sum_{i=1}^{n} f_{cu,i} \tag{4-15}$$

$$\text{均方差：}\sigma = \sqrt{\frac{\sum_{i=1}^{n} f_{cu,i}^2 - n\bar{f}_{cu}^2}{n-1}} \tag{4-16}$$

$$\text{离差系数：}C_v = \frac{\sigma}{\bar{f}_{cu}} \tag{4-17}$$

式中 $f_{cu,i}$——第 i 组混凝土立方体强度的试验值；

n——试验组数。

强度的算术平均值表示混凝土强度的总体平均水平，并不能说明其波动情况。均方差又称标准差，它表明概率分布曲线的拐点距强度平均值的距离。σ 值大，说明强度的离散程度大，质量不稳定。离差系数又称变异系数或变差系数，C_v 值小，说明混凝土质量稳定，生产水平高。

3. 概率分布函数

正态分布的概率密度函数 $f(x)$ 为：

$$f(x) = \left(\frac{1}{\sigma\sqrt{2\pi}}\right)e^{\frac{-(x-\bar{x})^2}{2\sigma^2}} \tag{4-18}$$

式中 x——随机变量；

$\bar{x}$——随机变量的算术平均值。

为了使用方便，通过 $t=(x-\bar{x})/\sigma$ 的变量变换，可将正态分布变换成随机变量 f 的概率函数 $\phi(t)$。当 $\bar{x}=0$，$\sigma=1$ 时，即标准正态分布。

$$\phi(t) = \left(\frac{1}{\sqrt{2\pi}}\right)e^{(-t^2/2)}$$

标准正态分布曲线如图 4-13 所示。

标准正态分布中，自 t 到 $+\infty$ 范围内出现的概率 $P(t)$ 可由下式来表示：

$$P(t) = \int_t^{+\infty}\phi(t) = (1/\sqrt{2\pi})\int_t^{+\infty}e^{-t^2/2}\mathrm{d}t$$

不同的 t 时的 $P(t)$ 可以查表 4-25。

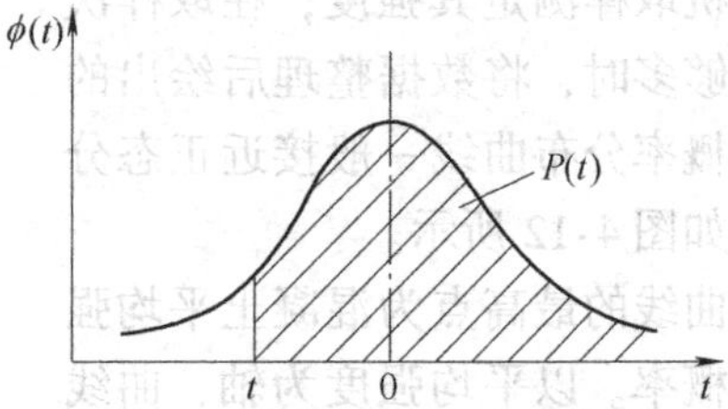

图 4-13 标准正态分布曲线图

表 4-25 不同 t 值的 $P(t)$ 值

t	0.00	0.50	0.84	1.00	1.20	1.28	1.40	1.60	1.645	1.70	1.81	1.88	2.00	2.05	2.33	3.00
P (%)	50.0	69.2	80.0	84.1	88.5	90.0	91.9	94.5	95.0	95.5	96.5	97.0	97.7	99.0	99.5	99.87

4. 强度保证率

强度保证率是指混凝土强度总体小于、大于和等于设计强度等级的抗压强度标准值 $f_{cu,k}$ 的概率，在正态分布曲线上以阴影部分面积表示（图 4-15）。

计算混凝土强度保证率 P 时，先计算出概率度 t：

$$t = \frac{\bar{f}_{cu} - f_{cu,k}}{\sigma} = \frac{\bar{f}_{cu} - f_{cu,k}}{C_v \cdot \bar{f}_{cu}}$$

再由概率度 t，查表 4-25 即可得强度保证率 P。

混凝土立方体抗压标准强度 $f_{cu,k}$ 是具有 95% 保证率的立方体试件抗压强度，并以此划分混凝土强度等级。

4.6.2 混凝土的配制强度

施工中由于各种因素的影响，混凝土强度总会产生波动，为使混凝土具有要求的强度保证率，必须使混凝土的配制强度高于混凝土设计强度等级的立方体抗压强度标准值 $f_{cu,k}$，根据前面的公式可知：

$$\bar{f}_{cu} = f_{cu,k} - t\sigma \tag{4-19}$$

令：
$$f_{cu,0} = \bar{f}_{cu}$$

则：
$$f_{cu,0} = f_{cu,k} - t\sigma$$

式中 $f_{cu,0}$——混凝土的配制强度（MPa）；

$f_{cu,k}$——混凝土设计强度等级的抗压强度标准值（MPa）；

σ——混凝土强度标准差的历史统计水平（MPa）；

t——概率参数（概率度）。

根据《混凝土强度检验评定标准》（GB/T 50107—2010），混凝土的强度保证率为95%，因此可查出达到此保证率时，$t=-1.645$，所以混凝土配制强度应为：

$$f_{cu,0}=f_{cu,k}+1.645\sigma$$

混凝土强度标准差应按下列规定确定：

1）当施工单位有近期的同一品种混凝土强度资料时，其混凝土强度标准差按下式计算：

$$\sigma=\sqrt{\frac{\sum_{i=1}^{n}f_{cu,i}^{2}-n\bar{f}_{cu}^{2}}{n-1}} \tag{4-20}$$

式中 n——统计周期内同一品种混凝土的总组数（$n\geqslant25$）；

$f_{cu,i}$——统计周期内同一品种混凝土第 i 组试件的强度值（MPa）；

$\bar{f}_{cu}$——统计周期内同一品种混凝土，n 组强度的平均值（MPa）。

2）当施工单位不具有近期的同一品种混凝土强度资料时，其混凝土强度标准差可按表4-26取用。

表4-26 σ取值表

混凝土强度等级	低于C20	C20~C35	高于C35
σ/MPa	4.0	5.0	6.0

注：在采用本表时，施工单位可根据实际情况，对 σ 作适当调整。

4.6.3 混凝土强度评定

混凝土的质量一般以抗压强度来评定，为此必须有足够数量的混凝土试验值来反映混凝土总体的质量。混凝土强度的评定方法如下。

1. 统计方法

当试件的组数大于等于10组时，可按下述条件评定。

$$f_{cu}-\lambda_1\sigma_{f_{cu}}\geqslant f_{cu,k} \tag{4-21}$$

$$f_{cu,min}\geqslant\lambda_2 f_{cu,k} \tag{4-22}$$

式中 λ_1、λ_2——合格判定系数，按表4-27取用；

$\sigma_{f_{cu}}$——验收批混凝土强度的标准差（MPa），按式（4-20）计算确定，当 $\sigma_{f_{cu}}<2.5$MPa时，取 $\sigma_{f_{cu}}=2.5$MPa。

表4-27 混凝土强度的合格判定系数

试件组数	10~14	15~19	≥20
λ_1	1.15	1.05	0.95
λ_2	0.90	0.85	0.85

2. 非统计方法

1）当用于评定的样本容量小于10组时，应采用非统计方法评定混凝土强度。

2）按非统计方法评定混凝土强度时，其强度应同时符合下列规定。

$$\bar{f}_{cu} \geqslant \lambda_3 \cdot f_{cu,k} \tag{4-23}$$

$$f_{cu,min} \geqslant \lambda_4 \cdot f_{cu,k} \tag{4-24}$$

式中 λ_3、λ_4——合格评定系数，应按表4-28取用。

表4-28 混凝土强度的非统计法合格评定系数

混凝土强度等级	<C60	≥C60
λ_3	1.15	1.10
λ_4	0.95	

4.7 建筑砂浆

建筑砂浆是由胶凝材料、细骨料和水按一定比例配制而成的建筑材料。砂浆按其所用胶凝材料的不同，可分为水泥砂浆、石灰砂浆和混合砂浆；按其用途可分为砌筑砂浆、抹面砂浆、装饰砂浆、防水砂浆以及耐酸防腐、保温、吸声等特种用途砂浆。

4.7.1 建筑砂浆基本组成与性质

1. 砂浆组成

(1) 胶凝材料 建筑砂浆常用普通水泥、矿渣水泥、火山灰水泥等配制；水泥强度等级（28d抗压强度指标值，以MPa计）应为砂浆强度等级的4~5倍为宜。由于砂浆强度等级不高，所以一般选用中、低强度等级的水泥即能满足要求。若水泥强度等级过高，则可加一些混合材料如粉煤灰，以节约水泥用量。对于特殊用途的砂浆，可用特种水泥（如膨胀水泥、快硬水泥）和有机胶凝材料（如合成树脂、合成橡胶等）。

石灰、石膏和粘土也可作为砂浆的胶凝材料，与水泥混用配制混合砂浆，如水泥石灰砂浆、水泥粘土砂浆等，可以节约水泥并改善砂浆的和易性。

(2) 砂 砂浆用砂应符合混凝土用砂的技术性能要求。由于砂浆层往往较薄，故对砂子最大粒径有所限制。用于毛石砌体的砂浆，砂子最大粒径应小于砂浆层厚度的1/4~1/5；用于砖砌体的砂浆，宜用中砂，其最大粒径不大于2.5mm；光滑表面的抹灰及勾缝砂浆，宜选用细砂，其最大粒径不大于1.2mm。砂的含泥量对砂浆的水泥用量、和易性、强度、耐久性及收缩等性能均有影响。当砂浆强度等级等于或大于M2.5时，砂的含泥量不得超过5%；对于强度等级为M2.5的水泥混合砂浆，砂的含泥量不得超过10%。

(3) 水 砂浆用水应和混凝土拌和用水相同，不得使用含油污、硫酸盐等有害杂质的不洁净水。一般来讲，凡能饮用的水，均能拌制砂浆。为节约用水，也可以使用经化验分析或试拌验证合格的工业废水。

(4) 掺合料和外加剂 为了改善砂浆的和易性，可以加入一些无机材料作为掺合料，比如加入石灰膏、粉煤灰和沸石粉等一些常见的无机材料。为了改善砂浆的性能，还可在水泥砂浆或混合砂浆中掺入增塑剂、早强剂和防水剂等无机塑化剂和有机塑化剂，如在水泥石灰砂浆中掺增塑剂时，石灰膏用量可减少，但减少量不宜超过50%。砂浆中使用外加剂的品种和掺量应通过物理力学性能试验确定。

2. 建筑砂浆的基本性能

(1) 砂浆拌合物的密度 由砂浆拌合物捣实后的质量密度，可以确定每立方米砂浆拌合物中各组成材料的实际用量。规定砌筑砂浆拌合物的密度：水泥砂浆不应小于1900kg/m³；水泥混合砂浆不应小于1800kg/m³。

（2）新拌砂浆的和易性　砂浆硬化前应具有良好的和易性。和易性包括流动性和保水性两方面，若两项指标都满足要求，即为和易性良好。

1）流动性。砂浆流动性也称稠度，表示砂浆在重力或外力作用下流动的性能。砂浆流动性的大小用稠度值表示，通常用砂浆稠度测定仪测定。稠度值大的砂浆，表示流动性较好。

砂浆流动性的选择与砌体种类、施工方法以及天气情况有关。一般情况下，多孔吸水的砌体材料和干热的天气，砂浆的流动性应稍大些；而密实不吸水的材料和湿冷的天气，其流动性应小些。砂浆流动性选择可参考表4-29。

表4-29　砂浆流动性参考表

砌体种类	砂浆稠度/mm
烧结普通砖砌体	70~90
轻骨料混凝土小型空心砌块砌体	60~90
烧结多孔砖、空心砖砌体	60~80
烧结普通砖平拱式过梁 空心墙、筒拱 普通混凝土小型空心砌块砌体 加气混凝土砌块砌体	50~70
石砌体	30~50

2）保水性。砂浆保水性是指砂浆能保持水分的能力，即指搅拌的砂浆在运输、停放、使用过程中，水与胶凝材料及骨料分离快慢的性质。保水性良好的砂浆水分不易流失，易于摊铺成均匀密实的砂浆层；保水性差的砂浆，在施工过程中容易泌水、分层离析、水分流失，使流动性变差，不易施工操作，同时由于水分易被砌体吸收，影响水泥正常硬化，从而降低了砂浆粘结强度。

砂浆保水性以“分层度”表示。用砂浆分层度测量仪测定。保水性良好的砂浆，其分层度值较小，一般分层度值以10~20mm为宜，在此范围内，砌筑或抹面均可使用。对于分层度值接近于零的砂浆，虽然保水性好，无分层现象，但往往胶凝材料用量过多，或砂过细，致使砂浆干缩较大，易发生干缩裂缝，尤其不宜作抹面砂浆。分层度值大于20mm的砂浆，保水性不良，不宜采用。砌筑砂浆的分层度值不应大于30mm。

（3）硬化砂浆的性质

1）砂浆强度。砂浆硬化后应有足够的强度。其强度以边长为70.7mm的立方体试件标准养护28d的抗压强度表示。水泥砂浆的强度可分为M30、M25、M20、M15、M10、M7.5、M5共七个等级。砂浆的抗压强度主要取决于水泥强度及水泥的用量，而与砂浆的水灰比基本无关。

按《建筑砂浆基本性能试验方法标准》（JGJ/T 70—2009），砂浆立方体抗压强度应按下式计算：

$$f_{m,cu} = N_u / A \tag{4-25}$$

式中 $f_{m,cu}$——砂浆立方体抗压强度（MPa）；

N_u——立方体破坏压力（N）；

A——试件承压面积（mm^2）。

2）砂浆粘结力。一般来说，砂浆粘结力随其抗压强度增大而提高。此外，粘结力还与基底表面的粗糙程度、洁净程度、润湿情况及施工养护条件等因素有关。在充分润湿的、粗糙的、清洁的表面上使用且养护良好的条件下，砂浆与表面粘结较好。

3）耐久性。经常与水接触的水工砌体有抗渗及抗冻要求，故水工砂浆应考虑其抗渗、抗冻、抗侵蚀性。其影响因素与混凝土大致相同，但因砂浆一般不振捣，所以施工质量对其影响尤为明显。

4）砂浆的变形。砂浆在承受荷载或在温度条件变化时容易变形，如果变形过大或者不均匀，都会降低砌体的质量，引起沉降或裂缝。若使用轻骨料拌制砂浆或混合料掺量太多，也会引起砂浆收缩变形过大，抹面砂浆则会出现收缩裂缝。

4.7.2 常用的建筑砂浆

1. 砌筑砂浆

将砖、石、砌块等粘结成为整体的砂浆称为砌筑砂浆。砌体的承载能力不仅取决于砖、石等块体强度，而且与砂浆强度有关，所以砂浆是砌体的重要组成部分。

（1）砌筑砂浆配合比计算与确定　砂浆配合比的确定，应按下列步骤进行：

1）计算砂浆试配强度 $f_{m,0}$（MPa）。

2）按《砌筑砂浆配合比设计规程》中公式 $Q_c=\dfrac{1000\ (f_{m,0}-\beta)}{\alpha\cdot f_{ce}}$，计算出每立方米砂浆中的水泥用量 Q_c（kg）。

3）计算每立方米砂浆掺加料用量 Q_D（kg）。

4）确定每立方米砂浆砂用量 Q_s（kg）。

5）按砂浆稠度选用每立方米砂浆用水量 Q_W（kg）。

6）进行砂浆试配。

7）配合比确定。

（2）计算砂浆试配强度 $f_{m,0}$

$$f_{m,0}=kf_2 \tag{4-26}$$

式中 $f_{m,0}$——砂浆的试配强度（MPa），精确至0.1MPa；

f_2——砂浆强度等级值（MPa），精确至0.1MPa；

k——系数，按表4-30取值。

砌筑砂浆标准差的确定应符合下列规定：

1）当有统计资料时，按式（4-27）计算。

$$\sigma=\sqrt{\frac{\sum_{i=1}^{n}f_{m,i}^2-n\bar{f}_m^2}{n-1}} \tag{4-27}$$

式中 σ——砂浆现场强度标准差（MPa），精确至0.01MPa；

$f_{m,i}$——统计周期内同一品种砂浆第 i 组试件的强度（MPa）；

$\bar{f}_m$——统计周期内同一品种砂浆 n 组试件的强度的平均值（MPa）；

n——统计周期内同一品种砂浆试件的总组数，$n \geqslant 25$。

2）当不具有近期统计资料时，砂浆现场强度标准差 σ 可按表4-30取用。

表4-30　试件强度标准差 σ 及 k 值

施工水平＼强度等级	强度标准差 σ/MPa							k
	M5	M7.5	M10	M15	M20	M25	M30	
优良	1.00	1.50	2.00	3.00	4.00	5.00	6.00	1.15
一般	1.25	1.88	2.50	3.75	5.00	6.25	7.50	1.20
较差	1.50	2.25	3.00	4.50	6.00	7.50	9.00	1.25

（3）水泥用量的计算

1）每立方米砂浆中的水泥用量按式（4-28）计算。

$$Q_C = \frac{1000(f_{m,0} - \beta)}{\alpha \cdot f_{ce}} \tag{4-28}$$

式中　Q_C——每立方米砂浆中的水泥用量（kg），精确至1kg；

$f_{m,0}$——砂浆的试配强度（MPa），精确至0.1MPa；

f_{ce}——水泥的实测强度（MPa），精确至0.1MPa；

α、β——砂浆的特征系数，其中 $\alpha = 0.03$，$\beta = -15.09$；各地区也可用本地区试验资料确定 α、β 值，统计用的试验组数不得少于30组。

2）在无法取得水泥的实测强度值时，可按式（4-29）计算 f_{ce}。

$$f_{ce} = \gamma_c \cdot f_{ce,k} \tag{4-29}$$

式中　$f_{ce,k}$——水泥强度等级对应的强度值（MPa）；

γ_c——水泥强度等级值的富余系数，该值应按实际统计资料确定，无统计资料时可取1.0。

（4）水泥混合砂浆的掺加料用量

$$Q_D = Q_A - Q_C \tag{4-30}$$

式中　Q_D——每立方米砂浆的掺加料用量（kg），精确至1kg；石灰膏、粘土膏使用时的稠度为120mm±5mm；

Q_C——每立方米砂浆的水泥用量（kg），精确至1kg；

Q_A——每立方米砂浆中水泥和掺加料的总用量（kg），精确至1kg，可为350kg。

（5）每立方米砂浆中的砂用量　应按干燥状态（含水率小于0.5%）的堆积密度值作为计算值（kg）。

（6）每立方米砂浆中的用水量　根据砂浆稠度等要求可选用240～310kg。但应注意：

1）混合砂浆中的用水量，不包括石灰膏或粘土膏中的水。

2）当采用细砂或粗砂时，用水量分别取上限或下限。

3）稠度小于70mm时，用水量可小于下限。

4）施工现场气候炎热或干燥季节，可酌量增加用水量。

水泥砂浆材料用量可按表4-31选用。

表 4-31　每立方米水泥砂浆材料用量

强度等级	水泥用量/kg	砂子用量/kg	用水量/kg
M5	200～230	砂的堆积密度值	270～330
M7.5	230～260		
M10	260～290		
M15	290～330		
M20	340～400		
M25	360～410		
M30	430～480		

注：1. 摘自《砌筑砂浆配合比设计规程》（JGJ 98—2010）。
2. M15 及 M15 以下强度等级水泥砂浆，水泥强度等级为 32.5 级，M15 以上强度等级水泥砂浆，水泥强度等级为 42.5 级。

（7）进行砂浆试配　采用工程中实际使用的材料和相同的搅拌方法，按计算配合比进行试拌，测定拌合物的稠度和分层度，当不能满足要求时，应调整材料用量，直到符合要求为止。这时的配合比即为试配时的砂浆基准配合比。

配合比确定试配时，至少采用三个不同的配合比，其一为砂浆基准配合比，另外两个配合比的水泥用量按基准配合比分别增加及减少 10%，在保证稠度、分层度合格的条件下，可将用水量和掺加料用量作相应调整。然后按《建筑砂浆基本性能试验方法标准》（JGJ/T 70—2009）的规定成型试件，测定砂浆强度等级，并选定符合强度要求的且水泥用量最低的配合比作为砂浆配合比。

当原材料变更时，已确定的砂浆配合比必须重新通过试验确定。

2. 砂浆配合比设计计算实例

［**例 1**］　配制强度等级为 M10 的砌筑用水泥砂浆。采用 32.5 级的普通硅酸盐水泥（实测 28d 抗压强度为 35MPa），其堆积密度为 1300kg/m³；采用含水率为 3.5% 的中砂，其干燥堆积密度为 1450kg/m³；该单位的施工水平一般。

［**解**］　砂浆试配强度：$f_{m,0}=kf_2$

查表得：$\sigma=2.5\text{MPa}$，$k=1.20$，$f_2=10\text{MPa}$，$f_{m,0}=1.20\times10=12.0\text{MPa}$

水泥用量：$Q_C=\dfrac{1000\times(12.0+15.09)}{3.03\times35}=255(\text{kg})$

砂子用量：$S_t=1450\text{kg}$

含水率为 3.5% 时，$S_t=1.035\times1450(\text{kg})=1500(\text{kg})$

砂浆配合比：

质量比：水泥∶砂子 = 255∶1500 = 1∶5.88

体积比：水泥∶砂子 = (255/1300)∶1 = 1∶5.10

［**例 2**］　配制用于砌筑的强度等级为 M7.5 的水泥混合砂浆。采用水泥为 32.5 级的普通硅酸盐水泥（实测 28d 抗压强度为 35.0MPa），堆积密度为 1300kg/m³；石灰膏表观密度为 1350kg/m³；砂干燥堆积密度为 1450kg/m³；该工程队施工水平优良。

［**解**］　砂浆试配强度：$f_{m,0}=kf_2$

查表得：$k=1.15$，$f_2=7.5\text{MPa}$，$f_{m,0}=1.15\times7.5$（MPa）$=8.6$（MPa）

水泥用量：$Q_C = \frac{1000 \times (8.6 + 15.09)}{3.03 \times 35}$ (kg) = 223 (kg)

砂子用量：$S_t = 1450$kg

石灰膏用量：$Q_D = Q_A - Q_C = 300 - 223$ (kg) = 77 (kg)，其中 $Q_A = 300$kg（取下限）。

砂浆配合比：

质量比：水泥: 石灰膏: 砂子 = 223: 77: 1450 = 1: 0.35: 6.50

体积比：水泥: 石灰膏: 砂子 = (223/1300) : (77/1350) : 1 = 1: 0.33: 5.83

3. 抹面砂浆

涂抹于建筑物表面的砂浆统称为抹面砂浆。抹面砂浆按其功能的不同可分为普通抹面砂浆、装饰砂浆、防水砂浆及具有特殊功能的抹面砂浆等。与砌筑砂浆比较，抹面砂浆有以下特点：抹面砂浆不承受荷载，它与基底层具有良好的粘结力，以保证其在施工或长期自重或环境因素作用下不脱落、不开裂且不丧失其主要功能；抹面砂浆多分层抹成均匀的薄层，面层要求平整细致。

(1) 普通抹面砂浆 普通抹面砂浆用于室外时，对建筑物或墙体起保护作用。它可以抵抗风、雨等自然因素以及有害介质的侵蚀，提高建筑物或墙体的抗风化、防潮和保温隔热的能力；用于室内，则可以改善建筑物的适用性和表面平整、光洁、美观，具有装饰效果。

抹面砂浆通常分两层或三层进行施工，各层的作用与要求不同，因此所选用的砂浆也不同。底层砂浆的作用是使砂浆与底面牢固粘结，要求砂浆有良好的和易性和较高的粘结力，并且保水性要好，否则水分易被底面吸收而影响粘结力。基底表面粗糙有利于砂浆粘结。中层主要用来找平，有时可省去不用。面层砂浆主要起装饰作用，应达到平整美观的效果。用于砖墙的底层砂浆多用混合砂浆，用于板条墙或板条顶棚的底层砂浆多用麻刀石灰砂浆，混凝土梁、柱、顶板等的底层砂浆多用混合砂浆。用于中层时，多用混合砂浆或石灰砂浆。用于面层时，则多用混合砂浆、麻刀石灰砂浆或纸筋石灰砂浆。

在潮湿环境或容易碰撞的地方，如墙裙、踢脚板、地面、窗台及水池等，应采用水泥砂浆，其配合比多为：水泥: 砂 = 1: 2.5。

普通抹面砂浆的配合比可参考表4-32。

表4-32 各种抹面砂浆配合比参考表

材料	配合比（体积比）	应 用 范 围
石灰: 砂	1:2 ~ 1:4	用于砖石墙表面
石灰: 粘土: 砂	1:1:4 ~ 1:1:8	干燥环境表面
石灰: 石膏: 砂	1:0.4:2 ~ 1:1:3	用于不潮湿的墙及顶棚
石灰: 石膏: 砂	1:2:2 ~ 1:2:4	用于不潮湿房间的线脚及其他装饰
石灰: 水泥: 砂	1:0.5:4.5 ~ 1:1:5	用于檐口、勒脚、女儿墙及比较潮湿的部位
水泥: 砂	1:3 ~ 1:2.5	用于浴室、潮湿车间等墙裙、勒角或地面基层
水泥: 砂	1:2 ~ 1:1.5	用于地面、顶棚或墙面面层
水泥: 砂	1:0.5 ~ 1:1	用于混凝土地面随时压光
水泥: 石膏: 砂: 锯末	1:1:3:5	用于吸声粉刷
水泥: 白石子	1:2 ~ 1:1	用于水磨石（打底用1:2.5水泥砂浆）
水泥: 白石子	1:1.5	用于剁假石（打底用1:2 ~ 1:2.5水泥砂浆）
白灰: 麻刀	100:2.5	用于板条顶棚底层
石灰膏: 麻刀	100:1.3	用于板条顶棚面层（或100kg石灰膏加3.8kg纸筋）
纸筋: 白灰浆	灰膏0.1m³，纸筋0.36kg	较高级墙板、顶棚

（2）装饰砂浆　用于室外装饰以增加建筑物美观效果的砂浆称为装饰砂浆。装饰砂浆与抹面砂浆的主要区别在面层，装饰砂浆面层应选用具有不同颜色的胶凝材料和集料并采用特殊的施工操作方法，以便表面呈现出各种不同的色彩线条和花纹等装饰效果。

装饰砂浆有以下几种常用的施工操作方法：

1）拉毛。先用水泥砂浆做底层，再用水泥石灰砂浆做面层，在砂浆尚未凝结之前用抹刀将表面拉成凹凸不平的形状。

2）水刷石。用5mm左右石渣配置的砂浆做底层，涂抹成型待稍凝固后立即喷水，将面层水泥冲掉，使石渣半露而不脱落，远看颇似花岗石。

3）水磨石。由水泥（普通水泥、白水泥或彩色水泥）、有色石渣和水按适当比例掺入颜料，经拌和、涂抹或浇筑、养护、硬化和表面磨光而成。水磨石分预制、现制两种。它不仅美观，而且有较好的防水、耐磨性能，多用于室内地面和装饰，如墙裙、踏步、踢脚板、隔断板、水池和水槽等。

4）干粘石。在抹灰层水泥净浆表面粘结彩色石渣和彩色玻璃碎粒而成，是一种假石饰面。它分为人工粘结和机械喷粘两种，要求粘结牢固，不掉粒，不露浆。其装饰效果与水刷石相同，但避免了湿作业，施工效率高，可节省材料。

5）斩假石。也称剁假石，为一种假石饰面。原料和制作工艺与水磨石相同，但表面不磨光，而是在水泥浆硬化后，用斧刃剁毛。其表面颇似剁毛的花岗石。

（3）防水砂浆　用作防水层的砂浆称为防水砂浆，适用于不受振动和具有一定刚度的混凝土或砖石砌体的表面，应用于地下室、水塔、水池、储液罐等防水工程。常用的防水砂浆主要有以下三种。

1）水泥砂浆。普通水泥砂浆多层抹面用作防水层，要求水泥强度等级不低于32.5，砂宜采用中砂或粗砂。灰砂比控制在1:2～1:3，水灰比的范围为0.40～0.50。

2）水泥砂浆加防水剂。在普通水泥砂浆中掺入防水剂，提高砂浆自防水能力，其配合比控制与上述水泥砂浆相同。

3）膨胀水泥或无收缩水泥配制砂浆。这种砂浆的抗渗性主要是由于水泥具有微膨胀和补偿收缩性能，提高了砂浆的密实性，有良好的防水效果。其配合比为：水泥:砂＝1:2.5（体积比），水灰比为0.4～0.5。

防水砂浆的防水效果除与原材料有关外，还受施工操作的影响，一般要求在涂抹前先将清洁的底面抹一层纯水泥浆，然后抹一层5mm厚的防水砂浆。在初凝前，用木抹子压实一遍，第二～四层都是同样操作，共涂抹4～5层，约20～30mm厚，最后一层要进行压光。抹完之后要加强养护。

（4）其他特种砂浆

1）绝热砂浆。绝热砂浆一般有质轻和良好的绝热性质，其导热系数为0.07～0.10W/(m·K)。其可用于层面绝热层、绝热墙壁以及供热管道绝热层等处。

绝热砂浆用水泥、石灰、石膏等胶凝材料与膨胀蛭石或陶粒砂等轻质多孔骨料按比例配制而成。

2）吸声砂浆。吸声砂浆与绝热砂浆类似，由轻质多孔骨料配制而成。具有良好的吸声性能，用于室内墙壁和平顶的吸声。可采用水泥、石膏、砂、锯末（体积比约为1:1:3:5）配制吸声砂浆，还可以在石灰、石膏砂浆中掺入玻璃纤维、矿物棉等松软纤维材料。

3）聚合物砂浆。聚合物砂浆是在水泥砂浆中加入有机物乳液配制而成的。聚合物砂浆一般具有粘结力强、干缩率小、脆性低、耐蚀性好等特性，适用于修补和防护工程。常用的聚合物乳液有氯丁橡胶乳液、丁苯橡胶乳液、丙烯酸树脂乳液等。

4）耐酸砂浆。用水玻璃（硅酸钠）与氟硅酸钠拌制成耐酸砂浆，有时可掺入一些石英岩、花岗岩、铸石等粉状细骨料，水玻璃硬化后，具有很好的耐酸性能。耐酸砂浆多用作衬砌材料、耐酸地面和耐酸容器的内壁防护层。

5）膨胀砂浆。在水泥砂浆中掺入膨胀剂，或使用膨胀水泥，可配成膨胀砂浆。膨胀砂浆可用在修补工程中及大板装配工程中填充缝隙，达到粘结密封的作用。

6）防射线砂浆。在水泥中掺入重晶石粉、砂，可配制有防X射线能力的砂浆。其配合比约为水泥:重晶石粉:重晶石砂＝1:0.25:(4～5)。如在水泥浆中掺入硼砂、硼酸等，可配制有抗中子辐射能力的砂浆。此类防射线砂浆可应用于射线防护工程中。

7）自流平砂浆。在现代施工技术条件下，地坪常采用自流平砂浆，从而使施工迅捷方便，质量优良。自流平砂浆的关键性技术是掺用合适的化学外加剂，严格控制砂的级配、含泥量、颗粒形态，同时选择合适的水泥品种。良好的自流平砂浆可使地面平整光洁，强度高，无开裂，技术经济效果良好。

4.7.3　新型建筑砂浆

1. 商品砂浆

相对于传统方法配制的砂浆，目前有一种新型建筑砂浆，即商品砂浆。商品砂浆分为预拌砂浆（湿）和干粉砂浆，而干粉砂浆性能更为优越，它是由细集料与无机胶合料、保水增稠材料、矿物掺合料和添加剂按一定比例混合而成的一种颗粒状或粉状混合物，主要由黄砂、水泥、稠化粉、粉煤灰和外加剂组成。其中，黄砂要筛选一定粒度，再烘干水分，它的用量为砂浆的70%左右；水泥用32.5级矿渣水泥和42.5级普通硅酸盐水泥各掺半即可，用量在15%左右，非常节省；稠化粉起增稠作用，占总量的2%～3%；掺入工业废弃物粉煤灰，占总量的10%左右；另外，还可加入早强剂、快干剂等外加剂以配制具有特殊功能的商品砂浆。

干粉砂浆之所以优于传统工艺配制的砂浆产品，在于它具有以下特点：

1）质量高。采用现场配制的砂浆，无法满足现代砂浆分层施工的要求。传统砂浆品种单一，而且施工现场配制砂浆时配比混乱、计量误差大等不利因素均会造成工程质量低劣。而大规模工业化生产出来的预制砂浆类产品，质量稳定，内含的微量化学添加剂还可使产品满足一些特殊要求。

2）生产效率高。这不仅是指制造砂浆的效率提高，而且采用预制砂浆类产品后，整个建筑施工的速度也大大提高，便于推广使用先进的自动喷涂施工机械，从而提高建筑行业整体自动化水平。

3）绿色环保技术。该技术可以将大量粉煤灰进行再利用，减少废弃物对环境的污染，同时可降低生产成本，还可以采用纳米材料技术，使内、外墙具有吸收空气中废气的功能，自动调节空气的湿度。

4）多种功能效果。利用干粉砂浆对墙体进行砌筑与抹面，可使建筑物内、外墙具有保温、隔热、防水、耐久性好、延长使用期限等功能。对于聚合物砂浆，还有高抗弯、抗拉、抗腐蚀、抗冲击的性能。快速修补砂浆具有速凝、早强、高强、耐腐蚀、抗冲击等性能。

5）产品性能优良。干粉砂浆与传统砂浆相比，具有保水性好、粘结性强、抗冻、抗裂、抗干缩等特点，作为保温砂浆，还有很好的节能效果。

6）文明施工。配制砂浆的生产原料损耗低，浪费少，定量包装又使得建筑物料管理方便。尤其是在大城市中，拥挤的交通，狭窄的施工现场，采用干粉砂浆可以解决许多问题。

干粉砂浆种类丰富，广泛应用在建筑的墙体工程中，国内外干粉砂浆的主要产品有：墙面砂浆，如内、外墙的表涂、底涂干粉砂浆、彩色砂浆等；墙地砖砂浆，如瓷砖粘结剂、填缝剂等；地坪砂浆，如底层、表层、自流平砂浆等；砌筑砂浆，如砖砌砂浆、修补砂浆等。

干粉砂浆技术的先进性主要体现在产品标准中对质量的控制。抗压强度方面，在国外，水泥砂浆一般高于石灰、石膏砂浆，也根据不同材料定出了相应的强度等级。国内外对砂浆抗压强度的规定，主要是根据空心砌块与加气混凝土强度等级而定，基本上要匹配。同时，对不同材料的砌体有不同稠度的要求。国内标准中对砂浆粘结性能也提出了要求，这也是比较重要的技术指标，砂浆还要有很好的保水性能，这也是与传统砂浆的区别之处。国内干粉砂浆根据不同的用途有不同的砂浆标准，产品技术指标也有所不同。现在，上海已经出台了《商品砂浆生产与应用技术规程》（DG/TJ 08—502—2006）。

2. 建筑干粉产品

（1）墙体隔热复合系统砂浆系列　墙体隔热复合系统砂浆系列是高附加值的建筑干粉技术产品。不管是在旧房改造还是在新建建筑中使用，其隔热节能效果显著。墙体保温隔热复合系统主要包括：

1）基体预处理砂浆（找平，改善基体表面吸附性等）。

2）保温板粘结和加固砂浆。

3）保温板（发泡聚苯乙烯板、岩棉保温板等）。

4）加固玻璃纤维网格。

5）表面防水彩色装饰砂浆。

与之补充的产品有：瓷砖、瓷板粘结剂；瓷砖、瓷板勾缝材料；薄层彩色饰面砂浆。

（2）新型墙体材料专用干粉砂浆系列　新型节能墙体材料的普及需要相应的专用建筑干粉砂浆系列，特别适合这类墙体材料的建筑干粉砂浆系列包括：

1）薄层砌筑砂浆。

2）轻质砌筑砂浆。

3）轻质抹灰砂浆。

4）保温砂浆（添加膨胀珍珠岩粉、EPS 颗粒）。

5）外墙防水彩色饰面砂浆。

6）内墙腻子、薄层彩色饰面砂浆。

单元小结

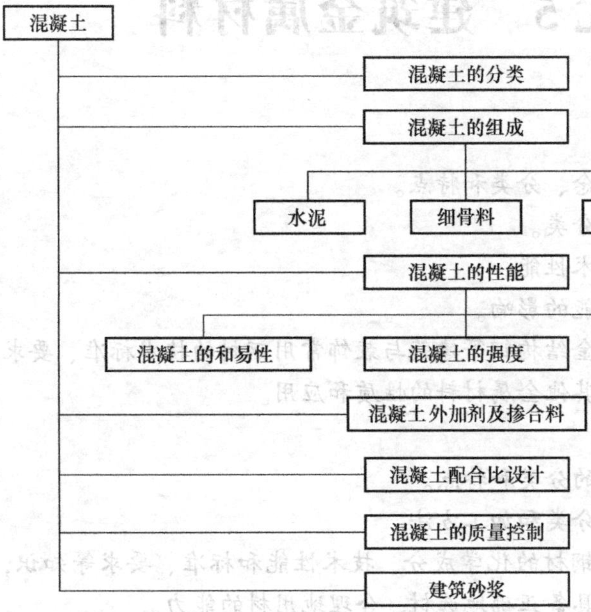

同步测试

4.1　普通混凝土是由哪些材料组成的？它们在硬化前后各起什么作用？

4.2　为什么要限制粗、细骨料中泥、泥块及有害物质的含量？

4.3　混凝土拌合物和易性的含义是什么？如何评定？影响和易性的因素有哪些？

4.4　混凝土配合比设计的方法有哪两种？这两种方法的主要区别是什么（写出基本计算式）？

4.5　提高混凝土强度的主要措施有哪些？

4.6　说明混凝土抗冻性和抗渗性的表示方法及其影响因素。

4.7　试述混凝土配合比的三个参数与混凝土各项性能之间的关系。

4.8　新拌砂浆的和易性包括哪两个方面的含义？如何测定？

4.9　砂浆和易性对工程应用有何影响？怎样才能提高砂浆的和易性？

4.10　影响砂浆强度的基本因素是什么？

4.11　某混凝土的试验室配合比为1∶2.0∶4.1（水泥∶砂∶石子），$W/B=0.57$。已知水泥密度为3.1g/cm^3，砂、石子的表观密度分别为2.6g/cm^{3}及2.65g/cm^3。试计算1m^{3}混凝土中各材料用量。

单元5　建筑金属材料

知识目标：

- 了解建筑金属材料的概念、分类和特点。
- 了解钢材的冶炼方法和分类。
- 掌握建筑钢材的主要技术性能。
- 掌握化学成分对钢材性能的影响。
- 掌握碳素结构钢、低合金结构钢等建筑与装饰常用钢材的技术标准、要求及应用等。
- 理解铝及铝合金制品等其他金属材料的性质和应用。

能力目标：

- 能够写出建筑金属材料的分类和特点。
- 能够解释钢材的冶炼、分类和加工方法。
- 能够应用所学到的建筑钢材的化学成分、技术性能和标准、要求等知识，在建筑与装饰工程设计与施工中具备正确地选材、合理地用材的能力。
- 能够解释铝及铝合金制品等的性质和应用，并能在设计和施工中运用其处理相关实际问题。

金属材料是指一种或两种以上的金属元素或金属与某些非金属元素组成的合金的总称。金属一般分为黑色金属和有色金属两大类。黑色金属的基本成分是铁及其合金，故也称铁金属，即通常所说的钢铁。有色金属是钢铁以外的其他金属（如铝、铜、铅、锌、锡等）及其合金的总称。

金属材料具有强度高、塑性好、材质均匀致密、性能稳定、易于加工等特点。金属材料用于建筑装饰工程，其闪亮的光泽、坚硬的质感、特有的色调和挺拔的线条，使得建筑物光彩照人、美观雅致。本单元主要介绍建筑与装饰工程中常用的钢材、铝及铝合金材料等。

5.1　钢材的冶炼及分类

5.1.1　钢的冶炼

铁元素在自然界中是以化合态存在的，生铁是以铁矿石、焦炭和熔剂等在高炉中经冶炼，使矿石中的氧化铁还原成单质铁而成的，因含较高的碳和杂质，所以生铁脆性大、强度低。而钢是由生铁冶炼而成的，按照碳的质量分数划分，大于2%的称为铁，小于2%的称为钢。

钢的冶炼过程分为精炼和脱氧两个阶段，熔融的铁水在炼钢炉中，通过鼓入氧气和空气，使生铁中大量的碳氧化成一氧化碳逸出，而其他杂质随钢渣排出，使冶炼出的钢的强度、塑性、韧性明显提高。

目前常用的炼钢方法有空气转炉法、氧气转炉法、平炉法和电炉法。电炉法炼出的钢质量最好，但成本高。建筑用钢主要由前三种方法冶炼而得。按照炼钢过程中脱氧程度的不同，分为沸腾钢、半镇静钢、镇静钢和特殊镇静钢。沸腾钢是由于钢水脱氧不完全，在铸锭过程中，仍有大量一氧化碳气体逸出，使钢水呈沸腾状态而得名。沸腾钢不够致密，质量较差，但成品率较高、成本低。镇静钢则是钢水脱氧很完全，钢水在平静状态下完成铸锭过程，所以镇静钢材质致密，性质优良，但由于轧制前需切除收缩孔，所以利用率较低、成本较高。半镇静钢的脱氧程度和性质介于沸腾钢和镇静钢之间，特殊镇静钢优于镇静钢。

5.1.2 钢的分类

钢的品种繁多，可按冶炼方法、化学成分、质量等级、用途等多种方法进行分类。为了便于掌握和选用，现将钢的一般分类归纳如下：

- 按冶炼方法分
  - 按炉种分
    - 平炉钢
    - 转炉钢——空气转炉钢、氧气转炉钢
    - 电炉钢
  - 按脱氧程度分
    - 沸腾钢
    - 半镇静钢
    - 镇静钢
    - 特殊镇静钢
- 按化学成分分
  - 碳素钢
    - 低碳钢　碳的质量分数 < 0.25%
    - 中碳钢　碳的质量分数 0.25% ~ 0.60%
    - 高碳钢　碳的质量分数 > 0.60%
  - 合金钢
    - 低合金钢　合金元素总质量分数 < 5%
    - 中合金钢　合金元素总质量分数 5% ~ 10%
    - 高合金钢　合金元素总质量分数 > 10%
- 按品质分
  - 普通钢　磷的质量分数≤0.055% ~ 0.065%，硫的质量分数≤0.045% ~ 0.050%
  - 优质钢　磷的质量分数≤0.030% ~ 0.045%，硫的质量分数≤0.035% ~ 0.045%
  - 高级优质钢　磷的质量分数≤0.020% ~ 0.030%，硫的质量分数≤0.027% ~ 0.035%
- 按用途分
  - 结构钢
    - 建筑工程用结构钢
    - 机械制造用结构钢
  - 工具钢
    - 刀具钢
    - 模具钢
    - 量具钢
  - 特殊性能钢——不锈钢、耐热钢、耐磨钢、磁钢等

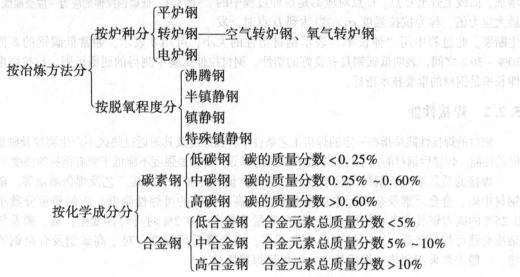

5.2 建筑钢材的主要技术性能

建筑用钢材的技术性能包括力学性能（强度、塑性、韧性、硬度等）和工艺性能（冷弯性能、焊接性能等），其中主要的性能有拉伸性能、焊接性能、冷弯性能、冲击韧性、硬度等。

5.2.1　拉伸性能

建筑钢材的主要受力形式是拉伸，用低碳钢试件做拉伸试验，可测绘出应力—应变关系如图5-1所示。

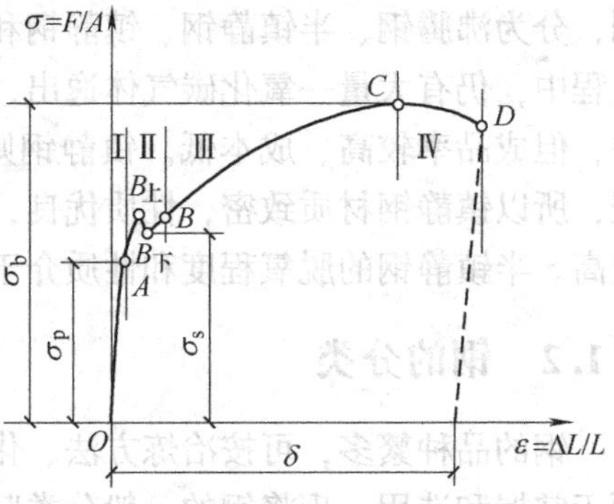

图5-1　低碳钢拉伸的应力—应变曲线

图5-1可明显地划分为四个阶段：弹性阶段（OA）、屈服阶段（AB）、强化阶段（BC）和颈缩阶段（CD）。弹性阶段OA是一条直线，应力与应变成正比。如卸去荷载，变形可以完全恢复原状。当应力超过A点后，应力在$B_{下}$和$B_{上}$间波动而应变在迅速增大，出现了“屈服现象”，$B_{下}$对应的应力值称为屈服极限，用σ_s表示。当应力超过屈服极限后应力有所增加，曲线上升至C点。C点对应的是拉伸过程中的最大应力值，称为抗拉强度σ_b。当达到D点时，发生断裂。此过程中用“伸长率”表示钢材塑性的大小，可用δ表示，通常低碳钢的δ值在20%~30%之间，表明低碳钢具有良好的塑性。钢材拉伸试验中测得的屈服极限、抗拉强度和伸长率是钢材的重要技术指标。

5.2.2　焊接性能

钢材的焊接性能是指在一定的焊接工艺条件下，在焊缝及其附近过热区不产生裂纹及硬脆倾向的性能。焊接后钢材的力学性能不能有明显的降低，特别是强度不能低于原有钢材的强度。

焊接的质量取决于钢材的化学成分、冶炼质量、冷加工、焊接工艺及焊条质量等。随着钢材中碳、合金元素及杂质元素质量分数的提高，钢材的可焊性降低。碳的质量分数小于0.25%的碳素钢具有良好的可焊性，碳的质量分数大于0.3%时可焊性变差；硫、磷及气体杂质会使可焊性降低；加入过多的合金元素，也会降低可焊性。对于高碳钢及合金钢的焊接，一般需要采用预热和焊后处理，以保证焊接质量。

5.2.3　冷弯性能

钢材的冷弯性能是指钢材在常温下承受弯曲变形的能力，用试件在常温下所能承受的弯曲程度表示。在一定的弯心直径条件下，将试件弯折到规定的角度（90°或180°）时，在弯曲处外表面或侧面无裂纹、起层、鳞落或断裂等现象，则钢材冷弯合格。弯心直径越小、弯折角度越大，表示钢材的冷弯性能越好。

冷弯试验对焊接质量也是一种严格的检验，它能揭示焊接部位是否存在未熔合、微裂纹和夹杂物等缺陷。因此钢材的冷弯性能也是评定焊接质量的重要指标，钢材的冷弯性能必须合格。

5.2.4　冲击韧性

冲击韧性是指钢材抵抗冲击荷载作用而不破坏的能力。它是以冲击试验中试件破坏时单位面积上所消耗的功α_k（单位为J/cm^2）表示。α_k值越大，钢材的冲击韧性越好，越不容易产生脆性断裂。试验表明，钢材的冲击韧性随温度的降低而下降，开始时下降缓慢，当达到一定温度范围时，冲击韧性突然下降很快而呈脆性。这种性质称为钢材的冷脆性，这时的温度称为脆性转变温度。脆性转变温度越低，钢材的低温冲击韧性越好。因此，在负温下使用的结构，应当选用脆性转变温度低于使用温度的钢材。

5.2.5　硬度

硬度是衡量金属材料软硬程度的一项重要的性能指标。它既可理解为材料抵抗弹性变形、塑性变形或破坏的能力，也可表述为材料抵抗残余变形和反破坏的能力。材料的硬度不是一个简单的物理概念，而是材料弹性、塑性、韧性、强度等性能的综合反映。

钢材的硬度是指其表面抵抗硬物压入产生局部变形的能力。建筑钢材常用布氏硬度（代号 HBW）表示。它是用直径为 10mm 的淬硬钢球，以一定的荷载 P（N）将其压入试件表面，经规定的持续时间后卸去荷载，得到直径为 d（mm）的压痕，荷载 P 与压痕表面积 A（mm^2）之比即为布氏硬度值，此值以数字表示，不带单位，数值越大表示钢材越硬。

5.3　化学成分对钢材性能的影响

钢的主要成分是铁（Fe），另外还有碳（C）、硅（Si）、锰（Mn）、磷（P）、硫（S）、氧（O）、氮（N）等元素。这些元素有些是冶炼过程中留存在钢内的，有些是为了改性而有意加入的合金元素，它们对钢材的性质影响很大。

5.3.1　碳元素

碳是钢中的重要元素，对钢的机械性能有重要的影响。当钢中碳的质量分数低于 0.8% 时，随着其值的增加，钢材的抗拉强度（σ_b）和硬度（HBW）将提高，而伸长率（δ）及韧性（α_k）会降低，也就是塑性变差。同时钢材的冷弯、焊接及抗腐蚀等性能降低，钢的冷脆性增大。一般建筑工程中的碳素钢为低碳钢（碳的质量分数 <0.25%）。

5.3.2　硅、锰元素

硅、锰是钢中的有益元素，是为了脱氧去硫而加入的。它们能提高钢材的强度和硬度，而塑性和韧性不降低。但也并不是硅和锰的质量分数越高越好，当硅和锰的质量分数过高时，会使钢材的塑性和韧性下降，可焊性变差。所以钢材中硅和锰的质量分数要有一个合适的值，一般硅小于 0.5%，锰小于 0.8%。

5.3.3　磷元素

磷元素一般来说是钢中的有害元素，主要由矿石和生铁等炼钢原料带入。磷元素会显著降低钢材的塑性和韧性，特别是低温下的冲击韧性会明显降低，这说明磷能引起钢材的冷脆性。另外，磷还能使钢材的冷弯性能下降，可焊性变差。但磷元素可使钢的强度、硬度、耐磨性、耐蚀性提高。

5.3.4　硫元素

硫元素也是钢中的有害元素之一，它是在炼钢时由矿石和燃料带到钢中来的杂质。硫的最大危害是引起钢在热加工过程中的开裂，这种现象称为热脆。硫元素也会使钢的冲击韧性、疲劳强度、可焊性及耐蚀性降低，因此要严格控制钢中硫元素的含量。

5.3.5　氧、氮元素

氧、氮元素也是钢中的有害元素，它们会使钢材的强度、塑性、韧性、冷弯性能和可焊性降低。

5.3.6　铝、钛、钒、铌元素

铝、钛、钒、铌元素均是炼钢时加入的强脱氧剂，也是合金钢常用的合金元素，适量加入这些元素，可以提高钢材强度，改善韧性。

5.4　建筑钢材的标准及应用

建筑钢材可分为钢结构用钢（型钢等）和钢筋混凝土结构用钢（钢筋等）。目前国内建筑钢材的主要品种为普通碳素结构钢和普通低合金结构钢。

5.4.1　碳素结构钢

普通碳素结构钢简称碳素结构钢。它包括一般结构钢和工程用热轧钢板、钢带、型钢等。《碳素结构钢》（GB/T 700—2006）中规定，碳素结构钢的牌号由代表屈服点的字母“Q”、屈服点的数值（MPa）、质量等级（A、B、C、D）、脱氧程度四部分组成。屈服点数值共分 195、215、235、275 四种；质量等级按硫、磷杂质含量由多到少，分别用 A、B、C、D 四个符号表示；F 表示沸腾钢，Z 和 TZ 表示镇静钢和特殊镇静钢。Z 和 TZ 在牌号中可以省略。例如：Q235C，表示屈服点为 235MPa，质量等级为 C 级，镇静的普通碳素结构钢。碳素结构钢的力学性能见表 5-1。

表 5-1　碳素结构钢的力学性能

牌号	等级	屈服强度①σ_s/（N/mm²），不小于 厚度（或直径）/mm						抗拉强度② σ_b/（N/mm²）	断后伸长率 δ（%），不小于 厚度（或直径）/mm					冲击试验（V 形缺口）	
		≤16	>16~40	>40~60	>60~100	>100~150	>150~200		≤40	>40~60	>60~100	>100~150	>150~200	温度/℃	冲击吸收功（纵向）/J 不小于
Q195	—	195	185	—	—	—	—	315~430	33	—	—	—	—	—	—
Q215	A	215	205	195	185	175	165	335~450	31	30	29	27	26	—	—
	B													+20	27
Q235	A	235	225	215	215	195	185	370~500	26	25	24	22	21	—	—
	B													+20	27③
	C													0	
	D													−20	
Q275	A	275	265	255	245	225	215	410~540	22	21	20	18	17	—	—
	B													+20	27
	C													0	
	D													−20	

① Q195 的屈服强度值仅供参考，不作交货条件。

② 厚度大于 100mm 的钢材，抗拉强度下限允许降低 20N/mm²。宽带钢（包括剪切钢板）抗拉强度上限不作交货条件。

③ 厚度小于 25mm 的 Q235B 级钢材，如供方能保证冲击吸收功值合格，经需方同意，可不作检验。

从表5-1及《碳素结构钢》（GB/T 700—2006）中其他规定可知，钢材随钢号的增大，碳的质量分数增加，强度和硬度相应提高，而塑性和韧性则降低。选用碳素结构钢，应当在熟悉被选用钢材的质量、性能和相应标准的基础上，根据工程的使用条件及对钢材性能的要求来合理地选用。

在建筑工程中经常选用的碳素结构钢为Q235钢，这种钢碳的质量分数在0.14%～0.22%之间，属低碳钢。Q235钢具有良好的塑性、韧性及可焊性，强度较高，综合性能好，能满足一般的钢结构及钢筋混凝土用钢的要求，而且成本比较低，因此Q235钢在建筑工程中得到了广泛的应用。例如，在普通混凝土中使用最多的Ⅰ级钢筋就是由Q235钢热轧而成的。在钢结构中，主要使用Q235钢轧制成的各种型钢、钢板等。

在碳素结构钢中，Q195、Q215钢的强度较低，塑性和韧性较好，易于冷加工，常用作钢钉、铆钉、螺栓及铁丝等。Q215钢经冷加工后可代替Q235钢使用。而Q275钢的强度虽然比Q235钢高，但是塑性和韧性较差，可焊性也差，不易焊接和冷弯加工，故可用于轧制带肋钢筋、做螺栓配件等，但更多用于制作机械零件和工具等。

选用碳素结构钢的牌号时，还应熟悉钢的质量，例如：平炉钢和氧气转炉钢的质量较好，C级、D级的钢材质量比A级、B级的优良，镇静钢、特殊镇静钢的质量比沸腾钢优良。对于承受较大的静力荷载或直接承受动力荷载、结构跨度大、在低温环境下使用的焊接结构，宜选用Q235的C级或D级镇静钢。而质量等级为A级的沸腾钢，一般仅适用于常温下承受静力荷载的结构。

5.4.2　低合金结构钢

低合金结构钢是在碳素结构钢的基础上，添加少量的一种或几种合金元素，合金总量小于5%的结构用钢材。所加的合金元素有硅、锰、钛、钒、铌等。低合金结构钢具有强度高、塑性及韧性好、耐腐蚀等特点。《低合金高强度结构钢》（GB/T 1591—2008）中规定，这种钢的牌号由代表屈服点的字母“Q”、屈服点的数值（345、390、420、460等八种）、质量等级（A、B、C、D、E）三个部分按顺序排列。

例如：牌号Q345A，表示屈服点为345MPa，质量等级为A级的低合金高强度结构钢；牌号Q390C，表示屈服点为390MPa，质量等级为C级的低合金高强度结构钢。

低合金结构钢是综合性较为理想的建筑钢材，尤其在大跨度、承受动荷载和冲击荷载的结构中更适用。另外，与使用碳素钢相比，可节约钢材20%～30%左右，而成本并不很高。在建筑工程中采用低合金结构钢可以减轻结构自重，延长结构的使用寿命，特别是大跨度、大空间、大柱网结构，采用低合金高强度结构钢，经济效益更为显著。

目前在钢结构中，经常选用低合金高强度结构钢轧制的型钢、钢板和钢管等建造桥梁、高层建筑以及大跨度结构等。在预应力钢筋混凝土结构中，Ⅱ、Ⅲ级钢筋就是由普通质量的低合金高强度结构钢轧制的。例如，2008年奥运会在中国举办，其主场馆“鸟巢”所采用的低合金高强度结构钢Q460是我国科研人员经过多次技术攻关后自主创新研制出来的，这种低合金结构钢不仅在钢材厚度以及使用范围等方面是前所未有的，而且在可焊性、抗震性、抗低温性等方面也极为优异。

5. 4. 3　建筑与装饰常用钢材

钢材是建筑与装饰工程中的一种主要材料，它广泛地应用于工业与民用建筑、道路桥梁、公共及居住建筑装饰工程中。常用的钢材主要有：

1. 钢结构用钢材（型钢）

钢结构用钢材主要有钢板、角钢、槽钢、工字钢、钢管等型钢。型钢是普通碳素结构钢或普通低合金钢经热轧而成的异型断面钢材，在建筑装饰工程中常用作钢构架、各种幕墙的钢骨架、包门包柱的骨架等。钢结构构件一般直接选用各种型钢，它们之间的连接方式有铆接、螺栓连接和焊接等。型钢有热轧和冷轧成型两种。其中热轧型钢有角钢、槽钢、T 型钢、H 型钢、Z 型钢等；冷轧成型的有冷弯薄壁型钢、冷轧钢板（厚度 0. 2 ~ 4mm）、压型钢板等。根据型钢截面形式的不同又可分为角钢、扁钢、槽钢、工字钢等，其中角钢的应用最为广泛，其较易加工成型、截面惯性矩较大、刚度适中、焊接方便、施工便利。

2. 钢筋混凝土结构用钢材（钢筋、钢丝等）

钢筋混凝土结构用钢材有钢筋、钢丝、钢绞线等，主要由碳素结构钢或低合金结构钢轧制而成。一般把直径为 3 ~ 5mm 的称为钢丝，直径为 6 ~ 12mm 的称为钢筋，直径大于 12mm 的称为粗钢筋。主要品种有热轧钢筋、冷拉钢筋、冷拔低碳钢丝、冷轧带肋钢筋、热处理钢筋、预应力混凝土用钢丝和钢绞线等。其中热轧钢筋用量最大，主要用于钢筋混凝土和预应力混凝土结构的配筋，其性能见表 5-2。

表 5-2　热轧钢筋的性能

外形	牌号	公称直径/mm	屈服点/MPa	抗拉强度/MPa	伸长率（%）	冷弯试验	
			≥			角度	弯心直径
光圆	HPB235	5. 5 ~ 20	235	370	23	180°	$d = a$
	HPB300	5. 5 ~ 20	300	400	23	180°	$d = a$
月牙肋	HRB335 HRBF335	6 ~ 25	335	455	17	180°	$d = 3a$
		28 ~ 40					$d = 4a$
		>40 ~ 50					$d = 5a$
	HRB400 HRBF400	6 ~ 25	400	540	16	180°	$d = 4a$
		28 ~ 50					$d = 5a$
		>40 ~ 50					$d = 6a$
	HRB500 HRBF500	6 ~ 25	500	630	15	180°	$d = 6a$
		28 ~ 50					$d = 7a$
		>40 ~ 50					$d = 8a$

3. 建筑装饰工程用钢材（钢板、钢管、龙骨等）

目前，建筑装饰工程中常用的装饰钢材制品主要有不锈钢板与钢管、彩色不锈钢板、彩色涂层钢板、彩色压型钢板、轻钢龙骨等。

不锈钢板与钢管、彩色不锈钢板等装饰不锈钢因其特有的光泽、质感和现代化的气息而被广泛应用于室内外的墙柱饰面、幕墙及楼梯扶手、护栏、电梯间护壁、门口包镶等部位，能够取得与周围环境的色彩及景物交相辉映的效果，对空间环境起到强化、点缀和烘托的作用，构成光彩变幻、层次丰富的室内外空间。

彩色涂层钢板因其具有红、绿、蓝、棕、乳白等多变的色泽和丰富的表面质感，以及较高的强度、刚性，良好的可加工性，且涂层耐腐蚀、耐湿热、耐低温等优异的性能而应用于各类建筑物的外墙板、屋面板、室内的护壁板、吊顶板等部位，是近年来随着材料工业的进步而发展起来的一种新型复合金属板材。

彩色压型钢板具有受力合理、自重较轻、抗震、耐久、色彩鲜艳、加工简单、安装方便等特点，广泛用于外墙、屋面、吊顶及夹芯保温板材的面板等。彩色压型钢板在建筑与装饰工程中的应用，使得建筑物表面洁净，线条明快，棱角分明，极富现代风格。

轻钢龙骨是木龙骨的换代产品，自重轻、刚度大、抗震性能优良，具有良好的防火性能，而且制作容易、施工方便，易于安装和拆改，便于建筑空间的布置。建筑用轻钢龙骨与各种饰面板（纸面石膏板、矿棉板等）相配合，构成的轻型吊顶或隔墙，以其优异的热学、声学、力学、工艺性能及多变的装饰风格在建筑与装饰工程中得到了广泛的应用。

5.5 铝及铝合金

铝是地壳中含量很丰富的一种金属元素，在地壳组成中约占8.13%，仅次于氧和硅，占全部金属元素总量的三分之一左右。但是由于铝的提炼比较困难，能耗较高（比钢的冶炼能耗高近一倍），因此很长时间以来一直限制着铝在建筑工程中的应用。直到最近几十年，能源工业的飞速发展使得电能的成本不断下降，从而使铝在各方面的应用得到了很大的发展，特别是在建筑工程和装饰工程等方面，铝及铝合金材料更是显示了其他金属材料无法替代的特点和优势。

5.5.1 铝（Al）的性质

铝属于有色金属中的轻金属，密度为2.72g/cm^3，仅为钢材的三分之一。铝的熔点较低（660.4℃），呈银白色，有闪亮的金属光泽，其抛光的表面对光和热有较强的反射能力。铝的导电性和导热性较好，仅次于铜，所以较广泛地用来制作导电材料和导热材料。

铝是活泼金属，与氧的亲和力很强，暴露在空气中时，其表面易生成一层氧化铝（Al_2O_3）薄膜，可以阻止铝继续氧化，起到保护作用，所以铝在大气中耐腐蚀性较强，但这层氧化铝薄膜的厚度一般仅0.1μm左右，因而它的耐腐蚀性是有限的。如果纯铝与盐酸、浓硫酸、氢氟酸等接触，或者与氯、溴、碘、强碱接触，将会产生化学反应而被腐蚀。

铝的电极电位较低，如与电极电位高的金属接触并且有电解质存在时，会形成微电池，这时铝会很快受到腐蚀。所以在使用和保管中要避免与电极电位高的金属相接触。

铝的强度和硬度较低，延展性和塑性很好，容易加工成各种型材、线材，以及铝箔、铝粉等。铝在低温环境中塑性、韧性和强度不下降，因此铝可作为低温材料用于航空、航天工程及制造冷冻食品的储运设施等。

5.5.2 铝合金及其应用

为了提高纯铝的强度、硬度，并保持纯铝原有的优良特性，在纯铝中加入适量的铜、锰、硅、镁、锌等元素而得到的铝基合金，称为铝合金。合金既提高了铝的硬度和强度（屈服强度可达 500MPa，抗拉强度可达 380～550MPa），同时又保持了铝的轻质、耐腐蚀、易加工等优良性能。铝合金的主要缺点是弹性模量小（约为钢的三分之一）、热膨胀系数大、耐热性低、焊接需采用惰性气体保护等焊接新技术。

铝合金根据加工方法不同分为变形铝合金和铸造铝合金两类。变形铝合金是指可以进行热态或冷态压力加工的铝合金；铸造铝合金是指用液态铝合金直接浇铸而成的各种形状复杂的制件。

铝合金的各方面性能明显提高，与碳素钢相比，铝合金有如下特性：密度小，仅为钢材的 1/3；弹性模量约为碳素钢的 1/3，因而刚度和承受弯曲的能力较小，而比强度为碳素钢的 2 倍以上；耐大气腐蚀性很好，大大节约了维护费用；低温性能好，没有低温脆性，其机械性能不但不随温度的下降而降低，反而有所提高；无磁性，用铝合金制造驾驶室围壳可以避免对磁罗盘的干扰，用于建造扫雷艇可以避免水雷攻击；可加工性好，其延展性优良，易于切割、冲压。在建筑工程中，特别是在装饰领域，铝合金的应用越来越广泛，如美国用铝合金建造了跨度为 66m 的飞机库，大大降低了结构物的自重。我国山西省太原市某建筑，其 34m 悬臂钢结构的屋面与吊顶均采用了铝合金，另加保温层等，也充分显示了铝合金良好的性能。

5.5.3　建筑装饰用铝合金制品

建筑装饰工程中常用的铝合金制品主要有铝合金门窗、铝合金装饰板、铝合金吊顶龙骨、铝箔、铝粉等。

1. 铝合金门窗

铝合金门窗是将经表面处理的铝合金型材，经过下料、打孔、铣槽、攻丝、组装、保护处理等工序加工成门窗框料构件，然后现场与预留门窗洞口定位、连接、密封，与连接件、密封件、开闭五金件等一起组合装配而完成全部加工安装过程。

铝合金门窗因其长期维修费用低、性能好、节约能源、装饰性强，所以在国内外得到广泛应用。

（1）铝合金门窗的特点　与普通的钢、木门窗相比，铝合金门窗有如下特点：

1）自重轻。铝合金门窗用材省、质量轻，每平方米耗用铝型材约为 8～12kg（钢门窗每平方米耗材平均为 17～20kg）。

2）密闭性能好。密闭性能是门窗的重要性能指标。铝合金门窗的气密性、水密性、隔声性、隔热性都比普通木门窗和钢门窗要好。故铝合金门窗适合用于装设空调设备的建筑中，对防尘、隔音、保温隔热有特殊要求的建筑中，以及多台风、多暴雨、多风沙地区的建筑中。

3）色泽美观。铝合金门窗框料经过氧化着色处理，可具有银白色、金黄色、青铜色、古铜色、暗灰色、黄黑色等色调或带色的花纹，外观华丽雅致，表面光洁，装饰性强。

4）经久耐用。铝合金门窗不锈蚀、不褪色、不脱落，不需要涂漆，维修费用少。框料强度高，刚性好，坚固耐用，零件使用寿命长，开闭轻便灵活，无噪声。

5）施工速度快。铝合金门窗现场安装的工作量较小，施工速度快。

6）使用价值高。在建筑和装饰工程中，尤其是一些高层建筑和高档次的装饰工程，从装饰效果、维修费用等方面来考虑，铝合金门窗的综合使用价值是高于其他种类门窗的。

7）便于工业化生产。铝合金门窗框料型材加工、配套零件及密封件的制作与门窗装配等，均可在工厂内进行，便于大批量工业化生产，有利于实现门窗设计标准化、生产工厂化、产品商品化。

（2）铝合金门窗的类型　铝合金门窗有以下几种分类方式：

1）铝合金门窗根据其结构与开闭方式分为推拉式、平开式、回转式、固定式等。

2）根据色泽的不同，铝合金门窗可分为银白色、金黄色、青铜色、古铜色、黄黑色等几种。

3）根据生产系列（习惯上按门窗型材截面的宽度尺寸）的不同，铝合金门窗可分为38系列、42系列、50系列、54系列、60系列、64系列、70系列、78系列、80系列、90系列、100系列等。

（3）铝合金门窗的性能　铝合金门窗出厂前需经过严格的性能试验，只有达到规定的性能指标后才能安装使用，主要性能指标有：

1）强度。测定铝合金门窗的强度是在压力箱内进行的，用所加风压的等级来表示，单位为Pa。

2）气密性。在压力试验箱内，使窗的前后形成一定压力差，用每平方米面积每小时的通气量表示窗的气密性，单位为$m^3/(h \cdot m^2)$。

3）水密性。铝合金窗在压力试验箱内，对窗的外侧施加周期为2s的正弦脉冲压力，同时向窗内单位面积（m^2）上每分钟喷4L的“人工降雨”，进行连续10min的“风雨交加”试验，在室内一侧不应有可见的渗漏水现象。水密性用试验时施加的脉冲平均风压表示。一般性能的铝合金窗为343Pa，抗台风的高性能窗可达490Pa。

4）开闭力。是指装配和安装好后，窗扇打开或关闭所需要的力，一般应在49N以下。

5）隔声和隔热性能。当声音的声频一定时，铝合金窗的响声通过损失趋于恒定，用响声通过损失的大小来评定隔声性。有隔声要求的铝合金窗，响声通过损失可达25dB。通常用窗的热对流阻抗来表示隔热性能。

（4）铝合金门窗的技术标准　随着铝合金门窗生产的发展，国家已颁布了一系列标准，其中最主要的是《铝合金门窗》（GB/T 8478—2008）目前，我国应用最普遍的是平开铝合金门窗和推拉铝合金门窗。

按开启形式划分门、窗品种与代号分别见表5-3、表5-4。

表5-3　门的开启形式品种与代号

开启形式	平开旋转类			推拉平移类			折叠类	
	(合页)平开	地弹簧平开	平开下悬	(水平)推拉	提升推拉	推拉下悬	折叠平开	折叠推拉
代号	P	DHP	PX	T	ST	TX	ZP	ZT

表5-4　窗的开启形式品种与代号

开启类别	平开旋转类							
开启形式	(合页）平开	滑轴平开	上悬	下悬	中悬	滑轴上悬	平开下悬	立转
代号	P	HZP	SX	XX	ZX	HSX	PX	LZ

开启类别	推拉平移类					折叠类
开启形式	（水平）推拉	提升推拉	平开推拉	推拉下悬	提拉	折叠推拉
代号	T	ST	PT	TX	TL	ZT

铝合金门窗按产品的简称、命名代号——尺寸规格型号、物理性能符号与等级或指标值（抗风压性能 P_3—水密性能 ΔP—气密性能 q_1/q_2—空气声隔声性能 R_wC_{tr}/R_wC—保温性能 K—遮阳性能 SC—采光性能 T_r）、标准代号的顺序进行标记。

示例1：命名——（外墙用）普通型50系列平开铝合金窗，该产品规格型号为115145，抗风压性能5级，水密性能3级，气密性能7级，其标记为：

铝合金窗　WPT50PLC－115145（$P_3$5—ΔP3－$q_1$7）GB/T 8478—2008。

示例2：命名——（外墙用）保温型65系列平开铝合金门，该产品规格型号085205，抗风压性能6级，水密性能5级，气密性能8级，其标记为：

铝合金门　WBW65PLM－085205（$P_3$6—ΔP5－$q_1$8）GB/T 8478—2008。

2. 铝合金装饰板

铝合金装饰板是选用纯铝或铝合金为原料，经过辊压冷加工而成的饰面板材。

铝合金装饰板具有质量轻、不燃烧、耐久性好、施工方便及装饰效果好等特点，广泛用于公共建筑室内外装饰。常用的有以下几种：

（1）铝合金花纹板　铝合金花纹板是采用防锈铝合金等坯料，用表面具有特制花纹的轧辊轧制而成。其花纹美观大方，纹高适中（大约0.5～0.8mm），不易磨损，防滑性能好，耐腐蚀性强，便于清洗。通过表面处理可以获得各种颜色。花纹板板材平整，裁剪尺寸精确，便于安装，广泛应用于现代建筑的内外墙面装饰、楼梯及楼梯踏板等处。

（2）铝质浅花纹板　铝质浅花纹板是一种优良的金属装饰板材，其花纹精巧别致，色泽美观大方，除了具有普通铝板所共有的优点之外，它的刚度提高了20%左右，抗污垢、抗划伤、抗擦伤能力均有所提高。铝合金浅花纹板对白光有75%～90%的较高反射率，热反射率也可达85%～95%。其对酸的耐腐蚀性较好，通过电解、电泳涂漆等表面处理可得到不同色彩和立体图案的花纹。

（3）铝合金波纹板　铝合金波纹板是用机械轧辊将铝合金板材轧成一定的波形后而制成的异型断面板材。由于截面形式的变化，其刚度有所增强，而且具有重量轻、外形美观、色彩丰富、光线反射率强、防火、耐久、耐腐蚀、利于排水、安装容易、施工进度快等优点，是一种广泛应用的建筑装饰材料。铝合金波纹板主要用于墙面装饰，也可用作屋面。用于屋面时，一般采用强度高、耐腐蚀性能好的防锈铝制成。铝合金波纹板的常用波纹形状如图5-2所示。

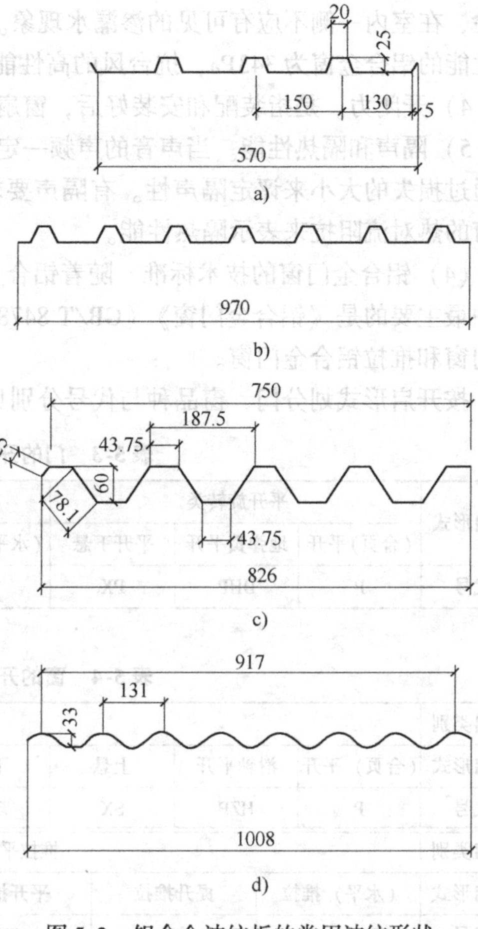

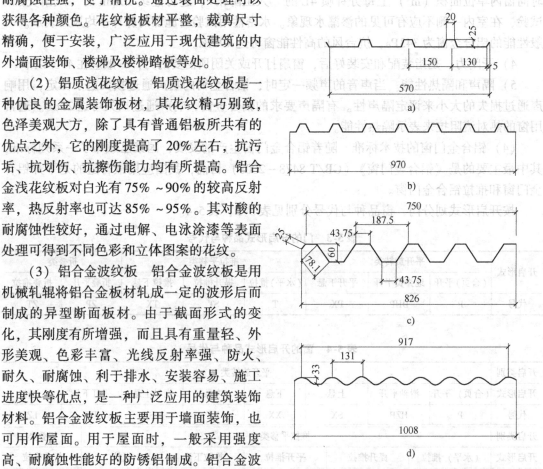

图5-2　铝合金波纹板的常用波纹形状

3. 铝合金穿孔板

铝合金穿孔（吸声）板是为了满足室内吸声的要求，将铝合金平板经机械冲压成多孔状而制成的功能、装饰性合一的板材。孔形根据需要有圆孔、方孔、长圆孔、长方孔、三角孔、组合孔等。

铝合金穿孔板材质轻、耐高温、耐腐蚀、防火、防潮、防震、造型美观、质感强、吸声和装饰效果好，被广泛应用于影剧院、播音室、会议室、宾馆等对音质效果要求较高的公共建筑，也可用于车间厂房、机房等作为降噪措施。

4. 铝合金吊顶龙骨

铝合金龙骨是以铝合金挤压而制成的顶棚骨架支承材料，其断面有T形、L形、C形等。铝合金吊顶龙骨具有不锈蚀、质轻、美观、防火、抗震、安装方便等特点，适用于外露龙骨的顶棚装饰。铝合金吊顶龙骨的规格和性能见表5-5。

表5-5　铝合金吊顶龙骨的规格和性能

名称	铝龙骨	铝平吊顶筋	铝边龙骨	大龙骨	配件
规格/mm	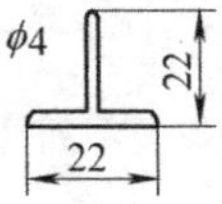 壁厚1.3	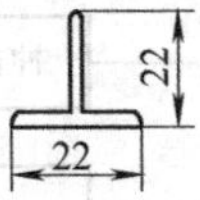 壁厚1.3	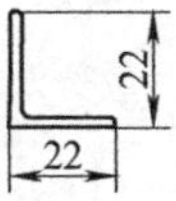 壁厚1.3	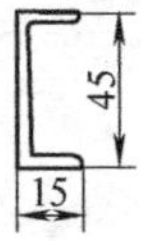 壁厚1.3	龙骨等的连接件及吊挂件
截面积/cm^2	0.775	0.555	0.555	0.87	
单位质量/(kg/m)	0.21	0.15	0.15	0.77	
长度/m	3或0.6的倍数	0.596	3或0.6的倍数	2	
机械性能	抗拉强度210MPa，延伸率8%				

5. 铝箔

铝箔是用纯铝或铝合金加工制成的厚约0.0063~0.2mm的薄片制品。按表面状态分，铝箔有素箔、压花箔、复合箔、涂层箔、上色铝箔和印刷铝箔等。铝箔具有良好的防潮、绝热、隔蒸汽和电磁屏蔽等作用，可作为多功能保温隔热材料和防潮材料来使用。建筑上常用的铝箔制品有铝箔牛皮纸、铝箔布、铝箔泡沫塑料板、铝箔波形板等。

6. 铝粉

铝粉（俗称“银粉”）是以纯铝箔加入少量润滑剂，经捣击压碎为极细的鳞状粉末，再经抛光而成。在建筑及装饰工程中常用它调制各种装饰涂料或金属防锈涂料，也可用作土方工程中的发热剂和加气混凝土中的发气剂。

单元小结

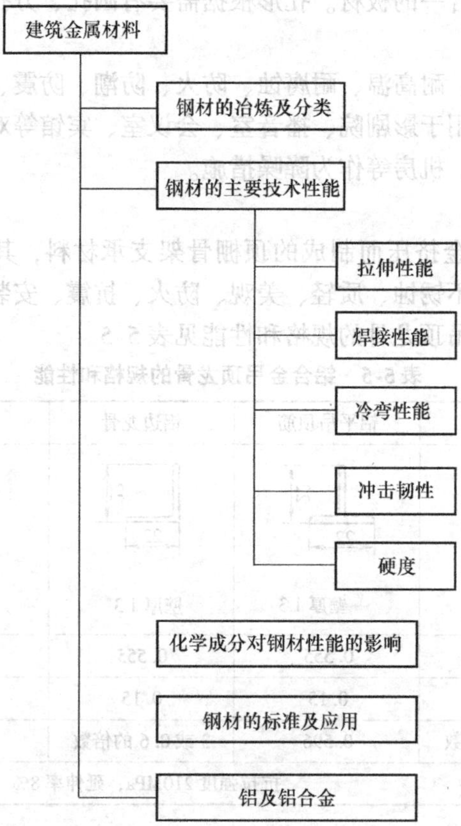

同步测试

5.1　简述钢的分类。

5.2　低碳钢试件在拉伸试验中的应力—应变关系可分为哪几个阶段?

5.3　钢材的冷弯性能和硬度各用什么指标表示?

5.4　举例说明合金元素对钢材的性质有何影响。

5.5　举例说明普通碳素结构钢和低合金结构钢的牌号如何表示。

5.6　铝合金门窗为什么得到了广泛的使用?

5.7　铝合金在建筑与装饰工程中有何应用?

单元6 墙体材料

知识目标：

- 了解什么是砌墙砖，理解砌墙砖的分类形式，掌握烧结普通砖、烧结多孔砖、烧结空心砖和蒸压（养）砖的技术要求、特点和应用。
- 了解什么是砌体砌块，掌握砌体砌块的技术要求、特点和应用。

知识目标：

- 能够判别砌墙砖的种类并能够进行合理地应用。
- 能够说明砌墙砌块的性质特点，能熟练地运用到实际生活中，并能有效地进行试验与检测。

6.1 砌墙砖

由粘土、工业废料或者其他地方的各种资源为主要原料，经过各种不同的工艺手法制成的，在建筑中用于砌承重墙或者非承重墙体的砖，称为砌墙砖。

砌墙砖可以分为普通砖和空心砖两种，普通砖是指没有孔洞或者孔洞率小于砖体的25%的砖，空心砖是指孔洞率大于或者等于25%的砖，其中孔洞的尺寸小而数量多的又称为多孔砖。根据生产工艺的不同，又可把它们分为烧结砖和非烧结砖。

6.1.1 烧结普通砖

烧结普通砖按主要原料，分为粘土砖（N）、粉煤灰砖（F）、煤矸石砖（M）、页岩砖（Y）4种，体为实心或孔洞率不大于15%。

1. 烧结普通砖的技术要求

根据《烧结普通砖》（GB 5101—2003）规定，烧结普通砖的外形为直角六面体，公称尺寸为长240mm、宽115 mm、高53mm。按技术指标分为优等品（A）、一等品（B）和合格品（C）三个质量等级。按抗压强度分为MU30、MU25、MU20、MU15、MU10五个强度等级，各项技术指标应满足下列要求。

（1）尺寸偏差　烧结普通砖的尺寸偏差应符合表6-1的规定。通常将240mm×115mm面称大面，将240mm×53mm面称条面，将115mm×53mm面称顶面。考虑砌筑灰缝厚度10mm，则4匹砖长、8匹砖宽、16匹砖厚分别为1m，每立方米砖砌体需用砖512块。

（2）外观质量　烧结普通砖外观质量应符合表6-2的规定。

（3）强度等级　烧结普通砖强度等级应符合表6-3的规定。

表 6-1　烧结普通砖尺寸允许偏差　　（单位：mm）

公称尺寸	优等品		一等品		合格品	
	样本平均偏差	样本极差≤	样本平均偏差	样本极差≤	样本平均偏差	样本极差≤
240	±2.0	8	±2.5	9	±3.0	8
115	±1.5	6	±2.0	6	±2.5	7
53	±1.5	4	±1.6	5	±2.0	6

表 6-2　烧结普通砖外观质量　　（单位：mm）

项　目		优等品	一等品	合格品
两条面高度差	≤	2	3	4
弯曲	≤	2	3	4
杂质凸出高度	≤	2	3	4
缺棱掉角的三个破坏尺寸	不得同时大于	5	20	30
裂纹长度　≤	大面上宽度方向及其延伸至条面的长度	30	60	80
	大面上长度方向及其延伸至顶面的长度或条顶面上水平裂纹的长度	50	80	100
完整面	不得少于	二条面和二顶面	一条面和一顶面	
颜色		基本一致		

表 6-3　烧结普通砖的强度等级

强度等级	抗压强度平均值 $\bar{f}$≥	变异系数 δ≤0.21	变异系数 δ>0.21
		强度标准值 f_k≥	单块最小抗压强度值 f_{min}≥
MU30	30.0	22.0	25.0
MU25	25.0	18.0	22.0
MU20	20.0	14.0	16.0
MU15	15.0	10.0	12.0
MU10	10.0	6.5	7.5

2. 烧结普通砖的特性

（1）泛霜现象　泛霜是砖使用过程中的一种盐析现象。砖内过量的可溶盐受潮吸水而溶解，随水分蒸发迁移至砖表面，在过饱和状态下结晶析出，形成白色粉状附着物，影响建筑物的美观。如果溶盐为硫酸盐，当水分蒸发呈晶体析出时，产生膨胀，使砖面及砂浆剥落。标准规定：优等品无泛霜，一等品不允许出现中等泛霜，合格品不允许出现严重泛霜。

（2）石灰爆裂　石灰爆裂是指砖坯中夹杂有石灰块，砖吸水后，由于石灰逐渐熟化而膨胀产生的爆裂现象。这种现象影响砖的质量，并降低砌体强度。标准规定：优等品不允许出现最大破坏尺寸大于2mm 的爆裂区域；一等品不允许出现最大破坏尺寸大于 10mm 的爆裂区域，在 2～10mm 间的爆裂区域，每组砖样不得多于 15 处；合格品不允许出现最大破坏尺寸大于15mm的爆裂区域，在2～15mm间的爆裂区域，每组砖样不得多于15处，其中大于10mm的不得多于7处。

(3) 抗风化性能　抗风化性能是指砖在长期受风、雨、冻融等作用下，抵抗破坏的能力。通常以其抗冻性、吸水率及饱和系数（此处的饱和系数是指砖在常温下浸水24h后的吸水率与5h沸煮吸水率之比）等指标来判别。自然条件不同，对烧结普通砖的风化作用的程度也不同。黑龙江省、吉林省、辽宁省、内蒙古自治区、新疆维吾尔自治区、宁夏回族自治区、甘肃省、青海省、陕西省、山西省、河北省、北京市、天津市属于严重风化区，其他省区属于非严重风化区。严重风化区中的前五个省区用砖必须进行冻融试验（经15次冻融试验后每块砖样不允许出现裂纹、分层、掉皮、缺棱、掉角等冻坏现象，质量损失不得大于2%）。严重风化区的其他省区及非严重风化区用烧结普通砖的抗风化性能符合表6-4的规定时，可不做抗冻性试验，否则必须进行抗冻性试验。

表6-4　烧结普通砖的抗风化性能

砖种类	严重风化区				非严重风化区			
	5h沸煮吸水率（%）≤		饱和系数≤		5h沸煮吸水率（%）≤		饱和系数≤	
	平均值	单块最大值	平均值	单块最大值	平均值	单块最大值	平均值	单块最大值
粘土砖	18	20	0.85	0.87	19	20	0.88	0.90
粉煤灰砖	21	23			23	25		
页岩砖	16	18	0.74	0.77	18	20	0.78	0.80
煤矸石砖	16	18			18	20		

3. 烧结普通砖的应用

烧结普通砖是传统的墙体材料，具有强度较高，耐久性和绝热性［$\lambda=0.78W/(m\cdot K)$］均较好的特点，因而主要用于砌筑建筑物的内墙、外墙、柱、拱、烟囱、沟道及其他构筑物，其中优等品用于清水墙和墙体装饰，一等品、合格品用于混水墙，中等泛霜的砖不能用于潮湿部位。需要指出的是，烧结普通砖中的粘土砖，因其毁田取土严重、能耗大、块体小、施工效率低、砌体自重大、抗震性差等缺点，国家已在主要大、中城市及地区禁止使用。重视烧结多孔砖、烧结空心砖的推广使用，因地制宜地发展新型墙体材料。利用工农业废料生产的砖（粉煤灰砖、煤矸石砖、页岩砖等）以及砌块、板材正在逐步发展起来，并将逐步取代普通粘土砖。

6.1.2　烧结多孔砖和烧结空心砖

烧结多孔砖与烧结空心砖是以粘土、页岩、煤矸石等为主要原料，经成型、焙烧而成。孔洞率等于或大于25%的称多孔砖，孔洞率等于或大于40%的称空心砖。与烧结普通砖相比，烧结多孔砖与烧结空心砖具有以下优点：节省粘土20%～30%；节约燃料10%～20%；提高工效40%；节约砂浆，降低造价20%；减轻墙体自重30%～35%；改善墙体的绝热和吸声性能。

1. 烧结多孔砖

根据《烧结多孔砖》(GB 13544—2000) 规定，其主要技术要求如下：

(1) 形状与规格尺寸　烧结多孔砖的孔洞小而孔数多，孔洞方向与受压方向一致。其砖型及孔径的规定见表 6-5。

表 6-5　烧结多孔砖尺寸允许偏差　　（单位：mm）

尺寸	优等品		一等品		合格品	
	样本平均偏差	样本极差≤	样本平均偏差	样本极差≤	样本平均偏差	样本极差≤
290、240	±2.0	6	±2.5	7	±3.0	8
190、180、175、140、115	±1.5	5	±2.0	6	±2.5	7
90	±1.5	4	±1.7	5	±2.0	6

(2) 强度与质量等级　烧结多孔砖按抗压强度分为 MU30、MU25、MU20、MU15、MU10 五个强度等级，强度指标见表 6-6。强度和抗风化性能合格的砖，根据尺寸偏差、外观质量、孔型及孔洞排列、泛霜、石灰爆裂等分为优等品（A）、一等品（B）和合格品（C）三个质量等级。

表 6-6　强度等级　　（单位：MPa）

强度等级	抗压强度平均值 $\bar{f}$≥	变异系数 δ≤0.21	变异系数 δ>0.21
		强度标准值 f_k≥	单块最小抗压强度值 f_{min}≥
MU30	30.0	22.0	25.0
MU25	25.0	18.0	22.0
MU20	20.0	14.0	16.0
MU15	15.0	10.0	12.0
MU10	10.0	6.5	7.5

2. 烧结空心砖

根据《烧结空心砖和空心砌块》（GB 13545—2003）规定，其主要技术要求如下：

(1) 形状与规格尺寸　烧结空心砖的外形为直角六面体，孔洞尺寸大而数量少，孔洞方向平行于大面和条面，在与砂浆的接合面上设有增加结合力的深度 1mm 以上的凹槽。空心砖有两种规格：290mm×190mm×90mm 和 240mm×180mm（175mm）×115mm；砖的壁厚应≥10mm，肋厚应≥7mm。

(2) 强度等级及密度等级　烧结空心砖根据其大面和条面的抗压强度分为 MU10.0、MU7.5、MU5.0、MU3.5、MU2.5 五个强度等级；按体积密度分为 800、900、1000、1100 四个密度级别，每个密度级别根据空洞及其排数、尺寸偏差、外观质量、强度等级和物理性能分为优等品（A）、一等品（B）和合格品（C）三个等级。强度等级指标要求见表 6-7，密度级别指标见表 6-8。

3. 多孔砖和空心砖的应用

烧结多孔砖因其强度较高，绝热性能优于普通砖，一般用于砌筑六层以下建筑物的承重墙；烧结空心砖主要用于非承重的填充墙和隔墙。

表6-7 烧结多孔砖的强度等级

强度等级	抗压强度/MPa			密度等级范围/（kg/m^3）
	抗压强度平均值f≥	变异系数δ≤0.21 强度标准值f_k≥	变异系数δ>0.21 单块最小抗压强度值f_{min}≥	
MU10.0	10.0	7.0	8.0	≤1100
MU7.5	7.5	5.0	5.8	
MU5.0	5.0	3.5	4.0	
MU3.5	3.5	2.5	2.8	
MU2.5	2.5	1.6	1.8	≤800

表6-8 烧结空心砖密度级别

密度级别	800	900	1000	1100
5块密度平均值/（kg/m^3）	≤800	801～900	901～1000	1001～1100

烧结多孔砖和烧结空心砖在运输、装卸过程中，应避免碰撞，严禁倾卸和抛掷。堆放时应按品种、规格、强度等级分别堆放整齐，不得混杂；砖的堆置高度不宜超过2m。

6.1.3 蒸压（养）砖

蒸压（养）砖属于硅酸盐制品，是以砂子、粉煤灰、煤矸石、炉渣、页岩和石灰加水拌和成型，经蒸压（养）而制得的砖。根据所用原材料不同有灰砂砖、粉煤灰砖、煤渣砖等。

1. 蒸压灰砂砖

蒸压灰砂砖（简称灰砂砖）是以石灰和砂为主要原料，经配料制备、压制成型、蒸压养护而成的实心砖或空心砖。

（1）灰砂砖的技术性质 根据GB 11945—1999规定，灰砂砖的尺寸为240mm×115mm×53mm，按抗压强度和抗折强度分为MU25、MU20、MU15、MU10四个强度等级，见表6-9。根据尺寸偏差和外观质量划分为优等品（A）、一等品（B）和合格品（C）三个质量等级。

（2）灰砂砖的应用 灰砂砖与其他墙体材料相比，强度较高，蓄热能力显著，隔声性能十分优越，属于不可燃建筑材料，可用于多层混合结构的承重墙体，其中MU15、MU20、MU25灰砂砖可用于基础及其他部位，MU10可用于防潮层以上的建筑部位。长期在高于200℃的温度下，受急冷、急热或有酸性介质的环境禁止使用蒸压灰砂砖。

表6-9 灰砂砖的强度等级

强度等级	抗压强度/MPa		抗折强度/MPa	
	平均值≥	单块值≥	平均值≥	单块值≥
MU25	25.0	20.0	5.0	4.0
MU20	20.0	16.0	4.0	3.2
MU15	15.0	12.0	3.3	2.6
MU10	10.0	8.0	2.5	2.0

2. 蒸压（养）粉煤灰砖

蒸压（养）粉煤灰砖是以粉煤灰、石灰、石膏以及骨料为原料，经配料制备、压制成型、高压（常压）蒸汽养护等工艺过程而制成的实心粉煤灰砖。蒸压砖、蒸养砖只是养护工艺不同，但蒸压粉煤灰砖强度高，性能趋于稳定，而蒸养粉煤灰砖砌筑的墙体易出现裂缝。

（1）蒸压粉煤灰砖的技术性质　蒸压粉煤灰砖的尺寸为240mm×115mm×53mm，按抗压强度和抗折强度分为MU30、MU25、MU20、MU15、MU10五个强度等级，见表6-10。根据外观质量、尺寸偏差、强度等级、抗冻性和干缩值分为优等品（A）、一等品（B）和合格品（C）三个质量等级。

表6-10　蒸压粉煤灰砖强度等级

强度等级	抗压强度/MPa		抗折强度/MPa	
	10块平均值≥	单块值≥	10块平均值≥	单块值≥
MU30	30.0	24.0	6.2	5.0
MU25	25.0	20.0	5.0	4.0
MU20	20.0	16.0	4.0	3.2
MU15	15.0	12.0	3.3	2.6
MU10	10.0	8.0	2.5	2.0

（2）煤渣砖的应用　煤渣砖可用于工业与民用建筑的墙体和基础，但用于基础或易受冻融和干湿交替作用的建筑部位必须使用MU15及MU15以上的砖。煤渣砖不得用于长期受热200℃以上、受急冷急热和有侵蚀性介质侵蚀的建筑部位。

6.2　砌墙砌块

砌块是一种比砌墙砖形体大的新型墙体材料。具有适应性强、原料来源广泛、可充分利用地方资源和工业废料、砌筑方便灵活等特点，同时可提高施工效率及施工的机械化程度，减轻房屋自重，改善建筑物功能，降低工程造价。推广和使用砌块是墙体材料改革的有效途径之一。

砌块按有无孔洞分为实心砌块和空心砌块，按原材料不同分为水泥混凝土砌块、粉煤灰砌块、加气混凝土砌块、轻骨料混凝土砌块等。

6.2.1　粉煤灰砌块

粉煤灰砌块又称粉煤灰硅酸盐砌块，是以粉煤灰、石灰、石膏和骨料（煤渣、硬矿渣等）等原料，按照一定比例加水搅拌、振动成型，再经蒸汽养护而制成的密实块体。

1. 粉煤灰砌块的技术要求

根据《粉煤灰砌块》（JC 238—1991）规定，其主要技术要求如下。

（1）规格　粉煤灰砌块的外形尺寸有880mm×380mm×240mm和880mm×430mm×240mm两种。砌块的端面应加灌浆槽，坐浆面（铺浆面）宜设抗剪槽。

（2）外观质量及尺寸允许偏差　外观质量及尺寸允许偏差见表6-11。

表6-11　砌块的外观质量和允许偏差

项目			指标	
			一等品（B）	合格品（C）
外观质量	表面疏松		不允许	
	贯穿面棱的裂缝		不允许	
	任一面上的裂缝长度		不得大于裂缝方向砌块尺寸的1/3	
	石灰团、石膏团		直径大于5的，不允许	
	粉煤灰团、空洞和爆裂		直径大于30的，不允许	直径大于50的，不允许
	局部突起高度 ≤		10	15
	翘曲 ≤		6	8
	缺棱掉角在长、宽、高三个方向上投影的最大值 ≤		30	50
	高低差	长度方向	6	8
		宽度方向	4	6
尺寸允许偏差		长度	+4，-6	+5，-10
		高度	+4，-6	+5，-10
		宽度	±3	±6

（3）等级划分　粉煤灰砌块的强度等级、质量等级见表6-12。立方体抗压强度、碳化后强度、抗冻性能和密度应符合表6-13的要求。

表6-12　粉煤灰砌块的强度等级、质量等级

项目	说明
强度等级	按立方体试件的抗压强度分为MU10和MU13
质量等级	按外观质量、尺寸偏差和干缩性能分一等品（B）、合格品（C）

表6-13　粉煤灰砌块的立方体抗压强度、碳化后强度、抗冻性能和密度

项目	指标	
	10级	13级
抗压强度/MPa	3块试件平均值≥10.0 单块最小值8.0	3块试件平均值≥13.0 单块最小值10.5
人工碳化后强度/MPa	≥6.0	≥7.5
抗冻性	冻融循环结束后，外观无明显疏松、剥落或裂缝；强度损失≤20%	
密度/（kg/m^3）	不超过设计密度10%	

（4）干缩值　一等品不大于0.75mm/m，合格品不大于0.9mm/m。

2．粉煤灰砌块的应用

粉煤灰砌块适用于工业与民用建筑的墙体和基础，但不宜用于具有酸性侵蚀介质的建筑部位，也不宜用于经常处于高温（如炼钢车间）环境下的建筑物。

6.2.2　蒸压加气混凝土砌块

蒸压加气混凝土砌块（简称加气混凝土砌块）是以钙质材料（水泥、石灰等）和硅质材料（矿渣、砂、粉煤灰等）以及加气剂（铝粉），经配料、搅拌、浇筑、发气、切割和蒸压养护等工艺制成的一种轻质、多孔墙体材料。

根据《蒸压加气混凝土砌块》（GB 11968—2006）规定，其主要技术指标如下。

（1）规格　砌块的公称尺寸有：长度600mm；高度200mm、240mm、250mm、300mm；宽度100mm、120mm、125mm、150mm、180mm、200mm、240mm、250mm、300mm。

（2）强度等级与密度等级　加气混凝土砌块按抗压强度分为A1.0、A2.0、A2.5、A3.5、A5.0、A7.5、A10.0七个等级，见表6-14，按干密度分为B03、B04、B05、B06、B07、B08六个级别，见表6-15；按外观质量、尺寸偏差、体积密度、抗压强度分为优等品（A）、合格品（B）两个等级。砌块的强度等级应符合表6-16的规定。

表6-14　砌块的立方体抗压强度

强度级别	立方体抗压强度/MPa	
	平均值不小于	单组最小值不小于
A1.0	1.0	0.8
A2.0	2.0	1.6
A2.5	2.5	2.0
A3.5	3.5	2.8
A5.0	5.0	4.0
A7.5	7.5	6.0
A10.0	10.0	8.0

表6-15　砌块的干密度

干密度级别		B03	B04	B05	B06	B07	B08
干密度/（kg/m^3）	优等品（A）≤	300	400	500	600	700	800
	合格品（B）≤	325	425	525	625	725	825

表6-16　砌块的强度级别

干密度级别		B03	B04	B05	B06	B07	B08
强度级别	优等品（A）	A1.0	A2.0	A3.5	A5.0	A7.5	A10.0
	合格品（B）			A2.5	A3.5	A5.0	A7.5

6.2.3　混凝土小型空心砌块

混凝土小型空心砌块是以水泥、砂石等普通混凝土材料制成的，空洞率为25%～50%。

1. 混凝土小型空心砌块的技术要求

根据《普通混凝土小型空心砌块》（GB 8239—1997）规定，其主要技术指标如下。

（1）规格　混凝土小型空心砌块主要规格尺寸为390mm×190mm×190mm，其他规格尺寸可由供需双方协商。

（2）强度等级与质量等级　混凝土小型空心砌块按抗压强度分为 MU3.5、MU5.0、MU7.5、MU10.0、MU15.0、MU20.0 六个强度等级，见表6-17。按其尺寸偏差和外观质量分为优等品（A）、一等品（B）和合格品（C）三个质量等级。

表6-17　普通混凝土小型空心砌块强度等级

强度等级	砌块抗压强度/MPa	
	平均值不小于	单块最小值不小于
MU3.5	3.5	2.8
MU5.0	5.0	4.0
MU7.5	7.5	6.0
MU10.0	10.0	8.0
MU15.0	15.0	12.0
MU20.0	20.0	16.0

2. 混凝土小型空心砌块的应用

混凝土小型空心砌块适用于地震设计烈度为8度及8度以下地区的各种建筑墙体，包括高层与大跨度的建筑，也可以用于围墙、挡土墙、桥梁、花坛等市政设施，应用范围十分广泛。

6.2.4　轻骨料混凝土小型空心砌块

轻骨料混凝土小型空心砌块是由水泥、轻骨料、砂、水，经拌和成型、养护制成的一种轻质墙体材料。

1. 空心砌块的技术要求

根据《轻集料混凝土小型空心砌块》（GB/T 15229—2011）规定，其技术要求如下。

（1）规格　轻集料混凝土小型空心砌块，按其孔的排数分为单排孔、双排孔、三排孔和四排孔四类，其主规格尺寸为390mm×190mm×190mm，其他规格尺寸可由供需双方商定。

（2）强度等级与密度等级　空心砌块按密度分为700、800、900、1000、1100、1200、1300、1400八个密度等级，见表6-18；按抗压强度分为 MU2.5、MU3.5、MU5.0、MU7.5、MU10.0 五个强度等级，见表6-19。

表6-18　密度等级

密度等级	干表观密度范围/（kg/m^3）
700	≥610，≤700
800	≥710，≤800
900	≥810，≤900
1000	≥910，≤1000
1100	≥1010，≤1100
1200	≥1110，≤1200
1300	≥1210，≤1300
1400	≥1310，≤1400

表 6-19 强度等级

强度等级	抗压强度/MPa		密度等级范围/（kg/m³）
	平均值	最小值	
MU2.5	≥2.5	≥2.0	≤800
MU3.5	≥3.5	≥2.8	≤1000
MU5.0	≥5.0	≥4.0	≤1200
MU7.5	≥7.5	≥6.0	≤1200[a] ≤1300[b]
MU10.0	≥10.0	≥8.0	≤1200[a] ≤1300[b]

a 除自燃煤矸石掺量不小于砌块质量35%以外的其他砌块。

b 自燃煤矸石掺量不小于砌块质量35%的砌块。

2. 空心砌块的应用

轻集料混凝土小型空心砌块因其轻质、高强、绝热性能好、抗震性能好等特点，在各种建筑的墙体中得到了广泛应用，特别是在绝热要求较高的围护结构上使用广泛。

6.3 墙用板材

我国墙体材料在产品构成、总体工艺水平、产品质量与使用功能等方面是相对落后于工业发达国家的。长期以来，小块实心粘土砖在我国墙体材料产品构成中占有“绝对统治”的地位。针对生产和使用小块实心砖存在毁地取土、高能耗与严重污染环境等问题，我国必须大力开发与推广节土、节能、利废、多功能、有利于环保并且符合可持续发展要求的各类新型墙体材料。例如纸面石膏板、水泥板、加气混凝土板等。

墙用板材是框架建筑结构的组成部分，也是建筑和装饰中的常用材料。墙板起到围护墙体和分隔的作用，装饰用板材还有美化修饰的作用。墙板一般分为内外两种，内墙板大多为各种石膏材料板材、石棉水泥板材、加气混凝土板材等；外墙板主要是加气混凝土板材、复合板材和玻璃钢板材等。由于其自重轻、安装快、施工效率高，同时又能增加建筑物使用面积、提高抗震性能、节省生产和使用能耗等，随着建筑节能工程和墙体材料革新工程的实施，新型建筑板材必将获得迅猛发展。

6.3.1 墙体板材

1. 石膏类墙板

石膏板是一种典型的新型建筑材料，美国的石膏制品在整个建筑材料中占80%以上，其石膏板年产量超过20亿平方米。在我国，经过多年努力，各类石膏制品的应用范围正在日益扩大。由于石膏具有防火、轻质、隔声、抗震性好等特点，石膏类板材的使用在内墙板中占有较大比例。石膏类板材分为纸面石膏板、纤维石膏板和空心石膏板等。其中，纸面石膏板以熟石膏为主要原料，掺入适量的添加剂和纤维作板芯，以特质的纸板做护面，连续成型、切割、干燥等工艺加工而成。根据其使用性能分为普通纸面石膏板、耐水纸面石膏板、耐火纸面石膏板三种。主要适用于建筑物的非承重墙、内隔墙和吊顶，也可以用于活动房、民用住宅、商店和办公楼等。纤维石膏板是以石膏为主要原料，以玻璃纤维或纸筋为增强材料，经铺浆、脱水、成型、烘干等加工而成，一般用于非承重内隔墙、天棚吊顶、内墙贴面等。石膏空心板则是石膏加入少量增强纤维，并以水泥、石灰、粉煤灰等为辅助材料，经浇筑成型、脱水、烘干制成，适用于高层建筑、框架轻板建筑及其他各类建筑的非承重内隔墙。各种石膏板的成分见表6-20。

表6-20 各种石膏板的成分

名称	胶凝材料	增强材料	辅助材料
普通纸面石膏板	石膏	植物纤维 矿物纤维	胶粘剂、调凝剂、发泡剂等
耐火纸面石膏板			胶粘剂、调凝剂、防火添加剂等
耐水纸面石膏板			胶粘剂、调凝剂、防水剂等
保温纸面石膏板			聚苯乙烯等轻质填料及外加剂
纤维纸面石膏板			添加剂
石膏空心条板			轻质填料、外加剂等
石膏装饰板			适量树脂和外加剂
石膏刨花板			木质碎料刨花及其他外加剂

2. 水泥类墙板

水泥类墙板最常使用的是GRC空心轻质隔墙板、SP预应力空心墙板和蒸压加气混凝土板。GRC空心轻质隔墙板是以低碱度的水泥为胶结材料，以抗碱玻璃纤维为增强抗拉性材料，并配以发泡剂和防水剂，通过搅拌、成型、脱水、养护制成的一种轻质墙板。其特点是质量轻、强度高、保温性好，可以制作一般的工业和民用建筑物的内隔墙。SP预应力空心墙板是以高强度的预应力钢绞线用先张法制成的预应力混凝土墙板，可用于承重或非承重的内外墙板、楼板、屋面板、阳台板和雨篷等。蒸压加气混凝土板以粉煤灰、砂与石灰、水泥、石膏等加入少量的发泡剂及外加剂和水，经搅拌后浇筑在预先制好的钢筋网的模具中，经成型、切割、蒸压养护而成。

3. 高密度纤维水泥装饰板

外墙用高密度纤维水泥装饰板是一种新型的建筑装饰用板材，它具有轻质、高强、保温、隔声、防潮、防火、易加工等良好的技术性能，且不受自然条件影响，不发生虫蛀、霉变及翘曲变形等优点。纤维水泥板与保温材料通过聚氨脂黏结过渡层进行复合形成一个整体，用于外墙外保温工程，它可以把大量的现场工人操作施工的挂网、抹灰、找平等工序转化到工厂内由设备实现，缩短了施工周期，提高了产品质量的稳定性，较好地解决了保温层和溶剂的隔离、墙面开裂、平整度低的系统问题，提高了系统的寿命，如果配合各种涂料可形成混凝土墙、铝板的装饰效果。

4. 蒸压加气混凝土板

蒸压加气混凝土板是由钙质材料、硅质材料、石膏、铝粉、水和钢筋等制成的轻质板材，其中钙质材料和硅质材料和水是主要原料，在蒸压养护过程中生成以托勃莫来石为主的水热合成产物，对制品的物理学性能起关键作用。

蒸压加气混凝土板含有大量微小的、非连通的气孔，孔隙率高达70%~80%，因而具有自重轻、绝热性好、隔声吸音等特性。此种条板还具有较好的耐火性与一定的承载能力，可作内墙板、外墙板、屋面板与楼板。

5. 钢丝网架水泥夹芯板

钢丝网架水泥夹芯板包括以阻燃型泡沫板条或半硬质岩棉板做芯材的钢丝网架夹芯板。主要用于房屋建筑的内隔板、围护外墙、保温复合外墙、楼面、屋面及建筑夹层等。

钢丝网架水泥夹芯板是由工厂专用设备生产的三维空间焊接钢丝网和内填泡沫塑料板或内填半硬质岩棉板构成的网架芯板，经施工现场喷抹水泥砂浆后形成的。其具有自重轻、保温隔热性能好、安全方便等优点。

6. 金属面夹芯板

金属面夹芯板包括金属面聚苯乙烯夹芯板、金属面硬质聚氨酯夹芯板和金属面岩棉、矿渣棉夹芯板，主要有以下特点：重量轻、强度高、具有高效绝热性；施工方便、快捷；可多次拆卸，可变换地点重复安装，并有较高的耐久性。我国生产的金属面聚苯乙烯夹芯板、金属面硬质聚氨酯夹芯板的质量在技术性能与外观质量上均已达到或接近国外同类产品的水平，并已向国外出口；而国内建筑施工当中金属面夹芯板的优势还远远没有发挥出来，生产布局也不尽合理。

6.3.2　墙面饰面板材

装饰墙用板材的内容涵盖非常广泛，除单元五的金属饰面板、单元七的石材、单元八的木质板材、单元十二的塑料饰面板，本单元主要介绍一些其他的常用墙面饰面板材。

1. 微薄木贴面板

微薄木贴面板是一种新型的高级装饰材料，是利用珍贵木材如柚木等通过精密薄切，制成厚度为0.2~0.5mm的微薄木，以胶合板为基材，采用先进的胶粘剂及胶粘工艺制成的。具有花纹美丽、真实感和立体感强的特点，并具有自然美。其主要用于高级建筑内部装修、墙裙、家具的装饰面等。这类板材应防止风吹雨淋和磨损碰伤。在潮湿环境中应表面刷油。手工拼缝处如遇大量水分，可能因膨胀而在局部地方有轻微凸起，可用砂纸打平。

2. 花纹人造板

花纹人造板分直接印刷和贴面两类，是一种新型的饰面板。它是在人造板表面印出各种花纹而制成的，具有仿真、美观、耐磨、有光泽、耐温、抗水、耐污染、耐气候、附着力高等优点。印刷木纹人造板可直接用于室内装修、住宅夹板门、家具贴面。

3. 防火板（压层板）

防火板面层是用三聚氰胺甲醛树脂浸过的印有各种色彩、图案的纸（里面各层都是酚醛树脂浸渍过的牛皮纸），经过干燥后叠合在一起，在热压机中通过高温高压制成。其美观、耐湿、耐磨、耐烫、阻燃，耐一般的酸碱、油脂及酒精等溶剂的浸蚀。多数为高光泽的，表面易清洗，耐久性比木纹好。

4. 胶合板

（1）普通胶合板　是由原木经过蒸煮、旋切或刨切成薄片单板，再经烘干、整理、涂胶后，按奇数层配叠，每层的木纹方向必须纵横交错，再经加热制成的一种人造板材。胶合板的幅面最为常见的是2440mm×1220mm。其具有板材幅面大、易于加工的优点；适应性强，纵横向力学性质均匀；板面平整，收缩性小，可避免开裂、翘曲；可加工性好，木材利用率高。

（2）装饰单板贴面胶合板　是用天然木质装饰单板贴在胶合板上制成的人造板。装饰单板是用优质木材经刨切或旋切的加工方法制成的薄木片，是室内装饰最常使用的材料之一。由于该产品表层的装饰单板是用优质木材制成的，所以比一般的胶合板具有更好的装饰性能。此类产品天然质朴、自然高贵，可以营造出亲和、高雅的居住环境。

5. 纤维板

纤维板是以木材、竹材或农作物基杆等为主要材料，经削片、纤维分类、成型、热压等工序制成的一种人造板材。各部分构造均匀，硬质和半硬质纤维含水率都在20%以下，质地坚密，吸水性和吸湿率低，不易翘曲、开裂、变形。同一单面内各向强度均匀，隔声、隔热、电绝缘性好。无瑕疵、幅面大，加工性能好，利用率高，来源广，制造成本低。

6. 刨花板

刨花板是利用木材加工产生的碎木、刨花，经干燥、拌胶、压制而成的板材，也称碎木板。刨花板表观密度小，性质均匀，花纹美丽，但容易吸湿，强度不高，可用作保温、隔音或室内装饰材料。刨花板内部为交叉错落的颗粒状结构，因此握钉力好，且造价相对较低，甲醛含量低于大芯板，是最环保的人造材料之一。

单元小结

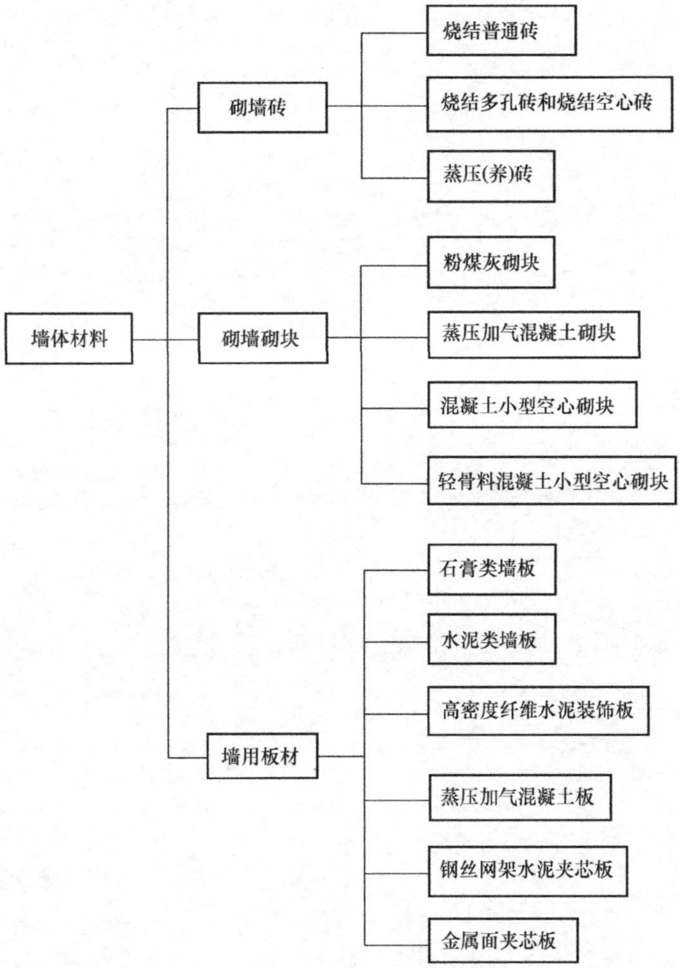

同步测试

6.1　多孔砖和空心砖有何异同点？

6.2　多孔砖、空心砖和普通砖相比，在使用上有何技术经济意义？

6.3　烧结多孔砖可用于砌筑几层以下建筑物的承重墙？

6.4　烧结空心砖制品有哪些品种？烧结多孔砖的规格有哪几种？其尺寸是多少？

6.5　墙面饰面板材有哪几种？各有什么特点？

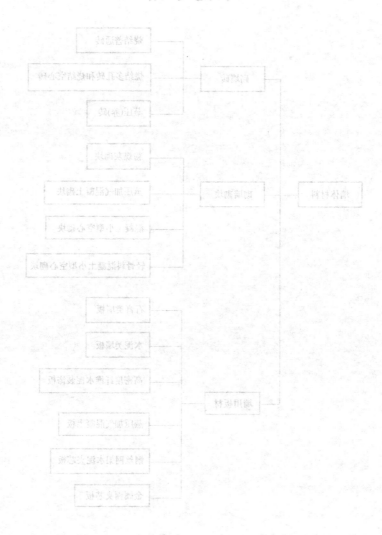

单元7 建筑石材

知识目标：

- 掌握石材的主要技术性质。
- 掌握石材的选用原则及常用石材。
- 了解岩石的形成及分类。

能力目标：

- 能够对建筑中常用的岩石进行分类。
- 能够运用石材选用原则，合理选用石材。

石材是最古老的建筑材料之一。国内外许多著名的古建筑，如古埃及的金字塔、意大利比萨斜塔、古罗马斗兽场、我国河北省的赵州桥，还有许多著名的雕塑，如人民英雄纪念碑等所用的材料都是石材。由于石材抗压强度高、耐磨性和耐久性好，经过加工后表面花纹美观、色泽艳丽、富于装饰性，且资源分布广泛、蕴藏量丰富，取材方便，所以至今仍得到广泛的应用。

7.1 岩石的形成及分类

岩石是由各种不同的地质作用所形成的天然固态矿物的集合体，具有一定的化学成分、矿物成分、结构和构造。由单一矿物组成的岩石叫单矿岩，如石灰岩主要是由方解石（结晶 $CaCO_3$）组成的单矿岩。由两种或多种矿物组成的岩石叫多矿岩，如花岗岩是由长石、石英、云母等矿物组成的多矿岩。岩石的性质是由矿物的特性、结构、构造等因素决定的。同一类岩石由于产地不同，其矿物组成、颗粒结构都有差异，因而其颜色、强度等性能也有差别。

天然岩石按照地质成因可分为岩浆岩、沉积岩、变质岩三大类。

7.1.1 岩浆岩

岩浆岩也称火成岩，由地壳深处熔融岩浆上升冷却而成，具有结晶结构而没有层理。根据生成条件的不同，岩浆岩可分为深成岩、喷出岩、火山岩三类。

1. 深成岩

深成岩是岩浆在地表深处受上部覆盖层的压力作用，缓慢冷却而形成的岩石。

深成岩的特点是结晶完全、晶粒明显可辨、构造致密、表观密度大、抗压强度高、吸水率小、抗冻及耐久性好。花岗岩就是常用的一种深成岩浆岩，其主要矿物组成呈酸性，由于次要矿物成分含量的不同呈灰、白、黄、粉红、红、黑等多种颜色。表观密度为 2500 ~ 2850kg/m^3，抗压强度为 120 ~ 250MPa，孔隙率和吸水率小（0.1% ~ 0.7%），莫氏硬度为 6 ~ 7，抗冻性、耐磨性和耐久性好。由于花岗岩中所含石英在 573℃时会发生晶型转变，所以耐火性差，遇高温时将因不均匀膨胀而崩裂。

花岗岩主要用于砌筑基础、勒脚、踏步、挡土墙等，经磨光的花岗岩板材装饰效果好，可用于外墙面、柱面和地面装饰。花岗岩有较高的耐酸性，可用于工业建筑中的耐酸衬板或耐酸沟、槽、容器等。花岗岩碎石和粉料可配制耐酸混凝土和耐酸胶泥。

深成岩中除花岗岩外，还有正长岩、闪长岩、辉长岩等，它们的性能和应用都与花岗岩相近。

2. 喷出岩

喷出岩是岩浆喷出地表冷凝而成的。由于冷却较快，大部分结晶不完全，呈细小结晶状。岩浆中所含气体在压力骤减时会在岩石中形成多孔构造。

建筑中用到的喷出岩有玄武岩、辉绿岩、安山岩等。玄武岩和辉绿岩可作为耐酸和耐热材料，还可作为生产铸石和岩棉的原料。

3. 火山岩

火山岩是火山爆发时，岩浆被喷到空中急速冷却而形成的多孔散粒状岩石，多呈玻璃质结构，有较高的化学活性，如火山灰、火山渣、浮石等。

火山凝灰岩是散粒状岩石层受到覆盖层压力作用胶结成的岩石。

火山灰可用作生产水泥的混合材料。浮石是配制轻混凝土的一种天然轻骨料。火山凝灰岩容易分割，可用于砌筑基础、墙体等。

7.1.2　沉积岩

沉积岩也称水成岩，是各种岩石经风化、搬运、沉积和再造岩作用而形成的岩石。

沉积岩呈层状构造，孔隙率和吸水率大，强度和耐久性较火成岩低，但因沉积岩分布广、容易加工，因而在建筑上应用广泛。

沉积岩按照生成条件分为机械沉积岩、生物沉积岩、化学沉积岩三种。

1. 机械沉积岩

机械沉积岩是岩石风化破碎以后又经风、雨、河流及冰川等搬运、沉积、重新压实或胶结作用，在地表或距地表不太深处形成的岩石，主要有砂岩、砾岩和页岩等，其中常用的是砂岩。

砂岩是由砂粒经胶结而成的，由于胶结物和致密程度不同，性能差别很大。胶结物有硅质、石灰质、铁质和粘土质 4 种。致密的硅质砂岩性能接近花岗岩，质地均匀、密实、耐久性好，如白色硅质砂岩是石雕制品的好原料。石灰质砂岩性能类似于石灰岩，加工比较容易。铁质砂岩性能较石灰质砂岩差。粘土质砂岩强度不高，耐水性也差。

2. 生物沉积岩

生物沉积岩是海生动植物的遗骸，经分解、分选、沉积而成的岩石，如石灰岩、硅藻土等。

石灰岩的主要成分为方解石（$CaCO_3$），常含有白云石、菱镁矿、石英、蛋白石、含铁矿物和粘土等。其颜色通常为浅灰、深灰、浅黄、淡红等色，表观密度为 2000 ~ 2600kg/m^3，抗压强度为 20 ~ 120MPa。多数石灰岩构造密实，耐水性和抗冻性较好。石灰岩分布广，易于开采加工。块状材料可用于砌筑工程，碎石可用作混凝土骨料。石灰岩还是生产石灰、水泥等建筑材料的原料。

硅藻土是由硅藻的细胞壁沉积而成。其富含无定形 SiO_2，浅黄色或浅灰色，质软而轻，多孔，易磨成粉末，有极强的吸水性，可用作轻质、绝缘、隔声的建筑材料。

3. 化学沉积岩

化学沉积岩是岩石中的矿物溶于水后，经富集、沉积而成的岩石，如石膏、白云岩、菱镁矿等。

石膏的化学成分为 $CaSO_4 \cdot 2H_2O$，是烧制建筑石膏和生产水泥的原料。白云岩的主要成分是白云石 $CaCO_3 \cdot MgCO_3$，其性能接近于石灰岩。菱镁矿的化学成分为 $MgCO_3$，是生产耐火材料的原料。

7.1.3 变质岩

变质岩是地壳中原有的岩石在地质运动过程中受到高温、高压的作用，在固态下发生矿物成分、结构构造和化学成分变化形成的新岩石。

建筑中常用的变质岩有大理岩、蛇纹岩、石英岩、片麻岩、板岩等。

1. 大理岩

大理岩也称大理石，是由石灰岩、白云岩经变质而成的具有细晶结构的致密岩石。大理岩在我国分布广泛，其中以云南大理最负盛名。大理岩表观密度为 2600 ~ 2700kg/m^3，抗压强度较高，达 100 ~ 300MPa。大理岩质地密实但硬度不高，易于加工，可用于石雕或磨光成镜面。纯大理岩为白色，若含有不同杂质会呈灰色、黄色、玫瑰色、粉红色、红色、绿色、黑色等多种色彩和花纹，是一种高级装饰材料。

2. 蛇纹岩

蛇纹岩是由岩浆岩变质而成的岩石，呈绿、暗灰绿、黄等色，结构致密，硬度不大，易于加工，有树脂或蜡状光泽。岩脉中成纤维状者称蛇纹石棉或温石棉，是常用的绝热材料。

3. 石英岩

石英岩是由硅质砂岩变质而成的，质地均匀致密，硬度大，抗压强度高达 250 ~ 400MPa，加工困难，但耐久性强。石英岩板材可用作重要建筑的饰面材料或地面、踏步、耐酸衬板等。

4. 片麻岩

片麻岩是由花岗岩等火成岩变质而成的。其矿物成分与花岗石相近，具有片麻状构造。垂直于片理方向抗压强度为 120 ~ 200MPa，沿片理方向易于开采加工。片麻岩吸水性高，抗冻性差，通常加工成毛石或碎石，用于不重要的工程。

5. 板岩

板岩是由页岩或凝灰岩变质而成的。板岩构造细密呈片状，易于剥裂成坚硬的薄片状。其强度、耐水性、抗冻性均高，是一种天然的屋面材料，可用于园林建筑。

7.2 石材的主要技术性质

7.2.1 表观密度

石材的表观密度与其矿物组成、孔隙率等因素有关。表观密度大的石材孔隙率小、抗压强度高、耐久性好。按照表观密度的大小可将石材分为重质石材和轻质石材两类。重质石材

的表观密度 > 1800kg/m^3；轻质石材的表观密度 < 1800kg/m^3。

7.2.2 强度等级

石材的强度等级分为 9 个：MU100、MU80、MU60、MU50、MU40、MU30、MU20、MU15 和 MU10。它是以 3 个边长为 70mm 的立方体试块的抗压强度平均值确定划分的。试块也可采用表 7-1 所列的其他尺寸的立方体，但应对试验结果乘以相应的换算系数。

表 7-1 石材强度等级的换算系数

立方体边长/mm	200	150	100	70	50
换算系数	1.43	1.28	1.14	1	0.86

7.2.3 硬度

石材的硬度取决于组成矿物的硬度和构造，硬度影响石材的易加工性和耐磨性。石材的硬度常用莫氏硬度表示，它是一种刻划硬度。如在某石材一平滑面上，用磷灰石刻划不能留下刻痕，而用长石刻划可以留下刻痕，那么此种石材的莫氏硬度为 6，各莫氏硬度级的标准矿物见表 7-2。

表 7-2 各莫氏硬度级的标准矿物

硬度	1	2	3	4	5	6	7	8	9	10
矿物	滑石	石膏	方解石	萤石	磷灰石	长石	石英	黄玉	刚玉	金刚石

7.2.4 耐水性

石材的耐水性以软化系数表示。软化系数 > 0.90 的为高耐水性，软化系数在 0.75 ~ 0.90 之间的为中耐水性，软化系数在 0.60 ~ 0.75 之间的为低耐水性，软化系数 < 0.60 的石材不允许用于重要建筑物中。

7.3 石材的选用

7.3.1 石材选用原则

在建筑工程设计和施工中，应根据适用性、经济性和安全性的原则选用石材。

1. 适用性

主要考虑石材的技术性能是否能满足使用要求。应根据石材在建筑物中的用途和部位及所处环境条件，来选择主要技术性质满足要求的岩石。如承重用的石材（基础、勒脚、柱、墙等），主要应考虑强度、耐久性、抗冻性等技术性能；用作地面、台阶等的石材应考虑其是否坚韧耐磨；装饰用构件（饰面板、栏杆、扶手等）需考虑石材本身的色彩与环境的协调性及可加工性等；对处在高温、高湿、严寒等特殊条件下的构件还要分别考虑石材的耐久性、耐水性、抗冻性及耐化学侵蚀性等。

2. 经济性

天然石材的密度大、运输不便、运费高，应综合考虑地方资源，尽可能做到就地取材。

难以开采、加工的石料，将使材料成本提高，选材时应加以注意。

3. 安全性

由于天然石材是构成地壳的基本物质，因此可能存在含有放射性的物质。石材中的放射性物质主要是指镭、钍等放射性元素，在衰变中会产生对人体有害的放射性物质。经国家质量技术监督部门对全国花岗岩、大理石等天然石材的放射性抽查结果表明，其合格率为73.1%。其中，花岗岩的放射性较高，大理石较低。从颜色上看，红色、深红色的超标较多。因此，在选用天然石材时，应有放射性检验合格证明或检测鉴定。根据《建筑材料放射性核素限量》（GB 6566—2010），天然石材按放射性水平分为A、B、C三类。A类最安全，可在任何场合下使用；B类的放射性高于A类，不可用于Ⅰ类民用建筑的内饰面，可用于Ⅱ类民用建筑物、工业建筑内饰面及其他一切建筑的外饰面；C类放射性较高，只可用于建筑物的外饰面及室外其他用途。

7.3.2 常用石材

1. 毛石

毛石（也称片石或块石）是在采石场由爆破直接获得的石块。按其表面的平整程度分为乱毛石和平毛石两类。

（1）乱毛石　形状不规则，一个方向长度达300～400mm，中部厚度不应小于200mm，重约20～30kg。

（2）平毛石　是由乱毛石略经加工而成，基本上有6个面，但表面粗糙。

毛石可用于砌筑基础、勒脚、墙身、堤坝、挡土墙等，乱毛石也可用作毛石混凝土的骨料。

2. 料石

料石是由人工或机械开采出的较规则的六面体石块，再略经凿琢而成。根据表面加工的平整程度分为毛料石、粗料石、半细料石和细料石4种。

（1）毛料石　外形大致方正，一般不加工或稍加修整，高度不小于200mm，长度为高度的1.5～3倍，叠砌面凹入深度不大于25mm。

（2）粗料石　截面的宽度和高度都不小于200mm，且不小于长度的1/4，叠砌面凹入深度不大于20mm。

（3）半细料石　规格尺度同粗料石，叠砌面凹入深度不大于15mm。

（4）细料石　经过细加工，外形规则，规格尺度同粗料石，叠砌面凹入深度不大于10mm。

料石一般由致密均匀的砂岩、石灰岩、花岗岩加工而成。用于砌筑墙身、踏步、地坪、拱和纪念碑等；形状复杂的料石制品可用作柱头、柱基、窗台板、栏杆和其他装饰等。

3. 饰面板材

建筑上常用的饰面板材，主要有天然花岗石和天然大理石板材。

（1）天然花岗石建筑板材　天然花岗石建筑板材是用花岗石荒料经锯解、切削、表面进一步加工而成的。

按照形状分为普型板（PX），即正方形或长方形板；圆弧板（HM），即装饰面轮廓线的曲率半径处处相同的饰面板材；异型板（YX），即普型板和圆弧板以外的其他形状的板材。按照表面加工程度分为粗面板（CM）、亚光板（YG）、镜面板（JM）三类。

粗面板的饰面粗糙规则有序，端面锯切整齐。如机刨板、剁斧板、锤击板、烧毛板等，适用于建筑物外墙面、勒脚、柱面、台阶、路面等处。

亚光板的饰面平整细腻，能使光线产生漫反射现象。

镜面板的饰面平整光滑，具有镜面光泽，是经过研磨、抛光加工制成的，其晶体裸露，色泽鲜明，主要用于外墙面、柱面和人流较多处的地面。

天然花岗石建筑板材按照加工精度和外观质量分为优等品（A）、一等品（B）、合格品（C）三个等级（GB/T 18601—2009）。

天然花岗石板材抗压强度高，可达120～250MPa，耐磨及耐久性好，耐用年限可达75～200年。

（2）天然大理石建筑板材　天然大理石建筑板材是用天然大理石荒料经锯解、切削、研磨、抛光等工序加工而成的。

按照形状分为普型板（PX）和圆弧板（HM）两类。按照加工精度和外观质量分为优等品（A）、一等品（B）、合格品（C）三个等级（GB/T 19766—2005）。天然大理石板材材质均匀，硬度小，易于加工和磨光，表面花纹自然美观，装饰效果好，是建筑物室内墙面、柱面、墙裙、地面、台面等处较高级的饰面材料。由于大理石耐气候性较差，用于室外时易受腐蚀，只有少数如汉白玉、艾叶青等质地较纯净、杂质少的品种可用于室外。大理石板材在正常环境下的耐用年限为40～100年。常用规格为厚度20mm，宽度150～915mm，长度300～1220mm。

4. 色石渣

色石渣也称色石子，是由天然大理石、白云石、方解石或花岗石等石材经破碎筛选加工而成，作为骨料主要用于人造大理石、水磨石、水刷石、干粘石、斩假石等建筑物面层的装饰工程。其规格、品种和质量要求见表7-3。

表7-3　色石渣的规格、品种及质量要求

规格俗称	平均粒径/mm	常用品种	质量要求
大二分 一分半 大八厘 中八厘 小八厘 米粒石	20 15 8 6 4 0.3～1.2	白石渣、房山白、奶油白、湖北黄、易县黄、松香石、东北红、盖平红、桃红、东北绿、丹东绿、玉泉灰、墨玉、苏州黑等	颗粒坚固，无杂色，有棱角，洁净、不含有风化颗粒，使用时须冲洗干净

单元小结

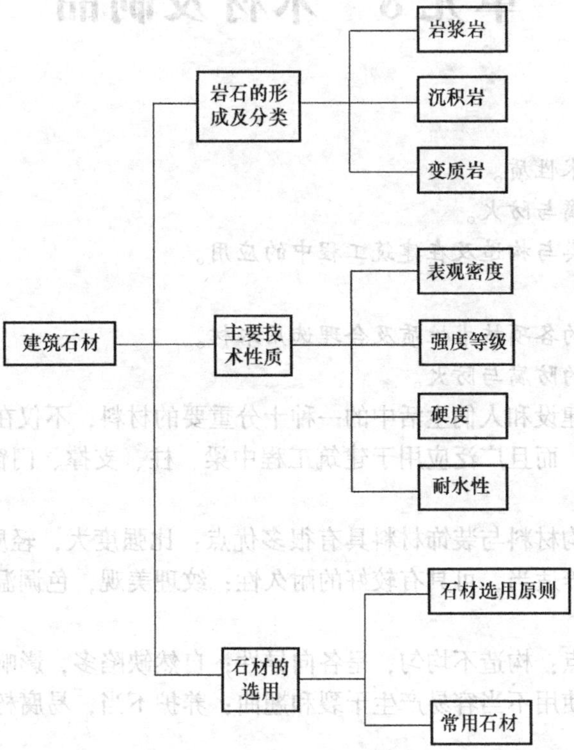

同步测试

7.1 岩石按照地质形成条件分为几类？各有何特性？

7.2 为什么普通大理石不适用于室外工程？

7.3 建筑中常用的石材有哪些？

7.4 在建筑工程设计和施工中，选用石材的原则有哪些？

7.5 石材的强度等级分为哪些？

单元8　木材及制品

知识目标：

- 掌握木材的技术性质。
- 理解木材的防腐与防火。
- 了解木材的分类与构造及在建筑工程中的应用。

能力目标：

- 能够明确木材的各项技术性质及合理选用木材。
- 能够处理木材的防腐与防火。

木材是各项基本建设和人们生活中的一种十分重要的材料，不仅在桥梁、公路、港口等各项工程中应用较多，而且广泛应用于建筑工程中梁、柱、支撑、门窗、地板及室内装修、家具和日常生活方面。

木材作为建筑结构材料与装饰材料具有很多优点：比强度大，轻质高强；导热性能低，保温隔热性能好；保养适当，可具有较好的耐久性；纹理美观，色调温和，风格典雅，装饰效果好等。

木材也有许多缺点：构造不均匀，呈各向异性；自然缺陷多，影响了材质和使用率；具有湿胀干缩的特点，使用不当容易产生干裂和翘曲；养护不当，易腐朽、霉烂和虫蛀；耐火性差，易燃烧等。

8.1　木材的基本知识

8.1.1 树木分类

木材是由树木加工而成的，树木分为针叶树和阔叶树两大类，见表8-1。建筑中应用最多的是针叶树类木材。

表8-1　树木的分类和特点

种类	特点	用途	树种
针叶树	树叶细长，成针状，多为常绿树；纹理顺直，木质较软，强度较高，表观密度小；耐腐蚀性较强，胀缩变形小	建筑工程中主要使用的树种，多用作承重构件、门窗等	松树、杉树、柏树等
阔叶树	树叶宽大，叶脉呈网状，大多为落叶树；木质较硬，加工较难；表观密度大，胀缩变形大	常用作内部装饰、次要的承重构件和胶合板等	榆树、桦树、水曲柳等

8.1.2　木材构造

木材的构造是决定木材性质的主要因素。一般对木材的研究可以从宏观和微观两方面进行。

1. 宏观构造

木材的宏观结构是用肉眼或放大镜所观察的其内部状况。为便于了解木材的构造，将树木切成3个不同的切面，如图8-1所示。

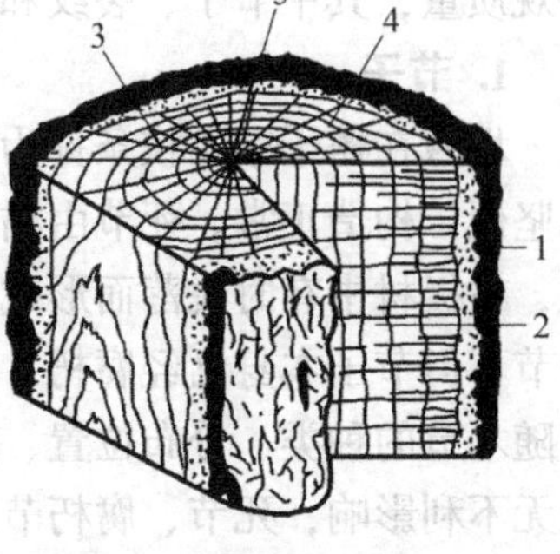

图8-1　树干的三个切面

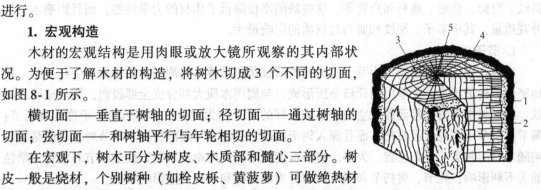

1—树皮　2—木质部　3—年轮　4—髓线　5—髓心

横切面——垂直于树轴的切面；径切面——通过树轴的切面；弦切面——和树轴平行与年轮相切的切面。

在宏观下，树木可分为树皮、木质部和髓心三部分。树皮一般是烧材，个别树种（如栓皮栎、黄菠萝）可做绝热材料和装饰材料。髓心（树心）位于树干的中心，是第一年轮组成的初生木质部分，从髓心成放射状横穿过年轮的条纹，称为髓线。髓心质地疏松而脆弱，易腐蚀虫蛀，所以木材使用最多的是木质部。在木质部中，靠近髓心的部分颜色较深，称为心材。心材含水量较少，不易翘曲变形，抗蚀性较强；外面部分颜色较浅，称为边材，边材含水量大，易干燥，也易被湿润，所以容易翘曲变形，抗蚀性也不如心材。

横切面上可以看到深浅相间的同心圆，称为年轮。树木的年轮越密实均匀，材质就越好。年轮中浅色部分是树木在春季生长的，由于生长快，细胞大而排列疏松，细胞壁较薄，颜色较浅，称为春材（或早材）；深色部分是树木在夏季生长的，由于生长迟缓，细胞小，细胞壁较厚，组织紧密坚实，颜色较深，称为夏材（或晚材）。每一年轮内就是树木一年的生长部分。年轮中夏材所占的比例越大，木材的强度越高。

2. 微观构造

在显微镜下所看到的木材组织，称为木材的微观构造（图8-2、图8-3）。在显微镜下，可以看到木材是由无数管状细胞紧密结合而成的。细胞横断面呈四角略圆的正方形。每个细胞分为细胞壁和细胞腔两部分，细胞壁由若干层纤维组成。细胞之间纵向联结比横向联结牢固，造成木材纵向强度高于横向强度。细胞之间有极小的空隙，能吸附水和渗透水分。

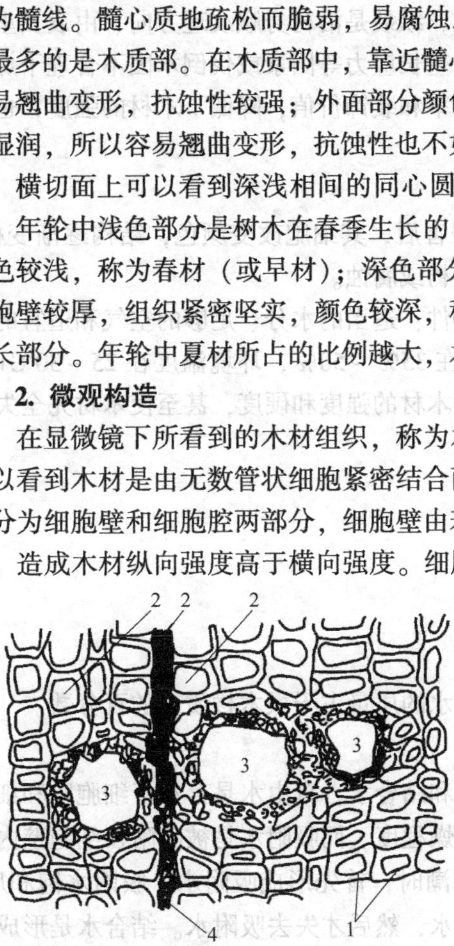

图8-2　显微镜下松木的横切片示意图

1—细胞壁　2—细胞腔　3—树脂流出孔　4—木髓线

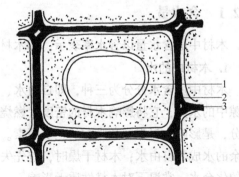

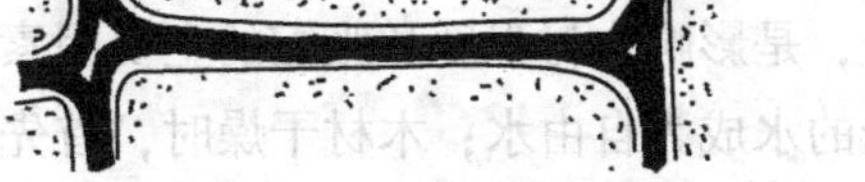

图8-3　细胞壁的结构

1—细胞腔　2—初生层　3—细胞间层

8.1.3　木材的缺陷

木材在生长、采伐、储运、加工和使用过程中会产生一些缺陷，如节子、裂纹、夹皮、斜纹、弯曲、伤疤、腐朽和虫害等。这些缺陷不仅降低了木材的力学性能，而且影响木材的外观质量，其中节子、裂纹和腐朽对材质的影响最大。

1. 节子

埋藏在树干中的枝条称为节子。活节由活枝条所形成，与周围木质紧密连生在一起，质地坚硬，构造正常。死节由枯死枝条所形成，与周围木质大部分或全部脱离，质地坚硬或松软，在板材中有时脱落而形成空洞。材质完好的节子称为健全节；腐朽的节子称为腐朽节；漏节不但节子本身已经腐朽，而且深入树干内部，引起木材内部腐朽。木节对木材质量的影响随木节的种类、分布位置、大小、密集程度及木材的用途而不同。健全活节对木材力学性能无不利影响，死节、腐朽节和漏节对木材力学性能和外观质量影响最大。

2. 裂纹

木材纤维与纤维之间分离所形成的缝隙称为裂纹。在木材内部，从髓心沿半径方向开裂的裂纹称为径裂，沿年轮方向开裂的裂纹称为轮裂，纵裂是沿材身顺纹理方向、由表及里的径向裂纹。木材裂纹主要是在树木生长期因环境、生长应力等因素或伐倒木因不合理干燥而引起。裂纹破坏了木材的完整性，影响木材的利用率和装饰价值，降低了木材的强度，也是真菌侵入木材内部的通道。

3. 腐朽

木材的腐朽为真菌侵害所致。木材受到直菌侵害后，其细胞改变颜色，结构逐渐变松、变脆，强度和耐久性降低，这种现象称为木材的腐朽或腐蚀。

真菌在木材中生存和繁殖必须同时具备三个条件：适当的水分、足够的空气和适宜的温度。当空气相对湿度在90%以上，木材的含水率在35%～50%，环境温度在25～30℃时，最适宜真菌繁殖，木材最易腐蚀。腐蚀能严重降低木材的强度和硬度，甚至使木材完全失去使用价值。

8.2　木材的技术性质

8.2.1　含水量

木材中的含水量以含水率表示，即木材中所含水的质量占干燥木材质量的百分数。

1. 木材中的水

木材中所含水分分为三种，即自由水、吸附水和结合水。自由水是存在于细胞腔和细胞间隙中的水分，它将影响木材的密度、燃烧性和干燥程度。而吸附水是被吸附在细胞壁内的水分，是影响木材强度和胀缩的主要因素。木材受潮时，首先形成吸附水，吸附水饱和后，多余的水成为自由水；木材干燥时，首先失去自由水，然后才失去吸附水。结合水是形成细胞的化合水，常温下对木材性质无影响。

2. 纤维饱和点

当吸附水处于饱和状态而无自由水存在时，此时对应的含水率称为木材的纤维饱和点。纤维饱和点随树种而异，一般为23%～33%，平均为30%。木材的纤维饱和点是木材物理、力学性质的转折点。

3. 木材的平衡含水率

木材的含水率是随着环境温度和湿度的变化而改变的。当木材的含水率与周围空气相对湿度达到平衡时，称为木材的平衡含水率。为避免木材因含水率大幅度变化而引起变形及制品开裂，木材使用前，须干燥至使用环境常年平均含水率。我国北方地区平衡含水率约为12%，南方约为18%，长江流域一般为15%。

8.2.2　湿胀干缩

木材细胞壁内吸附水的变化会引起木材的变形，即湿胀干缩。图8-4所示为木材含水率与胀缩变形的关系。

由于木材构造的不均匀性，在不同的方向干缩值不同。顺纹方向（纤维方向）干缩值最小，平均为0.1%～0.35%；径向较大，平均为3%～6%；弦向最大，平均为6%～12%。一般情况下，表观密度大、夏材含量多的木材，湿胀变形较大。

湿胀会使木材凸起变形，干缩会造成木结构拼缝不严、翘曲开裂。所以为避免木材的湿胀干缩，在木材制作前通常进行干燥处理。

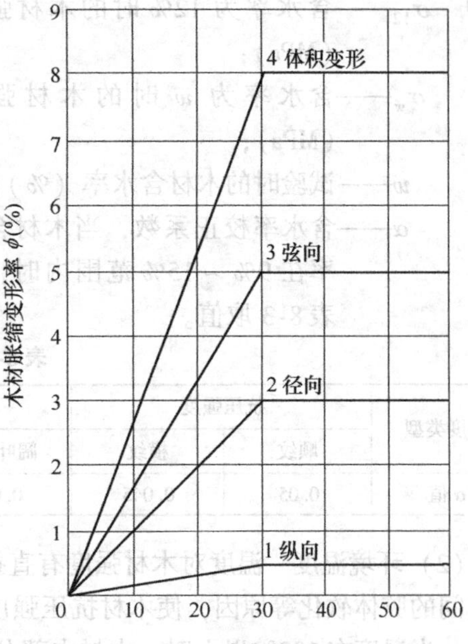

图8-4　木材含水率与胀缩变形的关系

8.2.3　木材的强度

1. 木材的各项强度

按受力状态，木材的强度分为抗拉、抗压、抗弯和抗剪四种强度。抗拉、抗压、抗剪强度又有顺纹（作用力方向与纤维方向平行）、横纹（作用力方向与纤维方向垂直）之分。

木材的强度检验是采用无疵病的木材制成标准试件，按《木材物理力学试验采集方法》(GB/T 1927—2009）进行测定。以木材的顺纹抗压强度为1时，木材理论上各强度大小关系见表8-2。

表8-2　木材各种强度间的关系

抗压		抗拉		抗弯	抗剪	
顺纹	横纹	顺纹	横纹		顺纹	横纹
1	1/10～1/3	2～3	1/20～1/3	1.5～2	1/7～1/3	1/2～1

2. 影响木材强度的因素

（1）含水率　当含水率在纤维饱和点以上变化时，仅仅是自由水的增减，对木材强度没有影响；当含水率在纤维饱和点以下变化时，随含水率的降低，细胞壁趋于紧密，木材强度增加，如图8-5所示。

我国木材试验标准规定，以标准含水率（即含水率12%）时的强度为标准值，其他含水率时的强度，可按下式换算成标准含水率时的强度。

$$\sigma_{12}=\sigma_{w}\left[1+\alpha\ (w-12)\right] \qquad (8\text{-}1)$$

式中　σ_{12}——含水率为12%时的木材强度（MPa）；

σ_{w}——含水率为w时的木材强度（MPa）；

w——试验时的木材含水率（%）；

α——含水率校正系数，当木材含水率在9%～15%范围内时，按表8-3取值。

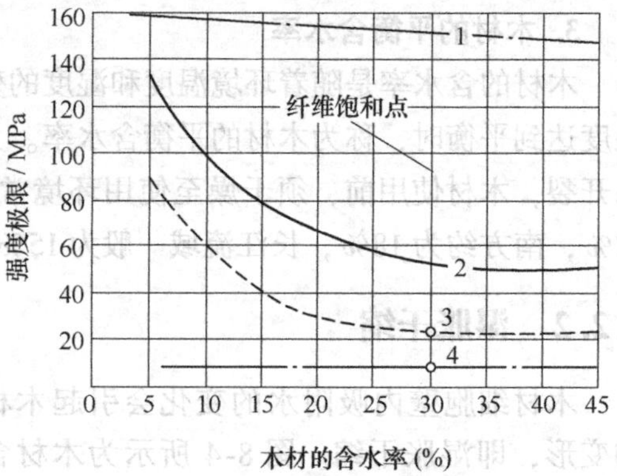

图8-5　含水率对木材强度的影响

1—顺纹抗拉　2—抗弯

3—顺纹抗压　4—顺纹抗剪

表8-3　α取值表

强度类型	抗压强度		顺纹抗拉强度		抗弯强度	顺纹抗剪强度
	顺纹	横纹	阔叶树材	针叶树材		
α值	0.05	0.045	0.015	0	0.04	0.03

（2）环境温度　温度对木材强度有直接影响。当温度由25℃升至50℃时，将因木纤维和其间的胶体软化等原因，使木材抗压强度降低20%～40%，抗拉和抗剪强度降低12%～20%；当温度在100℃以上时，木材中部分组织会分解、挥发，木材变黑，强度明显下降。因此，长期处于高温环境下的建筑物不宜采用木结构。

（3）负荷时间的影响　木材极限强度表示抵抗短时间外力破坏的能力，木材在长期荷载作用下，只有当其应力远低于强度极限的某一范围时，才可避免木材因长期负荷而破坏。

木材在长期荷载作用下不致引起破坏的最大强度，称为持久强度。木材的持久强度比其极限强度小得多，一般为极限强度的50%～60%，如图8-6所示。

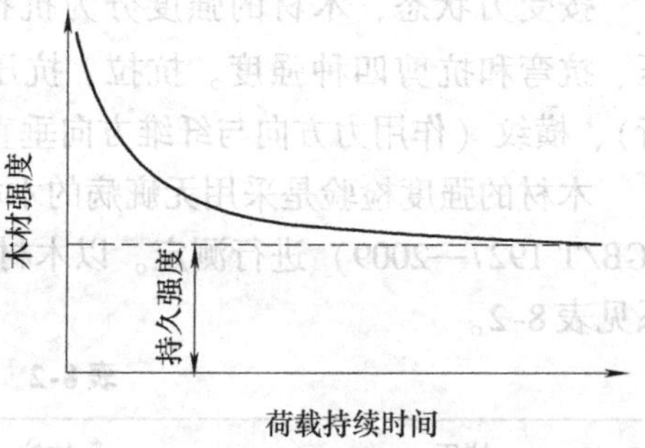

图8-6　木材持久强度

（4）缺陷　木材的强度是以无缺陷标准试件测得的，而实际木材在生长、采伐、加工和使用过程中会产生一些缺陷，这些缺陷影响了木材材质的均匀性，破坏了木材的构造，从而使木材的强度降低，其中对抗拉和抗弯强度影响最大。

除了上述影响因素外，树木的种类、生长环境、树龄以及树干的不同部位均对木材强度有影响。

8.3　木材的应用

由于木材生长缓慢，现有的森林资源远远不能满足我国建设事业发展的需要，在工程中除采用其他材料代替木材外，应当尽量节约木材，合理使用木材，提高木材的利用率，做到大材不小用，好材不零用。

8.3.1　木材的种类

建筑工程中木材按其加工程度和用途分为原条、原木、锯材、枕木四类。

1. 原条

原条是已经除去皮（也有不去皮的）、根、树梢而未加工成规定材品的木材。主要用于脚手架或供进一步加工。

2. 原木

原木是将原条按一定尺寸切取的木料，可分为直接使用原木和加工原木。直接使用原木主要用于屋架、檩、椽、木桩等；加工原木主要用于加工锯材、胶合板等。

3. 锯材

锯材是已经加工锯解成材的木料，凡宽度为厚度3倍或3倍以上的，称为板材，不足3倍的称为枋材。它主要应用于建筑工程、桥梁、家具、造船、车辆、包装箱板等。

4. 枕木

按枕木断面和长度加工而成的材料，它主要用于铁道工程。

8.3.2　人造木材

人造木材是将木材加工过程中的边角、碎料、刨花、木屑等，经过再加工处理制成的各种板材，它可有效提高木材利用率。常用的人造板材主要有以下几种。

1. 胶合板

胶合板是用原木旋切成薄片，经干燥处理后，再用胶粘剂按奇数层数，以各层纤维互相垂直的方向粘合热压而成的人造板材。一般为3~13层，建筑工程中常用的有三合板和五合板。胶合板广泛应用于建筑室内墙板、护壁板、顶棚、门面板以及各种家具和装修。

胶合板的特点是材质均匀、强度高，无明显纤维饱和点，吸湿性小，不翘曲开裂，无疵病，面幅大，使用方便，装饰性好。

2. 纤维板

纤维板是以植物纤维为原料经破碎、浸泡、研磨成浆，然后经热压成型、干燥等工序制成的一种人造板材。纤维板所选原料可以是木材采伐或加工的剩余物（如板皮、刨花、树枝），也可以是稻草、麦秸、玉米秆、竹材等。纤维板按其体积密度分为硬质纤维板（体积密度 $>800kg/m^3$）、中密度纤维板（体积密度 $500\sim800kg/m^3$）、软质纤维板（体积密度 $<500kg/m^3$）。硬质纤维板的强度高、耐磨、不易变形，可代替木板用于墙面、顶棚、地板、家具等。中密度纤维板表面光滑、材质细密、性能稳定、边缘牢固，且板材表面的再装饰性能好，主要用于隔断、隔墙、地面、高档家具等。软质纤维板结构松软，强度较低，但吸声性和保温性好，主要用于吊顶等。

3. 刨花板、木丝板、木屑板

刨花板、木丝板、木屑板是利用木材加工中产生的大量刨花、木丝、木屑为原料，经干燥，与胶结料拌和，热压而成的板材。所用的胶结料有动植物胶（如血胶、豆胶）、合成树脂胶（酚醛树脂、脲醛树脂等）、无机胶凝材料（水泥、菱苦土等）。这类板材表观密度小，性质均匀，具有隔声、绝热、防蛀、耐火等优点，但易吸湿，强度不高，属于中低档装饰材料，一般主要用作绝热、吸声材料，用于吊顶、隔墙、家具等。

4. 细木工板

细木工板是综合利用木材加工而成的人造板材，俗称大芯板。大芯板用木板条拼接而成，两个表面为胶贴木质单板的实心板材。因其具有质轻、板幅宽、易于加工、胀缩率小、强度高、吸声、绝热等优点，所以广泛应用于家具和建筑室内装饰，而且芯材具有一定的强度，当尺寸相对较小时，使用大芯板的效果要比使用其他的人工板材的效果更佳。

8.3.3 木质地板

木材具有天然的花纹、良好的弹性，给人以淳朴、典雅的质感。用木材制成的木质地板作为室内地面装饰材料具有独特的功能和价值。木地板是由软木树材（如松、杉等）和硬木树材（如水曲柳、榆木、柚木等）经加工处理制成的木板拼铺而成的。木地板主要有以下几种：

1. 实木地板

实木地板是用天然木材经机械设备加工而成的，其特点是可保持木材的天然性能。

2. 实木复合地板

实木复合地板可分为多层实木复合地板、三层实木复合地板等类型。其特点是尺寸稳定性较好。

（1）多层实木复合地板　地板的结构是以多层实木胶合板为基材，在其基材上覆贴一定厚度的珍贵材薄片镶拼板或刨切单板为面板，通过合成树脂胶——脲醛树脂胶或酚醛树脂胶热压而成。

（2）三层实木复合地板　地板的结构就像“三明治”一样，即表层采用优质珍贵硬木（榆、柳）规格板条的镶拼板，中心层的基材采用软质（松、杉、柏）的速生材，底板采用速生材杨木或中硬杂木。三层板材通过合成树脂胶热压而成，再用机械设备加工而成。

3. 强化木地板

强化木地板的学名为浸渍纸层压木质地板。它也是三层结构：表层是含有耐磨材料的三聚氰胺树脂浸渍装饰纸；芯层为中、高密度纤维板或刨花板；底层瞠浸渍酚醛树脂的平衡纸。三层通过合成树脂胶热压而成。此类地板的特点是耐磨性与尺寸稳定性较好。

4. 竹地板

（1）竹材地板　此类地板虽然采用的材料是竹材，但竹材也属于植物类，具有纤维素、木素等成分，因此，人们把竹材放到木材学中，所以其材料虽然不是木材，但也归在木地板行列中。竹材的特点是耐磨，比重大于传统的木材。经过防虫、防腐处理加工而成的竹材，颜色有漂白和碳化两种。

（2）竹木复合地板　此类地板表层和底层都是竹材，中间为软质木材，通常采用杉木，该类结构的地板不易变形。

8.4 木材的防腐与防火

为了提高木材的强度，保持木材原有的尺寸和形状，改善木材的使用性能和延长使用寿命，木材在加工和使用前必须进行干燥处理和防腐处理。

8.4.1　木材的干燥

木材的干燥分为自然干燥和人工干燥两种。

1. 自然干燥

自然干燥就是将锯开的板材或枋材按一定的方式堆积在通风良好的场所，避免阳光直射和雨淋，使木材中的水分自然蒸发。这种方法简单易行，不需要特殊设备，但干燥时间长，而且只能干燥到风干状态。

2. 人工干燥

人工干燥利用人工方法排除锯材中的水分，可控性强，能缩短干燥时间，但成本高。

8.4.2　木材的防腐

木材的腐朽主要是一些菌类和昆虫侵害所致。真菌在木材中生存和繁殖必须具备三个条件，即适当的水分、足够的空气和适宜的温度。在适当的温度（25～30℃）和湿度（含水率为35%～50%）等条件下，菌类易在木材中繁殖，破坏木质。木材还易受到白蚁、天牛等昆虫的蛀蚀，使木材形成很多孔眼或沟道，甚至蛀穴，破坏木质结构的完整性而使强度严重降低。为延长使用年限，对木材可采用以下三种防腐处理方法。

1. 干燥法

采用气干法或窑干法将木材干燥至较低的含水率，并在设计和施工中采取各种防潮和通风措施，如：在木材与其他材料之间用防潮垫；不将支点或其他任何木构件封闭在墙内；木地板下设通风洞；木屋顶采用山墙通风，设老虎窗等。

2. 防腐剂法

这种方法是通过涂刷或浸渍水溶性防腐剂（如氯化钠、氧化锌、氟化钠、硫酸铜）、油溶性防腐剂（如林丹五氯酚合剂）、乳剂防腐剂（如沥青膏）等，使木材成为有毒物质，以达到防腐和杀虫的目的。

3. 涂料覆盖法

涂料种类很多，木材防腐处理应采用耐水性好的涂料，涂刷于木材表面的涂料能形成完整而坚韧的保护膜，达到隔绝空气和水分的目的，从而阻止真菌和昆虫的侵入。

8.4.3　木材的防火

木材是易燃物质，必须做好防火处理，通常将防火涂料涂刷于木材表面，待涂料固结后形成防火保护层；也可将木材置于防火涂料槽内浸渍，保证一定的吸药量和渗透深度，以达到要求的防火性能。这两种方法随着时间的延长和环境因素的作用，防火涂料或防火浸剂中的防火组分会逐渐减少或变质，从而导致防火性能减弱。

单元小结

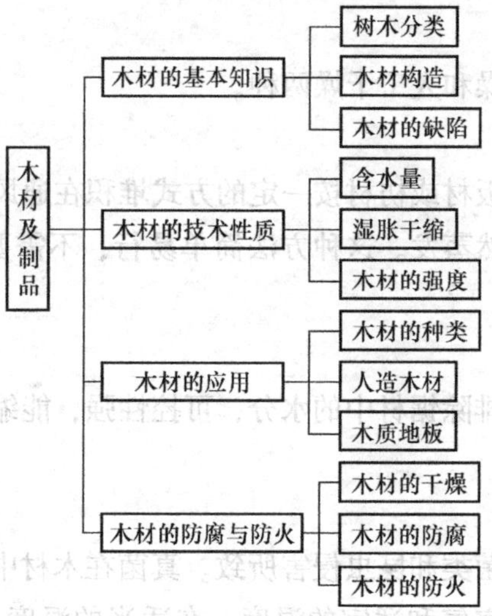

同步测试

8.1　木材的宏观构造可从哪几种切面观察树干？

8.2　木材中所含水分有哪几种？其对木材性质有何影响？

8.3　按受力状态，木材的强度分为哪几种？

8.4　影响木材强度的因素有哪些？

8.5　木材按加工程度和用途的不同分为哪几类？

8.6　常用的人造板材有哪几种？

8.7　木材的防腐措施有哪些？

单元9 防水材料

知识目标：

- 了解常用建筑防水材料的种类。
- 理解各类型防水材料的性能和用途划分。
- 掌握建筑防水卷材、防水涂料以及密封材料的工程应用。

能力目标：

- 能够理解常用防水材料的分类和特性。
- 能够掌握柔性防水材料在建筑装饰工程中的实际应用。
- 能够处理建筑装饰工程中常见的墙体、屋面及楼地面渗漏问题。

建筑防水材料是用于防止建筑物渗漏的一类材料，被广泛用于建筑物的屋面、地下室及水利、地铁、隧道、道路和桥梁等工程。其可分为刚性防水材料和柔性防水材料两大类。刚性防水材料是以水泥混凝土或砂浆自防水为主，外掺各种防水剂、膨胀剂等共同组成的防水结构；柔性防水材料是产量和用量最多的一类防水材料，而且其防水性能可靠，可应用于各种场所和各种外形的防水工程，因此在国内外得到广泛推广和应用。本单元主要介绍柔性防水材料，如防水卷材、防水涂料、防水密封材料和沥青混合料等。

9.1 防水材料概述

9.1.1 建筑物的渗漏及其危害

我国建筑的屋面渗漏现象比较严重。渗漏一般是由材料、设计、施工、管理四方面因素造成的，要从四个方面同时治理才能较好地解决渗漏问题。作为生产防水材料的建材部门，要大力发展推广新型防水材料，提高中、高档性能产品的比例，确保产品质量，是我国防水材料行业的当务之急。

相关调查显示：超越房价问题，房屋质量已经成为人们对房地产市场最不满意的因素。在“2012 中国建筑地下防水与建筑安全论坛”上，一组关于建筑地下防水的数据同样让人感到不安——奥运工程专家、著名工程专家杨嗣信指出：“据不完全统计，我国建筑工程渗漏率达 80% 以上，多年来居高不下。”其实，相对于地面防水“十房九漏”的窘况，远离公众视线的地下隐蔽防水工程更加关乎建筑物的根基与生命。据湖北省建筑防水材料工业协会统计，目前湖北省房屋渗漏率高达 80%，65% 的新房屋 1 ~ 2 年内会出现不同程度的渗漏，65% 的建筑防水工程 6 ~ 8 年后需要翻新。建筑渗水、漏水已经成为建筑行业的一个顽疾。建筑渗漏不是小病，它日积月累地腐蚀着建筑的生命。渗漏不仅影响到人们对居住环境的追求，影响到人们的幸福指数，还影响人身安全。

不仅民用建筑渗漏，就连许多投资巨大的公用建筑以及桥梁、隧道等工程渗、漏水问题也难幸免：①2004 年 8 月，刚刚启用半个月的广州新白云机场航站楼，在一场暴雨过后其 B

区屋顶就出现漏水。在这个总投资超百亿元的大型建筑中，还发现航站楼主楼的地下室等部位也在漏水。②投资 22 亿元的 205 国道伯莱高速公路淄博段于 2002 年 8 月全线建成。通车几年来，有 3 座隧道衬砌出现大量裂缝，相继出现渗、漏水现象。③广州黄埔大道——广州内环路 7 条放射线之一，于 2001 年初建成通车，几年来黄埔大道隧道内不时出现渗漏水，虽经多次维修，但效果甚微。

屋面防水工程是房屋建筑的一项重要工程，工程质量好坏关系到建筑物的使用寿命，还直接影响人们生产活动和生活的正常进行。据国家住建部监理司和中国建筑发展中心统计，导致屋面渗漏原因有几个方面：材料占 20% ~22%，设计占 18% ~26%，施工占 45% ~48%，管理维护占 6% ~15%，其结果见表 9-1。

表 9-1　两个部门对基于不同原因的渗漏率的调查情况

渗漏原因	监理司调查的渗漏率（%）	建筑发展中心调查的渗漏率（%）
材料	20	22
设计	26	18
施工	48	45
管理	6	15

虽然调查结果有一定的差异，但认为施工原因造成的渗漏所占比例最大是一致的。但如果设计、施工、维护管理等原因都得以克服，防水材料就成为关键的因素。

由于建筑防水材料事关国计民生，其发展和进步从一个侧面反映了一个国家和地区的建筑科技水平，我国政府已决心加大建筑防水材料生产与应用的宏观管理力度，整顿市场，全方位治理建筑渗漏。防水材料要重点发展高聚物改性沥青卷材、高分子防水卷材以及防水涂料，努力开发密封材料和堵漏材料。

9.1.2　建筑防水材料的种类

防水材料是保证房屋建筑能够防止雨水、地下水和其他水分渗透，以保证建筑物能够正常使用的一类建筑材料，是建筑工程中不可缺少的主要建筑材料之一。防水材料质量对建筑物的正常使用寿命起着举足轻重的作用。近年来，防水材料突破了传统的沥青防水材料，改性沥青油毡迅速发展，高分子防水材料使用也越来越多，且生产技术不断改进，新品种、新材料层出不穷。防水层的构造也由多层向单层发展，施工方法也由热熔法发展到冷粘法。

防水材料按其特性又可分为柔性防水材料和刚性防水材料。常用防水材料的分类和主要应用见表 9-2。

表 9-2　常用防水材料的分类和主要应用

类别	品种	主要应用
刚性防水	防水砂浆	屋面及地下防水工程（不宜用于有变形的部位）
	防水混凝土	屋面、蓄水池、地下工程、隧道等
沥青基防水材料	纸胎石油沥青油毡	地下、屋面等防水工程
	玻璃布胎沥青油毡	地下、屋面等防水防腐工程
	沥青再生橡胶防水卷材	屋面、地下室等防水工程，特别适合寒冷地区或有较大变形的部位

（续）

类别	品种	主 要 应 用
改性沥青基防水卷材	APP改性沥青防水卷材	屋面、地下室等各种防水工程
	SBS改性沥青防水卷材	屋面、地下室等各种防水工程，特别适合寒冷地区
合成高分子防水卷材	三元乙丙橡胶防水卷材	屋面、地下室、水池等各种防水工程，特别适合严寒地区或有较大变形的部位
	聚氯乙烯防水卷材	屋面、地下室等各种防水工程，特别适合较大变形的部位
	聚乙烯防水卷材	屋面、地下室等各种防水工程，特别适合严寒地区或有较大变形的部位
	氯化聚乙烯防水卷材	屋面、地下室、水池等各种防水工程，特别适合有较大变形的部位
	氯化聚乙烯—橡胶共混防水卷材	屋面、地下室、水池等各种防水工程，特别适合严寒地区或有较大变形的部位
粘结及密封材料	沥青胶	粘贴沥青油毡
	建筑防水沥青嵌缝油膏	屋面、墙面、沟、槽、小变形缝等的防水密封（重要工程不宜使用）
	冷底子油	防水工程的最底层
	乳化石油沥青	代替冷底子油、粘贴玻璃布、拌制沥青砂浆或沥青混凝土
	聚氯乙烯防水接缝材料	屋面、墙面、水渠等的缝隙
	丙烯酸酯密封材料	墙面、屋面、门窗等的防水接缝工程，不宜用于经常被水浸泡的工程
	聚氨酯密封材料	各类防水接缝，特别是受疲劳荷载作用或接缝处变形大的部位，如建筑物、公路、桥梁等的伸缩缝
	聚硫橡胶密封材料	各类防水接缝，特别是受疲劳荷载作用或接缝处变形大的部位，如建筑物、公路、桥梁等的伸缩缝

9.1.3 防水材料的基本用材

防水材料的基本用材有石油沥青、煤沥青、改性沥青及合成高分子材料等。

1. 石油沥青

石油沥青是一种有机胶凝材料，在常温下呈固体、半固体或粘性液体状态。颜色为褐色或黑褐色。它是由许多高分子碳氢化合物及其非金属（如氧、硫、氮等）衍生物组成的复杂混合物。由于其化学成分复杂，为便于分析研究和实用，常将其物理、化学性质相近的成分归类为若干组，称为组分。不同的组分对沥青性质的影响不同。

（1）石油沥青的组分与结构　通常将沥青分为油分、树脂和地沥青质三组分。石油沥青各组分的特征及其对沥青性质的影响见表9-3。

1）油分。为沥青中最轻的组分，呈淡黄至红褐色，密度为0.7～$1g/cm^3$。在170℃以下较长时间加热可以挥发。它能溶于大多数有机溶剂，如丙酮、苯、三氯甲烷等，但不溶于酒精。在石油沥青中，含量为40%～60%。油分使沥青具有流动性。

2）树脂。为密度略大于1g/cm^{3}的黑褐色或红褐色粘稠物质。能溶于汽油、三氯甲烷和苯等有机溶剂，但在丙酮和酒精中溶解度很低。在石油沥青中含量为15%～30%。它使石油沥青具有塑性与粘结性。

3）地沥青质。为密度大于1g/cm^{3}的固体物质，黑色。不溶于汽油、酒精，但能溶于二硫化碳和三氯甲烷。在石油沥青中含量为10%～30%。它决定石油沥青的温度稳定性和粘性，它的含量越多，则石油沥青的软化点越高，脆性越大。

表9-3　石油沥青各组分的特征及其对沥青性质的影响

组分	含量	分子量	碳氢比	密度	特征	在沥青中的主要作用
油分	40%～60%	100～500	0.5～0.7	0.7～1.0	无色至淡黄色，粘性液体，可溶于大部分溶剂，不溶于酒精	是决定沥青流动性的组分；油分多，流动性大，而粘性小，温度感应性大
树脂	15%～30%	600～1000	0.7～0.8	1.0～1.1	红褐色至黑褐色的粘稠半固体，多呈中性，少量酸性，熔点低于100℃	是决定沥青塑性的主要组分；树脂含量增加，沥青塑性增大、温度感应性增大
地沥青质	10%～30%	1000～6000	0.8～1.0	1.1～1.5	黑褐色至黑色的硬而脆的固体微粒，加热后不溶解，而分解为坚硬的焦碳，使沥青带黑色	是决定沥青粘性的组分；含量高，沥青粘性大，温度感应性小，塑性降低，脆性增加

此外，石油沥青中常含有一定量的固体石蜡，它会降低沥青的粘结性、塑性、温度稳定性和耐热性。常采用氯盐（$FeCl_3$、$ZnCl_2$等）处理或溶剂脱蜡等方法处理，使多蜡石油沥青的性质得到改善，从而提高其软化点，降低针入度，使之满足使用要求。

当地沥青质含量较少，油分及树脂含量较多时，地沥青质胶团在胶体结构中运动较为自由，形成溶胶型结构。此时的石油沥青具有粘滞性小、流动性大、塑性好，但稳定性较差的特点。

当地沥青质含量较高，油分与树脂含量较少时，地沥青质胶团间的吸引力增大，且移动较困难，这种凝胶型结构的石油沥青具有弹性和粘性较高、温度敏感性较小、流动性和塑性较低的特点。

石油沥青中的各组分是不稳定的。在阳光、空气、水等外界因素作用下，各组分之间会不断演变，油分、树脂会逐渐减少，地沥青质逐渐增多，这一演变过程称为沥青的老化。沥青老化后，其流动性、塑性变差，脆性增大，从而变硬，易发生脆裂乃至松散，使沥青失去防水、防腐效能。

(2) 石油沥青的主要技术性质

1）石油沥青的粘滞性。粘滞性是反映石油沥青在外力作用下抵抗产生相对流动（变形）的能力。液态石油沥青的粘滞性用粘度表示。半固体或固体沥青的粘性用针入度表示。粘度和针入度是沥青划分牌号的主要指标。

粘度是沥青在一定温度（25℃或60℃）条件下，经规定直径（3.5mm或10mm）的孔，漏下50mL所需的秒数。

针入度是指在温度为25℃的条件下，以质量100g的标准针，经5s沉入沥青中的深度（0.1mm称1度）来表示。针入度值大，说明沥青流动性大，粘性差。针入度范围在5～200度之间。

按针入度可将石油沥青划分为以下几个牌号：道路石油沥青牌号有200、180、140、100甲、100乙、60甲、60乙；建筑石油沥青牌号有40、30、10；普通石油沥青牌号有75、65、55。

2）石油沥青的塑性。塑性是指沥青在外力作用下产生变形而不破坏，除去外力后仍能保持变形后的形状不变的性质。塑性表示沥青开裂后自愈能力及受机械应力作用后变形而不破坏的能力。沥青之所以能制造成性能良好的柔性防水材料，很大程度上取决于这种性质。沥青的塑性用“延伸度”（也称延度）或“延伸率”表示。按标准试验方法，制成“8”形标准试件，试件中间最狭小处断面积为$1cm^2$，在规定温度（一般为25℃）和规定速度（5cm/min）的条件下在延伸仪上进行拉伸，延伸度以试件拉细而断裂时的长度（cm）表示。沥青的延伸度越大，沥青的塑性越好。

3）石油沥青的温度敏感性。温度敏感性是指石油沥青的粘滞性和塑性随温度升降而变化的性能。温度敏感性较小的石油沥青，其粘滞性、塑性随温度的变化较小。作为屋面防水材料，受日照辐射作用可能产生流淌和软化，失去防水作用而不能满足使用要求，因此温度敏感性是沥青材料一种很重要的性质。

温度敏感性常用软化点来表示，软化点是沥青材料由固体状态转变为具有一定流动性的膏体时的温度。软化点可通过“环球法”试验测定。将沥青试样装入规定尺寸铜环B中，上置规定尺寸和质量的钢球a，再将置球的铜环放在有水或甘油的烧杯中，以5℃/min的速率加热至沥青软化下垂达25mm时的温度（℃），即为沥青软化点。

不同沥青的软化点不同，大致在25～100℃之间。软化点高，说明沥青的耐热性能好，但软化点过高，又不易加工；软化点低的沥青，夏季易产生变形，甚至流淌。所以，在实际应用时，希望沥青具有高软化点和低脆化点（当温度在非常低的范围时，整个沥青就好像玻璃一样的脆硬，称为“玻璃态”，沥青由玻璃态向高弹态转变的温度即为沥青的脆化点）。为了提高沥青的耐寒性和耐热性，常常对沥青进行改性，如在沥青中掺入增塑剂、橡胶、树脂和填料等。

4）石油沥青的大气稳定性。大气稳定性是指石油沥青在热、阳光、氧气和潮湿等因素的长期综合作用下抵抗老化的性能，它反映耐久性。大气稳定性可以用沥青的蒸发质量损失百分率及针入度比的变化来表示，即试样在160℃温度下加热蒸发5h后质量损失百分率和蒸发前后的针入度比两项指标来表示。蒸发损失率越小，针入度比越大，则表示沥青的大气稳定性越好。

以上四种性质是石油沥青材料的主要性质。此外，沥青材料受热后会产生易燃气体，与空气混合遇火即发生闪火现象。当出现闪火时的温度，称为闪点，也称闪火点。它是加热沥青时，从防火要求方面提出的指标。

（3）石油沥青的技术标准　我国石油沥青产品按用途分为道路石油沥青、建筑石油沥青及普通石油沥青等。石油沥青的牌号主要根据其针入度、延度和软化点等质量指标划分，以针入度值表示。同一品种的石油沥青，牌号越高，则其针入度越大，脆性越小；延度越大，塑性越好；软化点越低，温度敏感性越大。

(4) 石油沥青的应用　在选用沥青材料时，应根据工程类别（房屋、道路、防腐）及当地气候条件、所处工作部位（屋面、地下）来选用不同牌号的沥青。

道路石油沥青主要用于道路路面或车间地面等工程，一般拌制成沥青混合料（沥青混凝土或沥青砂浆）使用。道路石油沥青的牌号较多，选用时应注意不同的工程要求、施工方法和环境温度差别。道路石油沥青还可作密封材料和粘结剂以及沥青涂料等。此时，一般选用粘性较大和软化点较高的石油沥青。

建筑石油沥青针入度较小（粘性较大），软化点较高（耐热性较好），但延伸度较小（塑性较小），主要用作制造防水材料、防水涂料和沥青嵌缝膏。它们绝大多数用于地面和地下防水沟槽防水，防腐蚀及管道防腐工程。

普通石油沥青由于含有较多的蜡，故温度敏感性较大，达到液态时的温度与其软化点相差很小。与软化点大体相同的建筑石油沥青相比，其针入度较大（粘度较小），塑性较差，故在建筑工程中不宜直接使用。可以采用吹气氧化法改善其性能，即将沥青加热脱水，加入少量（1%）的氧化锌，再加热（不超过280℃）吹气进行处理。处理过程以沥青达到要求的软化点和针入度为止。

2. 煤沥青

煤沥青是炼焦厂和煤气厂的副产品。煤沥青的大气稳定性与温度稳定性较石油沥青差。当与软化点相同的石油沥青比较时，煤沥青的塑性较差，因此当使用在温度变化较大（如屋面、道路面层等）的环境中时，没有石油沥青稳定、耐久。煤沥青中含有酚，有毒性，防腐性较好，适于地下防水层或作防腐材料用。

由于煤沥青在技术性能上存在较多的缺点，而且成分不稳定，并有毒性，对人体和环境不利，已很少用于建筑、道路和防水工程中。

3. 改性沥青

普通石油沥青的性能不一定能全面满足使用要求，因此常采取措施对沥青进行改性。性能得到不同程度改善后的沥青，称为改性沥青。改性沥青可分为橡胶改性沥青、树脂改性沥青、橡胶和树脂并用改性沥青和矿物填充剂改性沥青等。

(1) 橡胶改性沥青　是在沥青中掺入适量橡胶后使其改性的产品。沥青与橡胶的相溶性较好，混溶后的改性沥青高温变形很小，低温时具有一定塑性。所用的橡胶有天然橡胶、合成橡胶和再生橡胶。使用不同品种橡胶及掺入的量与方法不同，形成的改性沥青性能也不同。现将常用的几种分述如下：

1) 氯丁橡胶改性沥青。沥青中掺入氯丁橡胶后，可使其低温柔性、耐化学腐蚀性、耐光、耐臭氧性、耐气候性和耐燃烧性大大改善。因其强度、耐磨性均大于天然橡胶而得到广泛应用。用于改性沥青的氯丁橡胶以胶乳为主，即先将氯丁橡胶溶于一定的溶剂中形成溶液，然后掺入沥青（液体状态）中，混合均匀而成。

2) 丁基橡胶改性沥青。丁基橡胶以异丁烯为主，由于丁基橡胶的分子链排列很整齐，而且不饱和程度很小，因此其抗拉强度好，耐热性和抗扭曲性均较强。用其改性的丁基橡胶沥青具有优异的耐分解性，并有较好的低温抗裂性和耐热性。

3) 再生橡胶改性沥青。再生橡胶掺入沥青中以后，同样可大大提高沥青的气密性、低温柔性、耐光（热）性、耐臭氧性和耐气候性。

再生橡胶改性沥青可以制成卷材、片材、密封材料、胶粘剂和涂料等。

4）SBS热塑性弹性体改性沥青。SBS是以丁二烯、苯乙烯为单体，加溶剂、引发剂、活化剂，以阴离子聚合反应生成的共聚物。SBS在常温下不需要硫化就可以具有很好的弹性，当温度升到180℃时，它可以变软、熔化，易于加工，而且具有多次的可塑性。SBS用于沥青的改性，可以明显改善沥青的高温和低温性能。SBS改性沥青已是目前世界上应用最广的改性沥青材料之一。

（2）合成树脂类改性沥青　用树脂改性石油沥青，可以改进沥青的耐寒性、耐热性、粘结性和不透气性。由于石油沥青中含芳香性化合物很少，故树脂和石油沥青的相溶性较差，而且可用的树脂品种也较少。常用的树脂有：古马隆树脂、聚乙烯、无规聚丙烯（APP）等。

1）古马隆树脂改性沥青。古马隆树脂为热塑性树脂。呈粘稠液体或固体状，浅黄色至黑色，易溶于氯化烃、脂类、硝基苯、酮类等有机溶剂等。

2）聚乙烯树脂改性沥青。沥青中聚乙烯树脂掺量一般为7%～10%。将沥青加热熔化脱水，再加入聚乙烯，并不断搅拌30min，温度保持在140℃左右，即可得到均匀的聚乙烯树脂改性沥青。

3）APP改性沥青。APP为无规聚丙烯均聚物。APP很容易与沥青混溶，并且对改性沥青软化点的提高有明显作用，耐老化性也很好。它具有很大的发展潜力，如意大利85%以上的柔性屋面防水采用的是APP改性沥青油毡。

4）环氧树脂改性沥青。这类改性沥青具有热固性材料性质。其改性后强度和粘结力大大提高，但对延伸性改变不大。环氧树脂改性沥青可应用于屋面和厕所、浴室的修补，其效果较佳。

（3）橡胶和树脂改性沥青　橡胶和树脂用于沥青改性，使沥青同时具有橡胶和树脂的特性。树脂比橡胶便宜，两者又有较好的混溶性，故效果较好。

配制时，采用的原材料品种、配比、制作工艺不同，可以得到多种性能各异的产品，主要有卷材、片材、密封材料、防水材料等。

（4）矿物填充料改性沥青　为了提高沥青的粘接能力和耐热性，减小沥青的温度敏感性，经常加入一定数量的粉状或纤维状矿物填充料。常用的矿物粉有滑石粉、石灰粉、云母粉、硅藻土粉等。

9.2 防水卷材

防水卷材是一种可卷曲的片状防水材料。根据其主要防水组成材料可分为沥青防水卷材、高聚物改性沥青防水卷材和合成高分子防水卷材三大类。沥青防水卷材是传统的防水材料，但因其性能远不及改性沥青，因此逐渐被改性沥青卷材所代替。

高聚物改性沥青防水卷材和合成高分子防水卷材均应有良好的耐水性、温度稳定性和大气稳定性（抗老化性），并应具备必要的机械强度、延伸性、柔韧性和抗断裂的能力。这两大类防水卷材已得到广泛的应用。

9.2.1 沥青防水卷材

沥青防水卷材是在基胎（如原纸、纤维织物等）上浸涂沥青后，再在表面撒粉状或片状的隔离材料而制成的可卷曲的片状防水材料。

1. 石油沥青纸胎油毡

石油沥青纸胎油毡是用低软化点石油沥青浸渍原纸，然后用高软化点石油沥青涂盖油纸两面，再撒以隔离材料所制成的一种纸胎防水卷材。

（1）等级　纸胎石油沥青防水卷材按浸涂材料总量和物理性能分为合格品、一等品、优等品三个等级。

（2）品种规格　纸胎石油沥青防水卷材按所用隔离材料分为粉状面和片状面两个品种；按原纸重量（每$1m^2$克数）分为200号、350号和500号三种；按卷材幅宽分为915mm和1000mm两种规格。

（3）适用范围　200号卷材适用于简易防水、非永久性建筑防水；350号和500号卷材适用于屋面、地下多叠层防水。

纸胎油毡易腐蚀、耐久性差、抗拉强度较低，且消耗大量优质纸源。目前，已大量用玻璃布及玻纤毡等为胎基生产沥青卷材。

2. 石油沥青玻璃布油毡

玻纤布胎沥青防水卷材（以下简称玻璃布油毡）是采用玻纤布为胎体，浸涂石油沥青并在其表面涂或撒布矿物隔离材料制成可卷曲的片状防水材料。

（1）等级　玻璃布油毡按可溶物含量及其物理性能分为一等品（B）和合格品（C）两个等级。

（2）规格　玻璃布油毡幅宽为1000mm。

（3）适用范围　玻璃布油毡的柔度优于纸胎油毡，且能耐霉菌腐蚀。玻璃布油毡适用于地下工程作防水、防腐层，也可用于屋面防水及金属管道（热管道除外）作防腐保护层。

3. 石油沥青纤维胎油毡

玻纤胎沥青防水卷材（以下简称玻纤胎油毡）是采用玻璃纤维薄毡为胎体，浸涂石油沥青，并在其表面涂撒矿物粉料或覆盖聚乙烯膜等隔离材料而制成可卷曲的片状防水材料。

（1）等级　玻纤胎油毡按可溶物含量及其物理性能分为优等品（A）、一等品（B）、合格品（C）三个等级。

（2）品种规格　玻纤胎油毡按表面涂盖材料不同，可分为膜面、粉面和砂面三个品种；按每$10m^2$标称重量分为15号、25号和35号三种；幅宽为1000mm一种规格。

（3）适用范围　15号玻纤胎油毡适用于一般工业与民用建筑屋面的多叠层防水，并可用于包扎管道（热管道除外）作防腐保护层；25号、35号玻纤胎油毡适用于屋面、地下以及水利工程作多叠层防水，其中35号玻纤胎油毡可采用热熔法施工多层或单层防水；彩砂面玻纤胎油毡用于防水层的面层，可不再做表面保护层。

9.2.2　合成高分子改性沥青防水卷材

合成高分子改性沥青与传统的沥青相比，其使用温度区间大为扩展，做成的卷材光洁柔软，高温不流淌、低温不脆裂，且可做成4～5mm的厚度。可以单层使用，具有10～20年可靠的防水效果，因此得到了广泛应用。

其是以合成高分子聚合物改性沥青为涂盖层，纤维毡、纤维织物或塑料薄膜为胎体，粉状、粒状、片状或塑料膜为覆面材料制成可卷曲的片状防水材料，属新型中档防水材料。

1. 弹性体改性沥青防水卷材（SBS卷材）

SBS改性沥青防水卷材，属弹性体沥青防水卷材中有代表性的品种，是采用纤维毡为胎体，浸涂SBS改性沥青，上表面撒布矿物粒、片料或覆盖聚乙烯膜，下表面撒布细砂或覆盖聚乙烯膜所制成可卷曲的片状防水材料。

（1）等级　产品按可溶物含量及其物理性能分为优等品（A）、一等品（B）、合格品（C）三个等级。

（2）规格　卷材幅宽为1000mm一种规格。

（3）物理性能　合成高分子改性沥青防水卷材的物理性能见表9-4。

表9-4　合成高分子改性沥青防水卷材的物理性能

项　　目		性能要求			
		Ⅰ类	Ⅱ类	Ⅲ类	Ⅳ类
拉伸能力	拉力/N	≥400	≥400	≥50	≥200
	延伸率（%）	≥30	≥5	≥200	≥3
耐热度（85℃±2℃，2h）		不流淌，无集中性气泡			
柔性（-25~5℃）		绕规定直径圆棒，无裂纹			
不透水性	压力	≥0.2MPa			
	保持时间	≥30min			

（4）适用范围　该系列卷材，除适用于一般工业与民用建筑工程防水外，尤其适用于高层建筑的屋面和地下工程的防水防潮以及桥梁、停车场、游泳池、隧道、蓄水池等建筑工程的防水。

2. 塑性体改性沥青防水卷材（APP卷材）

APP改性沥青防水卷材，属塑性体沥青防水卷材，是采用纤维毡或纤维织物为胎体，浸涂APP改性沥青，上表面撒布矿物粒、片料或覆盖聚乙烯膜，下表面撒布细砂或覆盖聚乙烯膜所制成的可卷曲片状防水材料。

（1）等级　产品按可溶物和物理性能分为优等品（A）、一等品（B）、合格品（C）三个等级。

（2）品种规格　卷材使用玻纤毡胎、麻布胎或聚酯无纺布胎三种胎体，形成三个品种；卷材幅宽为1000mm一种规格。

（3）面积、质量、厚度　弹性体和塑性体改性沥青防水卷材的单位面积质量、面积及厚度见表9-5。

表9-5　弹性体和塑性体改性沥青防水卷材的单位面积质量、面积及厚度

规格（公称厚度）/mm		3			4			5		
上表面材料		PE	S	M	PE	S	W	PE	S	M
下表面材料		PE	PE、S		PE	PE、S		PE	PE、S	
面积/（m^2/卷）	工程面积	10、15			10、7.5			7.5		
	允许误差	±0.10			±0.10			±0.10		
单位面积质量/（kg/m^2）		3.3	3.5	4.0	4.3	4.5	5.0	5.3	5.5	6.0

（续）

规格（公称厚度）/mm		3	4	5
厚度/mm	平均值≥	3.0	4.0	5.0
	最小单值	2.7	3.7	4.7

（4）适用范围　该系列卷材适用于一般工业与民用建筑工程防水，其中玻纤毡胎和聚酯无纺布胎的卷材尤其适用于地下工程防水。标号35号及其以下的品种多用于多叠层防水；35号以上的品种，则适用于单层防水或高级建筑工程多叠层防水中的面层，并可采用热熔法施工。

APP卷材的品种、规格与SBS卷材相同。APP卷材适用于工业与民用建筑的屋面和地下防水工程，以及道路、桥梁等建筑物的防水，尤其适用于较高气温环境的建筑防水。

9.2.3　合成高分子防水卷材

以合成树脂、合成橡胶或其共混体为基材，加入助剂和填充料，通过压延、挤出等加工工艺而制成的无胎或加筋的塑性可卷曲的片状防水材料，大多数是宽度1～2m的卷状材料，统称为高分子防水卷材。

高分子防水卷材具有耐高、低温性能好，拉伸强度高，延伸率大，对环境变化或基层伸缩的适应性强，同时耐腐蚀、抗老化、使用寿命长、可冷施工、可减少对环境的污染等特点，是一种很有发展前途的材料，现已成为仅次于沥青卷材的主体防水材料之一。

1. 三元乙丙橡胶防水卷材（EPDM）

三元乙丙橡胶防水卷材简称EPDM，是以乙烯、丙烯和双环戊二烯三种单体共聚合成的三元乙丙橡胶为主体，掺入适量的丁基橡胶、软化剂、补强剂、填充剂、促进剂和硫化剂等，经过配料、密炼、拉片、过滤、热炼、挤出或压延成型、硫化、检验、分卷、包装等工序加工制成可卷曲的高弹性防水材料。由于它具有耐老化、使用寿命长、拉伸强度高、延伸率大、对基层伸缩或开裂变形适应性强以及重量轻、可单层施工等特点，因此在国外发展很快。目前在国内属高档防水材料，现已形成年产400多万m^2的生产能力。

三元乙丙橡胶防水卷材的物理性能应符合表9-6的要求。

表9-6　三元乙丙橡胶防水卷材的物理性能

项　目			指标值	
			JL1	JF1
断裂拉伸强度/MPa	常温	≥	7.5	4.0
	60℃	≥	2.3	0.8
扯断伸长率（%）	常温	≥	450	450
	-20℃	≥	200	200
撕裂强度/（kN/m）		≥	25	18
不透水性（30min，无渗漏）			0.3MPa	0.3MPa
低温弯折/℃		≤	-40	-30
加热伸缩量/mm	延伸	<	2	2
	收缩	<	4	4

（续）

项目		指标值	
		JL1	JF1
热空气老化（80℃，168h）	断裂拉伸强度保持率（%）≥	80	90
	扯断伸长率保持率（%）≥	70	70
	100%伸长率外观	无裂纹	无裂纹
耐碱性［10% $Ca(OH)_2$ 常温，168h］	断裂拉伸强度保持率（%）≥	80	80
	扯断伸长率保持率（%）≥	80	90
臭氧老化（40℃，168h）	伸长率40%，500pphm	无裂纹	无裂纹
	伸长率20%，500pphm	—	—
	伸长率20%，200pphm	—	—
	伸长率20%，100pphm	—	—

注：JL1为硫化型三元乙丙；JF1为非硫化型三元乙丙。

2. 聚氯乙烯（PVC）防水卷材

聚氯乙烯防水卷材，是以聚氯乙烯树脂（PVC）为主要原料，掺入适量的改性剂、抗氧剂、紫外线吸收剂、着色剂、填充剂等，经捏合、塑化、挤出压延、整形、冷却、检验、分卷、包装等工序加工制成可卷曲的片状防水材料。这种卷材具有抗拉强度较高、延伸率较大、耐高低温性能较好等特点，而且热熔性能好。卷材接缝时，既可采用冷粘法，也可采用热风焊接法，使其形成接缝粘结牢固、封闭严密的整体防水层。该品种属于聚氯乙烯防水卷材中的增塑型（P型）。

聚氯乙烯防水卷材适用于屋面、地下室以及水坝、水渠等工程防水。

聚氯乙烯（PVC）防水卷材的物理力学性能应符合表9-7的规定。

表9-7　聚氯乙烯防水卷材的主要物理力学性能

序号	项目	Ⅰ型	Ⅱ型
1	拉力/（N/cm）≥	100	160
2	断裂伸长率（%）≥	150	200
3	热处理尺寸变化率（%）≤	1.5	1.0
4	低温弯折性	-20℃无裂纹	-25℃无裂纹
5	抗穿孔性	不渗水	
6	不透水性	不透水	

（续）

序号	项目		Ⅰ型	Ⅱ型
7	剪切状态下的粘合性/（N/mm）	L类	3.0或卷材破坏	
		W类	6.0或卷材破坏	
8	热老化处理	外观	无起泡、裂纹、粘结和孔洞	
		拉力变化率（%）	±25	±20
		断裂伸长率变化率（%）		
		低温弯折性	-15℃无裂纹	-20℃无裂纹
9	人工气候加速老化	拉力变化率（%）	±25	±20
		断裂伸长率变化率（%）		
		低温弯折性	-15℃无裂纹	-20℃无裂纹
10	耐化学侵蚀	拉力变化率（%）	±25	±20
		断裂伸长率变化率（%）		
		低温弯折性	-15℃无裂纹	-20℃无裂纹

3. 氯化聚乙烯—橡胶共混防水卷材

氯化聚乙烯—橡胶共混防水卷材，是以氯化聚乙烯树脂和合成橡胶共混为主体，加入适量的硫化剂、促进剂、稳定剂、软化剂和填充剂等，经过素炼、混炼、过滤、压延（或挤出）成型、硫化、检验、分卷、包装等工序加工制成的高弹性防水卷材。这种防水卷材兼有塑料和橡胶的特点，它不但具有氯化聚乙烯所特有的高强度和优异的耐臭氧、耐老化性能，而且具有橡胶类材料的高弹性、高延伸性以及良好的低温柔韧性能。

合成高分子卷材除以上三种典型品种外，还有多种其他产品。根据《屋面工程质量验收规范》（GB 50207—2012）的规定，合成高分子防水卷材适用于防水等级为Ⅰ级、Ⅱ级和Ⅲ级的屋面防水工程，其物理性能要求见表9-8。常见的合成高分子防水卷材的特点和适用范围见表9-9。

表9-8　合成高分子防水卷材的物理性能

项目		性能要求		
		Ⅰ	Ⅱ	Ⅲ
拉伸强度/MPa≥		7	2	9
断裂伸长率（%）≥		450	100	10
低温弯折性		-40℃	-20℃	-20℃
		无裂纹		
不透水性	压力/MPa≥	0.3	0.2	0.3
	保持时间/min≥	30		
热老化保持率（80℃±2℃，168h）	拉伸强度（%），≥	80		
	断裂伸长率（%），≥	70		

注：Ⅰ类指弹性体卷材，Ⅱ类指塑性体卷材，Ⅲ类指加合成纤维的卷材。

表9-9　常见合成高分子防水卷材特点及适用范围

卷材名称	特点	适用范围	施工工艺
三元乙丙橡胶防水卷材	防水性能优异，耐候性好，耐臭氧性、耐化学腐蚀性好，弹性和抗拉强度大，对基层变形开裂的适应性强，质量轻，使用温度范围宽，寿命长，但价格高，粘接材料尚需配套完善	单层或复合使用，防水要求较高，防水层耐用年限要求长的工业与民用建筑	冷粘法或自粘法施工
丁基橡胶防水卷材	有较好的耐候、耐油性、抗拉强度和延伸率，耐低温性能稍低于三元乙丙防水卷材	单层或复合使用，适用于要求较高的防水工程	冷粘法施工
氯化聚乙烯防水卷材	具有良好的耐候、耐臭氧、耐热老化、耐油、耐化学腐蚀及抗撕裂的性能	单层或复合使用，适用于紫外线强的炎热地区	冷粘法施工
氯磺化聚乙烯防水卷材	延伸率较大，弹性很好，对基层变形开裂的适应性较强，耐高温、低温性能好，耐腐蚀性能优良，难燃性好	适用于有腐蚀介质影响及在寒冷地区的防水工程	冷粘法施工
聚氯乙烯防水卷材	具有较高的拉伸和撕裂强度，延伸率较大，耐老化性能好，原材料丰富，价格便宜，容易粘接	单层或复合使用，适用于外露或有保护层的防水工程	冷粘法施工或热风焊接法施工
氯化聚乙烯—橡胶共混防水卷材	不但具有氯化聚乙烯特有的高强度和优异的耐臭氧、耐老化性能，而且具有橡胶所特有的高弹性、高延伸性以及良好的低温柔性	单层或复合使用，尤适用于寒冷地区或变形较大的防水工程	冷粘法施工
三元乙丙橡胶—聚乙烯共混防水卷材	是热塑性弹性材料，有良好的耐臭氧和耐老化性能，使用寿命长，低温柔性好，可在负温条件下施工	单层或复合使用，适用于外露防水层，宜在寒冷地区使用	冷粘法施工

9.2.4 防水卷材的施工

1. 施工方法

防水卷材采用粘结的方法铺贴于基层上。传统的石油沥青纸胎油毡是用热沥青胶进行铺贴施工，但沥青胶在熬制和施工过程中的操作，都是有毒作业，对操作者和环境都非常有害，工人劳动条件恶劣，且易发生火灾和烫伤。新型防水卷材的施工，就没有这些弊病。新型防水卷材的施工方法如下：

（1）按粘贴方法的不同划分

1）冷粘法。是采用粘结剂实现卷材与基层、卷材与卷材的粘结，不需要加热，这种方法又称为卷材冷施工、冷操作、冷粘贴。

2）自粘法。自粘法即不需要加热，也不需要粘结剂，而是利用卷材底面的自毡性粘结剂粘贴施工。

3）热熔法。用火焰喷灯或火焰喷枪烘烤卷材底面（粘贴面）和基层表面，待卷材底面熔融后即可粘贴。如此边烘边贴，将卷材与基层、卷材与卷材相互粘紧贴实。这种施工方法要求卷材的厚度不小于4mm，以防卷材破损。

4）热风焊接法。是借助于热风焊机的热空气焊枪产生的高热空气将卷材的搭接边熔化后，进行粘结的施工方法。

5）冷热结合粘贴法。在施工中，防水卷材与基层的粘贴采用冷粘法施工，而卷材与卷材之间的搭接采用热熔法或热风焊接法粘贴施工。

以上的施工方法中，热施工对防水卷材有一定的破坏，所以卷材的厚度不得小于4mm，而冷施工卷材不受侵害，反而因有一层基层粘结剂使厚度有所增加，防水能力也相应增强。

具体采用何种施工方法，则因防水卷材而异。合成高分子防水卷材可冷粘、热熔或热风焊，而自粘法施工则要求卷材有自粘性。冷热结合的方法，适用于燃料缺乏的地区。

（2）按粘贴面积的不同划分

1）满粘法。满粘法又称全铺法。施工时，防水卷材与基层全面积粘贴，不留空隙。卷材与基层粘结紧密，成为一个防水整体，即使防水层有细微的损坏，因为没有空隙，所以仍能起到防水作用，不致渗漏，但如基层伸缩变形，或结构局部开裂变形，满粘的防水层就会受到影响。

2）空铺法。这种方法是指在防水卷材周围一定范围内粘贴，其余部分不粘贴，成分离状态。防水层不受基层伸缩变形和结构局部开裂变形的影响，仍能很好地防水。

3）条粘法。卷材与基层之间采用条状粘贴，卷材与基层之间留有和大气相通的条状空隙通道，有利于将基层的潮气排除。条粘施工，每幅卷材粘结条不能少于两条，每条宽度不应小于150mm。

4）点粘法。施工时，卷材与基层之间采用点状粘结，卷材与基层之间形成和大气相通的弯形通道，可以排潮。一般来说，粘结点每1m^2面积不少于5个，每个粘结点面积约为100mm^2。

从实践经验看，防水卷材大都采用满粘法施工，卷材和基层形成一个防水整体，紧密粘结，即使有细微损坏，也不至于殃及周围防水层而发生渗漏，这种施工方法适用于气候干燥、常年受大风影响的地区，如沿海多台风和北方冬天风大的地区，也适用于无重物覆盖、不上人、外露状态的屋面防水，以及基层不易伸缩变形或整体现浇混凝土基层，同时适用于弹性和延伸性好的防水卷材。

空铺法、条粘法、点粘法使基层和防水卷材最大限度地脱开，所以基层的伸缩变形和局部结构开裂变形以及防水层受潮、温度变化而变形对防水的影响很小，防水层不易拉断破坏，有利于排除基层潮气，比满粘法成本低，适用于有重物覆盖或能上人的屋面、已结露的潮湿表面等防水工程。

2. 屋面防水材料的选择

根据建筑物的性质、重要程度、使用功能要求、建筑结构特点以及防水耐用年限等，将屋面防水分成四个等级，并按《屋面工程质量验收规范》（GB 50207—2012）选用防水材料，见表9-10。

表9-10　屋面防水等级和材料选择

项　目	屋面防水等级和材料选择			
	Ⅰ	Ⅱ	Ⅲ	Ⅳ
建筑物类型	特别重要的民用建筑和对防水有特殊要求的工业建筑	重要的民用建筑，如博物馆、图书馆、医院、宾馆、影剧院；重要的工业建筑、仓库等	一般民用建筑，如住宅、办公楼、学校、旅馆；一般的工业建筑、仓库等	非永久性的建筑，如简易宿舍、简易车间等
耐用年限	20年以上	15年以上	10年以上	5年以上
选用材料	应选用合成高分子防水卷材、高聚物改性沥青防水卷材、合成高分子防水涂料、细石防水混凝土、金属板等材料	应选用高聚物改性沥青防水卷材、合成高分子防水卷材、合成高分子防水涂料、高聚物改性沥青防水涂料、细石防水混凝土、金属板等材料	应选用三毡四油沥青防水卷材、高聚物改性沥青防水卷材、合成高分子防水卷材、高聚物改性沥青防水涂料、合成高分子防水涂料、刚性防水层、油毡瓦等材料	可选用二毡三油沥青防水卷材、高聚物改性沥青防水涂料、沥青基防水涂料、波形瓦等材料
设防要求	三道或三道以上防水设防，其中必须有一道合成高分子防水卷材，且只能有一道2mm上厚的合成高分子涂膜	两道防水设防，其中必须有一道卷材，也可采用压型钢板进行一道设防	一道防水设防，或两种防水材料复合使用	一道防水设防

9.3　防水涂料

防水涂料是以高分子合成材料、沥青等为主体，在常温下呈无定型流态或半流态，经涂布能在结构物表面结成坚韧防水膜的物料的总称。同时防水涂料又起粘结剂的作用。

9.3.1　防水涂料的分类

防水涂料一般按涂料的类型和涂料成膜物质的主要成分进行分类。

1. 按防水涂料类型区分

根据涂料的液态类型，可分为溶剂型、水乳型和反应型三类。

2. 按成膜物质的主要成分区分

根据构成涂料的主要成分的不同，可分为下列四类：合成树脂类、橡胶类、橡胶沥青类和沥青类。

9.3.2　常用的防水涂料及其性能要求

1. 沥青类防水涂料

沥青类防水涂料，其成膜物质中的胶粘结材料是石油沥青。该类涂料有溶剂型和水乳型两种。

将石油沥青溶于汽油等有机溶剂而配制的涂料，称为溶剂型沥青涂料，其实质是一种沥青溶液。将石油沥青分散于水中，形成稳定的水分散体构成的涂料，称为水乳型沥青类防水涂料。

溶化的沥青可以在石灰、石棉或粘土中与水借机械分裂作用（分散作用）制得膏状沥青悬浮体，常见的有石灰膏乳化沥青、水性石棉沥青和粘土乳化沥青等。沥青膏体成膜较厚，其中石灰、石棉等对涂膜性能有一定的改善作用，可作厚质防水涂料使用。国内应用较广的水性石棉沥青涂料和石灰乳化沥青如下：

（1）水性石棉沥青防水涂料　水性石棉沥青防水涂料是将溶化沥青加到石棉与水组成的悬浮液中，经强烈搅拌制得。

1）技术性能。水性石棉沥青防水涂料的技术性能见表9-11。

表9-11　水性石棉沥青防水涂料技术性能

序 号	项　　目	性能指标
1	外观	黑灰色稠厚膏浆
2	密度	1.05～1.15
3	含固量	>50%
4	耐热性	>90℃
5	粘结力	>0.6MPa
6	抗寒性（浸水后－20～＋20℃冷热循环20次）	无变化
7	不透水性（动水压0.8MPa，4h）	不透水
8	耐碱性（在饱和氢氧化钙溶液中浸15d）	表面无变化
9	低温柔韧性（7℃绕 ϕ10mm 圆棒）	不裂
10	抗裂性（涂膜厚度4mm，基层裂缝宽4mm）	涂膜不裂
11	吸水率	>0.3%

2）适用范围。配以适当加筋材料（玻璃纤维布、无纺布等），可用于：

① 民用建筑及工业厂房的钢筋混凝土屋面防水。

② 地下室、楼层卫生间及厨房防水层等。

（2）石灰乳化沥青　石灰乳化沥青是以石油沥青（主要用60号）为基料，以石灰膏（氢氧化钙）为分散剂，以石棉绒为填充料加工而成的一种沥青浆膏（冷沥青悬浮液）。用石灰乳化沥青作为膨胀珍珠岩颗粒的粘结剂，制造保温预制块，或者直接在现场浇制保温层，使保温材料获得较好的防水效果。

石灰乳化沥青，由于生产工艺简单，一般在施工现场配制使用。

1）技术性能。石油乳化沥青的技术性能见表9-12。

表9-12　石油乳化沥青的技术性能

序号	项　　目		性能指标
1	外观		黑褐色膏体
2	稠度（圆锥体）		4.5～6.0cm
3	耐热度		>80℃
4	断裂强度	涂刷乳化沥青冷底子	0.31MPa
		涂刷汽油沥青冷底子	0.49MPa
5	抗拉强度		1.92MPa
6	韧性（厚4mm，绕φ25mm棒）		不裂
7	密度		1093kg/m³
8	抗裂性	5±2℃，基层开裂>0.1mm	涂层不裂
		18±2℃，基层开裂>0.2mm	涂层不裂
9	不透水性（15cm水柱）		7昼夜不透水

2）适用范围：①结合聚氯乙烯胶泥等接缝材料，可用于保温或非保温无砂浆找平层屋面等工程的防水；②可作为膨胀珍珠岩等保温材料的粘结剂，作成沥青膨胀珍珠岩等保温材料。

2. 高聚物改性沥青防水涂料

橡胶沥青类防水涂料，为高聚物改性沥青类的主要代表，其成膜物质中的胶粘材料是沥青和橡胶（再生橡胶或合成橡胶等）。该类涂料有溶剂型和水乳型两种类型，是以橡胶对沥青进行改性作为基础的。用再生橡胶进行改性，以减少沥青的感温性，增加弹性，改善低温下的脆性和抗裂性能；用氯丁橡胶进行改性，使沥青的气密性、耐化学腐蚀性、耐燃性、耐光、耐气候性得到显著改善。

溶剂型橡胶沥青类防水涂料的品种有：氯丁橡胶—沥青防水涂料、再生橡胶沥青防水涂料、丁基橡胶沥青防水涂料等；水乳型橡胶沥青类防水涂料的品种有：水乳型再生橡胶沥青防水涂料、水乳型氯丁橡胶沥青防水涂料、丁苯胶乳沥青防水涂料、SBS橡胶沥青防水涂料、阳离子水乳型再生胶氯丁胶沥青防水涂料。

（1）水乳型再生橡胶沥青防水涂料　水乳型再生橡胶沥青防水涂料是由阴离子型再生胶乳和沥青乳液混合构成，是再生橡胶和石油沥青的微粒借助于阴离子型表面活性剂的作用，稳定分散在水中而形成的一种乳状液。

1）技术性能。水乳型再生橡胶沥青防水涂料技术性能见表9-13。

表 9-13　水乳型再生橡胶沥青防水涂料技术性能

序号	项　目	性能指标
1	外观	粘稠黑色胶液
2	含固量	≥45%
3	耐热性（80℃，恒温 5h）	0.2 ~0.4MPa
4	粘结力（8 字模法）	≥0.2MPa
5	低温柔韧性（-28 ~ -10℃，绕 ϕ1mm 及 ϕ10mm 轴棒弯曲）	无裂缝
6	不透水性（动水压 0.1MPa，0.5h）	不透水
7	耐碱性（饱和氢氧化钙溶液中浸 15d）	表面无变化
8	耐裂性（基层裂缝 4mm）	涂膜不裂

2）适用范围

① 工业及民用建筑非保温屋面防水；楼层厕浴、厨房间防水。

② 以沥青珍珠岩为保温层的保温屋面防水。

③ 地下混凝土建筑防潮，旧油毡屋面翻修和刚性自防水屋面翻修。

（2）水乳型氯丁橡胶沥青防水涂料　水乳型氯丁橡胶沥青防水涂料，又称为氯丁胶乳沥青防水涂料，目前国内多是阳离子水乳型产品。它兼有橡胶和沥青的双重优点，与溶剂型同类涂料相比，两者的主要成膜物质均为氯丁橡胶和石油沥青，其良好性能相仿，但阳离子水乳型氯丁橡胶沥青防水涂料以水代替了甲苯等有机溶剂，其成本降低，且具有无毒、无燃爆和施工时无环境污染等特点。

这种涂料是以阳离子型氯丁胶乳与阳离子型沥青乳液混合构成，是氯丁橡胶及石油沥青的微粒，借助于阳离子型表面活性剂的作用，稳定分散在水中而形成的一种乳状液。

1）技术性能。水乳型氯丁橡胶沥青防水涂料技术性能见表 9-14。

表 9-14　水乳型氯丁橡胶沥青防水涂料技术性能

序号	项　目		性能指标
1	外观		深棕色胶状液
2	粘度（Pa·s）		0.25
3	含固量		≥45%
4	耐热性（80℃，恒温 5h）		无变化
5	粘结力		≥0.2MPa
6	低温柔韧性（动水压 0.1 ~0.2MPa，5h）		不断裂
7	不透水性（动水压 0.1 ~0.2MPa，0.5h）		不透水
8	耐碱性（饱和氢氧化钙溶液中浸 15d）		表面无变化
9	耐裂性（基层裂缝宽度≤2mm）		涂膜不裂
10	涂膜干燥时间/h	表干	≤4
		实干	≤24

2）适用范围

① 工业及民用建筑混凝土屋面防水。

② 用于地下混凝土工程防潮抗渗，沼气池防漏气。

③ 可作厕所、厨房及室内地面防水。

④ 用于旧屋面防水工程的翻修。

⑤ 可作防腐蚀地坪的防水隔离层。

3. 聚氨酯防水涂料

聚氨酯防水涂料，又称为聚氨酯涂膜防水材料，是一种化学反应型涂料，多以双组分形式使用。我国目前有两种，一种是焦油系列双组分聚氨酯涂膜防水材料，一种是非焦油系列双组分聚氨酯涂膜防水材料。由于这类涂料是借组分间发生化学反应而直接由液态变为固态，几乎不产生体积收缩，故易于形成较厚的防水涂膜。

聚氨酯涂膜防水材料有透明、彩色、黑色等品类，并兼有耐磨、装饰及阻燃等性能。由于它的防水延伸率大及温度适应性能优异，施工简便，故在中高级公用建筑的卫生间、水池等防水工程及地下室和有保护层的屋面防水工程中得到广泛应用。

按《聚氨酯防水涂料》（GB/T 19250—2003）的规定，其主要技术性能应满足表9-15的要求。

表9-15 单组分聚氨酯防水涂料物理力学性能

序号	项目			Ⅰ	Ⅱ
1	拉伸强度/MPa		≥	1.9	2.45
2	断裂时的延伸率（%）		≥	550	450
3	撕裂强度/（N/mm）		≥	12	14
4	低温弯折性/℃		≤	-40	
5	不透水性（0.3MPa，30min）			不透水	
6	固体含量（%）		≥	80	
7	表干时间/h		≤	12	
8	实干时间/h		≤	24	
9	加热伸缩率（%）		≤	1.0	
			≥	-4.0	
10	潮湿基面粘接强度①/MPa		≥	0.50	
11	定伸时老化	加热老化		无裂纹及变形	
		人工气候老化②		无裂纹及变形	
12	热处理	拉伸强度保持率（%）		80～150	
		断裂伸长率（%）	≥	500	400
		低温弯折性/℃	≤	-35	
13	碱处理	拉伸强度保持率（%）		60～150	
		断裂伸长率（%）	≥	500	400
		低温弯折性/℃	≤	-35	

（续）

序号	项　目			Ⅰ	Ⅱ
14	酸处理	拉伸强度保持率（%）		80～150	
		断裂伸长率（%）	≥	500	400
		低温弯折性/℃	≤	-35	
15	人工气候老化②	拉伸强度保持率（%）		80～150	
		断裂伸长率（%）	≥	500	400
		低温弯折性/℃	≤	-35	

① 仅在地下工程处于潮湿基面时作此要求。

② 仅用于外露使用的产品。

4. 硅橡胶防水涂料

硅橡胶防水涂料是以硅橡胶乳液及其他乳液的复合物为主要基料，掺入无机填料及各种助剂配制而成的乳液型防水涂料，该涂料兼有涂膜防水和浸透性防水材料的优良性能，具有良好的防水性、渗透性、成膜性、弹性、粘结性和耐高低温性。

（1）主要技术性能　硅橡胶防水涂料是以水为分散介质的水乳型涂料，失水固化后形成网状结构的高聚物。将涂料涂刷在各种基底表面后，随着水分的渗透和蒸发，颗粒密度增大而失去流动性，干燥过程继续进行，过剩水分继续失去，乳液颗粒渐渐彼此接触集聚，在交联剂、催化剂作用下，不断进行交联反应，最终形成均匀、致密的橡胶状弹性连续膜。其技术性能见表9-16。

表9-16　硅橡胶防水涂料技术性能

序号	项目	性能指标
1	pH值	8
2	表干时间	<45min
3	粘度	1号：1′08″；2号：3′54″
4	抗渗性	迎水面1.1～1.5N/mm²，恒压，一周无变化 背水面0.3～0.5MPa
5	渗透性	可渗入基底0.3mm左右
6	抗裂性	4.5～6mm（涂膜厚0.4～0.5mm）
7	延伸率	640%～1000%
8	低温柔性	-30℃冰冻10d后绕ϕ3mm棒不裂
9	扯断强度	2.2MPa
10	直角撕裂强度	81N/cm²
11	粘结强度	0.57MPa
12	耐热	100±1℃，6h，不起鼓、不脱落
13	耐碱	饱和氢氧化钙和0.1氢氧化钠混合液，室温15℃，浸泡15d，不起鼓、不脱落

（续）

序号	项目	性能指标
14	耐湿热	相对湿度>95%，温度50±2℃，168h，不起鼓、起皱、无脱落，延伸率仍保持在70%以上
15	吸水率	100℃，5h{空白9.08%；试样1.92%}
16	回弹率	>85%
17	耐老化	人工老化168h，不起鼓、起皱、无脱落，延伸率仍保持在530%以上

（2）适用范围

1）各种屋面防水工程。

2）地下工程、输水和贮水构筑物、卫生间等防水、防潮。

9.4　建筑密封材料

建筑密封材料防水工程是对建筑物进行水密与气密，起到防水作用，同时也起到防尘、隔汽与隔声的作用。因此，合理选用密封材料，正确进行密封防水设计与施工，是保证防水工程质量的重要内容。

9.4.1　建筑密封材料的种类及性能

密封材料分为不定型密封材料和定型密封材料两大类。前者指膏糊状材料，如腻子、塑性密封膏、弹性和弹塑性密封膏或嵌缝膏；后者是根据密封工程的要求制成带、条、垫形状的密封材料。各种建筑密封膏的种类及性能比较见表9-17。

表9-17　各种建筑密封膏的种类及性能比较

种类 / 性能 / 项目	油性嵌缝料	溶剂型密封膏	热塑型防水接缝材料	水乳型密封膏	化学反应型密封膏
密度/(g/cm³)	1.5~1.69	1.0~1.4	1.3~1.45	1.3~1.4	1.0~1.5
价格	低	低~中	低	中	高
施工方式	冷施工	冷施工	冷施工	冷施工	冷施工
施工气候限制	中~优	中~优	优	差	差
储存寿命	中~优	中~优	优	中~优	差
弹性	低	低~中	中	中	高
耐久性	低~中	低~中	中	中~高	高
填充后体积收缩	大	大	中	大	小
长期使用温度/℃	-20~40	-20~50	-20~80	-30~80	-40~150
允许伸缩值/mm	±5	±10	±10	±10	±25

9.4.2　常用密封材料

1. 沥青嵌缝油膏

建筑防水沥青嵌缝油膏（简称油膏）是以石油沥青为基料，加入改性材料及填充料混合制成的冷用膏状材料。

（1）性能　建筑防水沥青嵌缝油膏的性能见表 9-18。

表 9-18　建筑防水沥青嵌缝油膏性能

序号	项　目		技术指标	
1	密度/（g/cm^3）		规定值 ±0.1	
2	施工度/mm		≥22.0	≥20.0
3	耐热性	温度/℃	70	80
		下垂值/mm	≤4.0	
4	保温柔性	温度/℃	-20	-10
		粘结状况	无裂纹和剥离现象	
5	拉伸粘结性		≥125	
6	浸水后拉伸粘结性（%）		≥125	
7	渗出性	渗出幅度/mm	≤5	
		渗出张数/张	≤4	
8	挥发性		≤2.8	

（2）主要用途　适用于各种混凝土屋面板、墙板等建筑构件节点的防水密封。

（3）使用注意事项

1）贮存、操作远离明火。施工时如遇温度过低，膏体变稠而难以操作时，可以间接加热使用。

2）使用时除配底涂料外，不得用汽油、煤油等稀释，以防止降低油膏粘度，也不得戴粘有滑石粉和机油的湿手套操作。

3）用料后的余料应密封，在 5～25℃室温中存放，贮存期为 6～12 个月。

2. 聚氨酯密封膏

聚氨酯密封膏是以聚氨基甲酸酯聚合物为主要成分的双组分反应固化型的建筑密封材料。

聚氨酯密封膏按流变性分为两种类型：N 型，非下垂型；L 型，自流平型。

聚氨酯建筑密封膏具有延伸率大、弹性高、粘结性好、耐低温、耐油、耐酸碱及使用年限长等优点。被广泛用于各种装配式建筑屋面板、墙、楼地面、阳台、卫生间等部位的接缝、施工缝的密封，给排水管道、贮水池等工程的接缝密封，混凝土裂缝的修补，也可用于玻璃及金属材料的嵌缝。

3. 聚氯乙烯接缝膏

聚氯乙烯接缝膏是以煤焦油和聚氯乙烯（PVC）树脂粉为基料，按一定比例加入增塑剂、稳定剂及填充料（滑石粉、石英粉）等，在 140℃温度下塑化而成的膏状密封材料，简称 PVC 接缝膏；也可用废旧聚氯乙烯塑料代替聚氯乙烯树脂粉，其他原料和生产方法同聚氯乙烯接缝膏。

PVC接缝膏有良好的粘结性、防水性、弹塑性，耐热、耐寒、耐腐蚀和抗老化性能也较好。

这种密封材料可以热用，也可以冷用。热用时，将聚氯乙烯接缝膏用慢火加热，加热温度不得超过140℃，达塑化状态后，应立即浇灌于清洁干燥的缝隙或接头等部位。冷用时，加溶剂稀释。其适用于各种屋面嵌缝或表面涂布作为防水层，也可用于水渠、管道等接缝。用于工业厂房自防水屋面嵌缝，大型墙板嵌缝等的效果也较好。

4. 丙烯酸酯密封膏

丙烯酸酯建筑密封膏是以丙烯酸酯乳液为基料，掺入增塑剂、分散剂、碳酸钙等配制而成的建筑密封膏。这种密封膏弹性好，能适应一般基层伸缩变形的需要。耐候性能优异，其使用年限在15年以上。耐高温性能好，在-20～+140℃情况下，长期保持柔韧性。粘结强度高，具有耐水、耐酸碱性，并有良好的着色性。适用于混凝土、金属、木材、天然石料、砖、瓦、玻璃之间的密封防水。

5. 硅酮密封膏

硅酮建筑密封膏是由有机聚硅氧烷为主剂，加入硫化剂、促进剂、增强填充料和颜料等组成的。硅酮建筑密封膏分单组分与双组分，两种密封膏的组成主剂相同，而硫化剂及其固化机理不同。其主要用途：

1）高模量硅酮建筑密封膏，主要用于建筑物的结构型密封部位，如高层建筑物大型玻璃幕墙、隔热玻璃粘结密封、建筑物门窗和框架周边密封。

2）中模量硅酮建筑密封膏，除了具有极大伸缩性的接触不能使用之外，在其他场合都可以用。

3）低模量硅酮建筑密封膏，主要用于建筑物的非结构型密封部位，如预制混凝土墙板、水泥板、大理石板、花岗石的外墙接缝、混凝土与金属框架的粘结、卫生间、高速公路接缝防水密封等。

单元小结

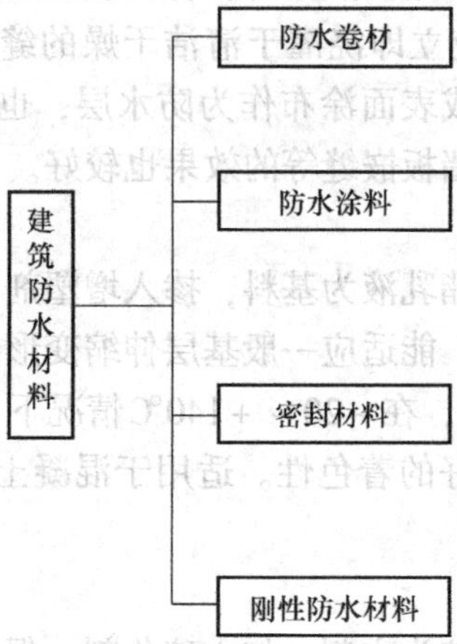
建筑防水材料
防水卷材
防水涂料
密封材料
刚性防水材料

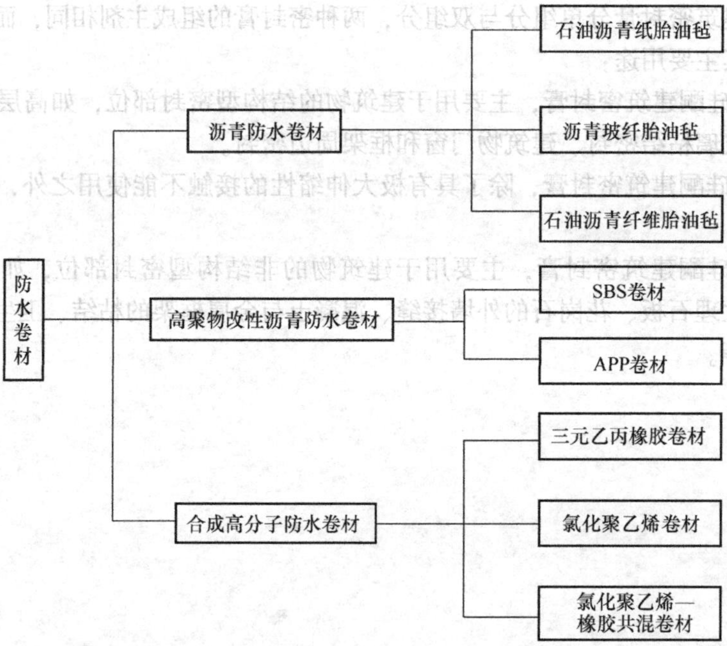
防水卷材
沥青防水卷材
石油沥青纸胎油毡
沥青玻纤胎油毡
石油沥青纤维胎油毡
高聚物改性沥青防水卷材
SBS卷材
APP卷材
合成高分子防水卷材
三元乙丙橡胶卷材
氯化聚乙烯卷材
氯化聚乙烯—
橡胶共混卷材

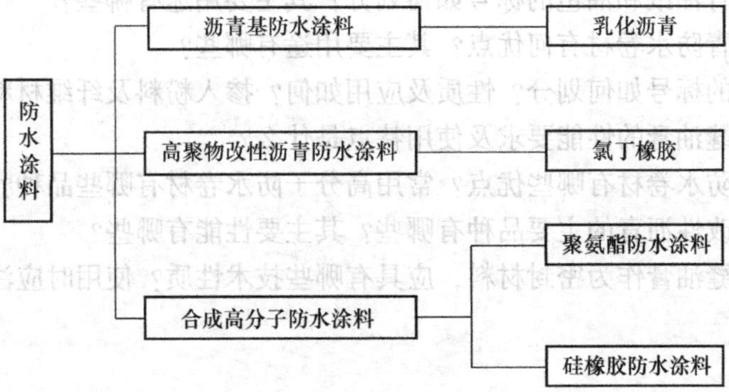

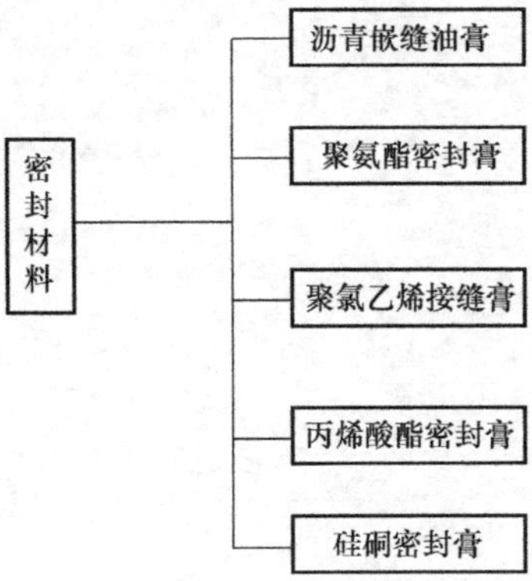

同步测试

9.1 建筑工程中选用石油沥青牌号的原则是什么？在地下防潮工程中，如何选择石油沥青的牌号？

9.2 请比较煤沥青与石油沥青的性能与应用的差别。

9.3 在粘贴防水卷材时，一般均采用沥青胶而不是沥青，这是为什么？

9.4 石油沥青的成分主要有哪几种？各有何作用？

9.5 石油沥青牌号用什么表示？牌号与其主要性能间的一般规律如何？

9.6 石油沥青的组分有哪些？各组分的性能和作用如何？

9.7 说明石油沥青的技术性质及指标。

9.8 什么是沥青的老化？

9.9 要满足防水工程的要求，防水卷材应具备哪几方面的性能？

9.10 与传统沥青防水卷材相比较，高聚物改性沥青防水卷材、合成高分子防水卷材各有哪些突出的优点？

9.11 防水涂料应具备哪几方面的性能？石油沥青的三大指标之间的相互关系如何？

9.12 如何延缓沥青的老化？

9.13 为什么要对石油沥青进行改性？有哪些改性措施？

9.14 常用的防水涂料有哪些？如何选用？

9.15　石油沥青油纸和油毡的标号如何划分？其主要用途有哪些？

9.16　改性沥青防水卷材有何优点？其主要用途有哪些？

9.17　沥青胶的标号如何划分？性质及应用如何？掺入粉料及纤维材料的作用是什么？

9.18　沥青嵌缝油膏的性能要求及使用特点是什么？

9.19　高分子防水卷材有哪些优点？常用高分子防水卷材有哪些品种？

9.20　高聚物改性沥青的主要品种有哪些？其主要性能有哪些？

9.21　沥青嵌缝油膏作为密封材料，应具有哪些技术性质？使用时应注意哪些事项？

单元10 绝热与吸声材料

知识目标：

- 了解常用建筑绝热与吸声材料的种类。
- 理解各类型绝热、吸声材料的性能和用途划分。
- 掌握建筑绝热隔热、吸声隔声材料的工程应用。

能力目标：

- 能够理解常用绝热、吸声材料的分类和特性。
- 能够掌握绝热、吸声材料在建筑装饰工程中的实际应用。
- 能够处理建筑装饰工程中常见的墙体、屋面及楼地面绝热、吸声问题。

建筑绝热保温和吸声隔声是节约能源、降低环境污染、提高建筑物居住和使用功能非常重要的一个方面。随着人们生活水平的逐步提高，对建筑物的质量要求越来越高。建筑用途的扩展，对其功能方面的要求也越来越严。因此，作为建筑功能材料重要类型之一的建筑绝热、吸声材料的地位和作用也越来越受到人们的关注和重视。

10.1 绝热材料

建筑绝热保温材料是建筑节能的物质基础。性能优良的建筑绝热保温材料和良好的保温技术，在建筑和工业保温中往往可起到事半功倍的效果。统计表明，建筑中每使用1t矿物棉绝热制品，每年可节约1t燃油。同时，建筑使用功能的提高，使人们对建筑的吸声隔声性能的要求也越来越高。随着近年来人们环境保护意识的增强，噪声污染对人们的健康和日常生活的危害日益为人们所重视，建筑的吸声功能在诸多建筑功能中的地位逐步增高。保温绝热材料由于其轻质及结构上的多孔特征，故具有良好的吸声性能。对于一般建筑物来说，吸声材料无需单独使用，其吸声功能是与保温绝热及装饰等其他新型建材相结合来实现的。因此在改善建筑物的吸声功能方面，新型建筑隔热保温材料起着其他材料所无法替代的作用。

绝热（保温、隔热）材料是指对热流具有显著阻抗性的材料或材料复合体；绝热制品则是指被加工成至少有一面与被覆盖面形状一致的各种绝热材料的制成品。

材料保温隔热性能的好坏是由材料导热系数的大小所决定的。导热系数越小，保温隔热性能越好。材料的导热系数，与其自身的成分、表观密度、内部结构以及传热时的平均温度和材料的含水量有关。一般来说，表观密度越轻，导热系数越小。在材料成分、表观密度、平均温度、含水量等完全相同的条件下，多孔材料单位体积中气孔数量越多，导热系数越小；松散颗粒材料的导热系数，随单位体积中颗粒数量的增多而减小；松散纤维材料的导热系数，则随纤维截面的减少而减小。当材料的成分、表观密度、结构等条件完全相同时，多孔材料的导热系数随平均温度和含水量的增大而增大，随湿度的减小而减小。绝大多数建筑材料的导热系数介于0.023～3.49W/(m·K)之间，通常把λ值不大于0.233的材料称为绝热材料，而将其中λ值小于0.14的绝热材料称为保温材料。根据材料的适用温度范围，将可在0℃以下使用的称为保冷材料，适用温度超过1000℃的称为耐火保温材料。习惯上通常将保温材料分为三档，即低温保温材料，使用温度低于250℃；中温保温材料，使用温度250～700℃；高温保温材料，使用温度在700℃以上。

除节能这一主要功能外，建筑绝热材料还应具备如下作用：绝热保温或保冷，阻止热交换、热传递的进行；隔热防火；减轻建筑物的自重。因此绝热材料的选用应符合以下基本要求：具有较低的导热系数，优质的保温绝热材料，要求其导热系数一般不应大于0.14W/(m·K)，即具有较高孔隙率和较小的表观密度，一般不大于600kg/m³；具有较低的吸湿性，大多数保温材料吸收水分之后，其保温性能会显著降低，甚至会引起材料自身的变质，故保温材料要使之处于干燥状态；具有一定的承重能力，保温绝热材料的强度必须保证建筑和工程设备上的最低强度要求，其抗压大于0.4MPa；具有良好的稳定性和足够的防火防腐能力；必须造价低廉，成型和使用方便。

10.1.1 绝热材料的基本要求和使用功能

绝热材料是用于减少结构物与环境热交换的一种功能材料。建筑工程中使用的绝热材料，一般要求其导热系数不宜大于0.233W/(m·K)，表观密度不大于600kg/m³，抗压强度不小于0.4MPa。在具体选用时，除考虑上述基本要求外，还应了解材料在耐久性、耐火性、耐侵蚀性等方面是否符合要求。

导热系数（λ）是材料导热特性的一个物理指标。当材料厚度、受热面积和温差相同时，导热系数（λ）值主要取决于材料本身的结构与性质。因此，导热系数是衡量绝热材料性能优劣的主要指标。λ值越小，则通过材料传送的热量就越少，其绝热性能也越好。材料的导热系数取决于材料的组分、内部结构、表观密度，也取决于传热时的环境温度和材料的含水量。通常，表观密度小的材料其孔隙率大，因此导热系数小。孔隙率相同时，孔隙尺寸大，导热系数就大；孔隙相互连通比相互不连通（封闭）者的导热系数大。对于松散纤维制品，当纤维之间压实至某一表观密度时，其λ值最小，则该表观密度为最佳表观密度。纤维制品的表观密度小于最佳表观密度时，表明制品中纤维之间的空隙过大，易引起空气对流，因而其λ值增大。因为水的λ值［0.58W/(m·K)］远大于密闭空气的导热系数［0.023W/(m·K)］，当受潮的绝热材料受到冰冻时，其导热系数会进一步增加，因为冰的λ值为2.33W/(m·K)，比水大。因此，绝热材料应特别注意防潮。

当材料处在0～50℃范围内时，其λ值基本不变。在高温时，材料的λ值随温度的升高而增大。对各向异性材料（如木材等），当热流平行于纤维延伸方向时，热流受到的阻力小，其λ值较大；而热流垂直于纤维延伸方向时，受到的阻力大，其λ值就小。

为了常年保持室内温度的稳定性，凡房屋围护结构所用的建筑材料，必须具有一定的绝热性能。

在建筑中合理地采用绝热材料，能提高建筑物的效能，保证正常的生产、工作和生活。在采暖、空调、冷藏等建筑物中采用必要的绝热材料，能减少散热损失，节约能源，降低成本。绝热良好的建筑，其能源消耗可节省25%～50%，因此，在建筑工程中，合理地使用绝热材料具有重要意义。

10.1.2 常用的绝热材料

绝热材料的品种很多，按材质可分为无机绝热材料、有机绝热材料和金属绝热材料三大类，按形态又可分为纤维状、多孔（微孔、气泡）状、层状等数种。目前在我国建筑市场上应用比较广泛的纤维状绝热材料如岩矿棉、玻璃棉、硅酸铝棉及其制品，以木纤维、各种植物秸杆、废纸等有机纤维为原料制成的纤维板材；多孔状绝热材料如膨胀珍珠岩、膨胀蛭石、微孔硅酸钙、泡沫石棉、泡沫玻璃以及加气混凝土，泡沫塑料类如聚苯乙烯、聚氨脂、聚氯乙烯、聚乙烯以及酚醛、脲醛泡沫塑料等；层状绝热材料如铝箔、各种类型的金属或非金属镀膜玻璃以及以各种织物等为基材制成的镀膜制品。

此外，玻璃绝热、吸声材料，如热反射膜镀膜玻璃、低辐射膜镀膜玻璃、导电膜镀膜玻璃、中空玻璃、泡沫玻璃等建筑功能性玻璃，以及反射型绝热保温材料如铝箔波形纸保温隔热板、玻璃棉制品铝箔复合材料、反射型保温隔热卷材和外护绝热复合材料（AFC）也都得到了长足的发展，产品的品种、质量和数量都在迅速提高。随着我国对建筑围护结构热工标准的逐步提升，对该类建筑材料的需求将会大大增加。

1. 无机散粒绝热材料

常用的无机散粒绝热材料有膨胀珍珠岩和膨胀蛭石等。

（1）膨胀珍珠岩及其制品　膨胀珍珠岩是由天然珍珠岩煅烧而成的，呈蜂窝泡沫状的白色或灰白色颗粒，是一种高效能的绝热材料。其堆积密度为40~500kg/m^3，导热系数为0.047~0.070W/(m·K)，最高使用温度可达800℃，最低使用温度为-200℃。具有吸湿小、无毒、不燃、抗菌、耐腐、施工方便等特点。建筑上广泛用于围护结构、低温及超低温保冷设备、热工设备等处的隔热保温材料，也可用于制作吸声制品。

膨胀珍珠岩制品是以膨胀珍珠岩为主，配合适量胶凝材料（水泥、水玻璃、磷酸盐、沥青等），经拌和、成型、养护（或干燥，或固化）后而制成的具有一定形状的板、块、管壳等制品。

（2）膨胀蛭石及其制品　蛭石是一种天然矿物，在850~1000℃的温度下煅烧时，体积急剧膨胀，单个颗粒体积能膨胀约20倍。

膨胀蛭石的主要特点是：表观密度80~900kg/m^3，导热系数0.046~0.070W/(m·K)，可在1000~1100℃温度下使用，不蛀、不腐，但吸水性较大。膨胀蛭石可以呈松散状铺设于墙壁、楼板、屋面等夹层中，作为绝声、隔声之用。使用时应注意防潮，以免吸水后影响绝热效果。

膨胀蛭石也可与水泥、水玻璃等胶凝材料配合，浇制成板，用于墙、楼板和屋面板等构件的绝热。其水泥制品通常用10%~15%体积的水泥，85%~90%的膨胀蛭石及适量的水经拌和、成型、养护而成。其制品的表观密度为300~550kg/m^3，相应的导热系数为0.08~0.10W/(m·K)，抗压强度0.2~1MPa，耐热温度600℃。水玻璃膨胀蛭石制品是以膨胀蛭石、水玻璃和适量氟硅酸钠（$NaSiF_6$）配制而成，其表观密度为300~550kg/m^3，相应的导热系数为0.079~0.084W/(m·K)，抗压强度为0.35~0.65MPa，最高耐热温度900℃。

2. 无机纤维状绝热材料

常用的无机纤维有矿棉、玻璃棉等。可制成板或筒状制品。由于不燃、吸声、耐久、价格便宜、施工简便，而广泛用于住宅建筑和热工设备的表面。

（1）玻璃棉及制品　玻璃棉是用玻璃原料或碎玻璃经熔融后制成的一种纤维状材料。一般的堆积密度为40～150kg/m^3，导热系数小，价格与矿棉制品相近。可制成沥青玻璃棉毡、板及酚醛玻璃棉毡、板，使用方便，因此是广泛用在温度较低的热力设备和房屋建筑中的保温隔热材料，还是优质的吸声材料。

（2）矿棉和矿棉制品　矿棉一般包括矿渣棉和岩石棉。矿渣棉所用原料有高炉硬矿渣、铜矿渣和其他矿渣等，另加一些调整原料（含氧化钙、氧化硅的原料）。岩石棉的主要原料是天然岩石，是经熔融后吹制而成的纤维状（棉状）产品。

矿棉具有轻质、不燃、绝热和电绝缘等性能，且原料来源丰富，成本较低，可制成矿棉板、矿棉防水毡及管套等。可用作建筑物的墙壁、屋顶、顶棚等处的保温隔热和吸声。

3. 无机多孔类绝热材料

多孔类材料是指材料体积内含有大量均匀分布的气孔（开口气孔、封闭气孔或两者皆有），主要有泡沫类和发气类产品。

（1）泡沫混凝土　是由水泥、水、松香泡沫剂混合后经搅拌、成型、养护而成的一种多孔、轻质、保温、隔热、吸声材料，也可用粉煤灰、石灰、石膏和泡沫剂制成粉煤灰泡沫混凝土。泡沫混凝土的表观密度约为300～500kg/m^3，导热系数约为0.082～0.186W/(m·K)。

（2）加气混凝土　是由水泥、石灰、粉煤灰和发气剂（铝粉）配制而成的一种保温隔热性能良好的轻质材料。由于加气混凝土的表观密度小（500～700kg/m^3），导热系数值[0.093～0.164W/(m·K)]比粘土砖小，因而240mm厚的加气混凝土墙体的保温隔热效果优于370mm厚的砖墙。此外，加气混凝土的耐火性能良好。

（3）泡沫玻璃　由玻璃粉和发泡剂等经配料、烧制而成。气孔率达80%～95%，气孔直径为0.1～5㎜，且大量为封闭而孤立的小气泡。其表观密度为150～600kg/m^3，导热系数为0.058～0.128W/(m·K)，抗压强度为0.8～15MPa。采用普通玻璃粉制成的泡沫玻璃最高使用温度为300～400℃，若用无碱玻璃粉生产时，则最高使用温度可达800～1000℃。其耐久性好，易加工，可满足多种绝热需要。

（4）硅藻土　由水生硅藻类生物的残骸堆积而成。其孔隙率为50%～80%，导热系数约为0.060W/(m·K)，因此具有很好的绝热性能。其最高使用温度可达900℃，可用作填充料或制成制品。

4. 有机绝热材料

（1）泡沫塑料　泡沫塑料是以各种树脂为基料，加入一定剂量的发泡剂、催化剂、稳定剂等辅助材料，经加热发泡而制成的一种具有轻质、耐热、吸声、防震性能的材料。目前我国生产的有聚苯乙烯泡沫塑料，其表观密度为20～50kg/m^3，导热系数为0.038～0.047W/(m·K)，最高使用温度约为70℃；聚氨乙烯泡沫塑料，其表观密度为12～75kg/m^3，导热系数为0.031～0.045W/(m·K)，最高使用温度为70℃，遇火能自行熄灭；聚氨酯泡沫塑料，其表观密度为30～65kg/m^3，导热系数为0.035～0.042W/(m·K)，最高使用温度可达120℃，最低使用温度为－60℃。此外，还有脲醛泡沫塑料及制品等。该类绝热材料可用作复合墙板及屋面板的夹芯层，也可满足冷藏和包装等绝热需要。

（2）窗用绝热薄膜　用于建筑物窗户的绝热，可以遮蔽阳光，防止室内陈设物褪色，降低冬季热量损失，节约能源，增加美感。其厚度为12～50μm，使用时将特制的防热片

(薄膜) 贴在玻璃上，其功能是将透过玻璃的阳光反射出去，反射率高达80%。防热片能够减少紫外线的透过率，减轻紫外线对室内家具和织物的有害作用，减弱室内温度变化程度，也可以避免玻璃碎片伤人。

(3) 植物纤维类绝热板　该类绝热材料可用稻草、木质纤维、麦秸、甘蔗渣等为原料经加工而成。其表观密度约为200～1200kg/m³，导热系数为0.058～0.307W/(m·K)，可用于墙体、地板、顶棚等，也可用于冷藏库、包装箱等。

10.1.3　常用绝热材料的技术性能

常用绝热材料的技术性能见表10-1。

表10-1　常用绝热材料的技术性能

材料名称	表观密度/(kg/m³)	强度/MPa	导热系数/[W/(m·K)]	最高使用温度/℃	用　途
超细玻璃棉毡	30～50		0.035	300～400	墙体、屋面、冷藏库等
沥青玻纤制品	100～150		0.041	250～300	
岩棉纤维	80～150	>0.012	0.044	250～600	填充墙体、屋面、热力管道等
岩棉制品	80～160		0.04～0.052	≤600	
膨胀珍珠岩	40～300		常温0.02～0.044 高温0.06～0.17 低温0.02～0.038	≤800	高效能保温保冷填充材料
水泥膨胀珍珠岩制品	300～400	0.5～0.10	常温0.05～0.081 低温0.081～0.12	≤600	保温隔热
水玻璃膨胀珍珠岩制品	200～300	0.6～1.7	常温0.056～0.093	≤650	保温隔热
沥青膨胀珍珠岩制品	200～500	0.2～1.2	0.093～0.12		用于常温及负温部位的绝热
膨胀蛭石	80～900	0.2～1.0	0.046～0.070	1000～1100	填充材料
水泥膨胀蛭石制品	300～350	0.5～1.15	0.076～0.105	≤600	保温隔热
微孔硅酸钙制品	250	>0.3	0.041～0.056	≤650	围护结构及管道保温
轻质钙塑板	100～150	0.1～0.3 0.11～0.7	0.047	650	保温隔热兼防水性能，并具有装饰性能
泡沫玻璃	150～600	0.55～15	0.058～0.128	300～400	砌筑墙体及冷藏库绝热
泡沫混凝土	300～500	≥0.4	0.08～0.3		围护结构
加气混凝土	400～700	≥0.4	0.11～0.18		围护结构

（续）

材料名称	表观密度 /（kg/m³）	强度/MPa	导热系数 /［W/（m·K）］	最高使用温度 /℃	用　途
木丝板	300 ~ 600	0.4 ~ 0.5	0.11 ~ 0.26		顶棚、隔墙板、护墙板
软质纤维板	150 ~ 400		0.047 ~ 0.093		顶棚、隔墙板、护墙板，表面较光洁
软木板	105 ~ 437	0.15 ~ 2.5	0.044 ~ 0.079	≤130	吸水率小，不霉腐、不燃烧，用于绝热隔热
聚苯乙烯泡沫塑料	20 ~ 50	0.15	0.031 ~ 0.047	70	屋面、墙体保温，冷藏库隔热
硬质聚氨酯泡沫塑料	30 ~ 40	0.25 ~ 0.5	0.022 ~ 0.055	-60 ~ 120	屋面、墙体保温，冷藏库隔热
聚氯乙烯泡沫塑料	12 ~ 27	0.31 ~ 1.2	0.022 ~ 0.035	-196 ~ 70	屋面、墙体保温，冷藏库隔热

10.2　吸声、隔声材料

吸声材料在建筑中的作用主要是用以改善室内收听声音的条件和控制噪声。保温绝热材料由于其轻质及结构上的多孔特征，故具有良好的吸声性能。除一些对声音有特殊要求的建筑物如音乐厅、影剧院、大会堂、大教室、播音室等场所外，对于大多数一般的工业与民用建筑物来说，均无需单独使用吸声材料，其吸声功能的提高主要是靠与保温绝热及装饰等其他新型建材相结合来实现的。因此，建筑绝热材料也是改善建筑物吸声功能的不可或缺的物质基础。

材料吸声性能以吸声系数衡量，吸声系数是指被吸收的能量与声波原先传递给材料的全部能量的百分比。吸声系数与声音的频率和声音的入射方向有关，因此吸声系数指的是一定频率的声音从各个方向入射的吸收平均值，通常采用的声波为 125Hz、250Hz、500Hz、1000Hz、2000Hz、4000Hz。一般对上述 6 个频率的平均吸声系数大于 0.2 的材料，称为吸声材料。因吸声材料可较大程度地吸收由空气传播的声波能量，在播音室、音乐厅、影剧院等的墙面、地面、顶棚等部位采用适当的吸声材料，能改善声波在室内的传播的质量，保持良好的音响效果和舒适感。

隔声材料是能较大程度隔绝声波传播的材料。

10.2.1　材料的吸声性能

物体振动时，迫使邻近空气随着振动而形成声波，当声波接触到材料表面时，一部分被反射，一部分穿透材料，而其余部分则在材料内部的孔隙中引起空气分子与孔壁的摩擦和粘滞阻力，使相当一部分声能转化为热能而被吸收。被材料吸收的声能（包括穿透材料的声能在内）与原先传递给材料的全部声能之比，是评定材料吸声性能的主要指标，称为吸声系数，用下式表示：

$$\alpha = \frac{E}{E_0} \times 100\% \tag{10-1}$$

式中　α——材料的吸声系数；

E_0——传递给材料的全部入射声能；

E——被材料吸收（包括穿透）的声能。

假如入射声能的70%被吸收（包括穿透材料的声能在内），30%被反射，则该材料的吸声系数 α 就等于0.7。当入射声能100%被吸收而无反射时，吸收系数等于1。当门窗开启时，吸收系数相当于1。一般材料的吸声系数在0～1之间。

材料的吸声特性，除与材料本身性质、厚度及材料表面的条件有关外，还与声波的入射角及频率有关。一般而言，材料内部的开放连通的气孔越多，吸声性能越好。同一材料，对于高、中、低不同频率的吸声系数不同。为了全面反映材料的吸声性能，规定取125Hz、250Hz、500Hz、1000Hz、2000Hz、4000Hz 六个频率的吸声系数来表示材料吸声的频率特性。吸声材料在上述六个规定频率的平均吸声系数应大于0.2。

为了改善声波在室内传播的质量，保持良好的音响效果和减少噪声的危害，在音乐厅、电影院、大会堂、播音室及工厂噪声大的车间等内部的墙面、地面、顶棚等部位，应选用适当的吸声材料。

10.2.2　常用材料的吸声系数

常用的吸声材料及其吸声系数见表10-2，供选用时参考。

表 10-2　常用的吸声材料及其吸声系统

分类及名称		厚度/cm	表观密度/(kg/m³)	各种频率下的吸声系数						装置情况
				125	250	500	1000	2000	4000	
无机材料	石膏板（有花纹）	—	—	0.03	0.05	0.06	0.09	0.04	0.06	
	水泥蛭石板	4.0	—	—	0.14	0.46	0.78	0.50	0.60	
	石膏砂浆（掺水泥、玻璃纤维）	2.2	—	0.24	0.12	0.09	0.30	0.32	0.83	粉刷在墙上
	水泥膨胀珍珠岩板	5	350	0.16	0.46	0.64	0.48	0.56	0.56	贴实
	水泥砂浆	1.7	—	0.21	0.16	0.25	0.4	0.42	0.48	粉刷在墙上
	砖（清水墙面）		—	0.02	0.03	0.04	0.04	0.05	0.05	贴实
木质材料	软木板	2.5	260	0.05	0.11	0.25	0.63	0.70	0.70	贴实
	木丝板	3.0	—	0.10	0.36	0.62	0.53	0.71	0.90	钉在木龙骨上，后面留10cm空气层或留5cm空气层
	三夹板	0.3	—	0.21	0.73	0.21	0.19	0.08	0.12	
	穿孔五夹板	0.5	—	0.01	0.25	0.55	0.30	0.16	0.19	
	木花板	0.8	—	0.03	0.02	0.03	0.03	0.04	—	
	木质纤维板	1.1	—	0.06	0.15	0.28	0.30	0.33	0.31	

（续）

分类及名称		厚度/cm	表观密度/(kg/m³)	各种频率下的吸声系数						装置情况
				125	250	500	1000	2000	4000	
多孔材料	泡沫玻璃	4.4	160～220	0.11	0.32	0.52	0.44	0.52	0.33	贴实
	脲醛泡沫塑料	5.0	20	0.22	0.29	0.40	0.68	0.95	0.94	
	泡沫水泥（外粉刷）	2.0	—	0.18	0.05	0.22	0.48	0.22	0.32	紧靠粉刷
	吸声蜂窝板	—	—	0.27	0.12	0.42	0.86	0.48	0.30	贴实
	泡沫塑料	1.0	—	0.03	0.06	0.12	0.41	0.85	0.67	
纤维材料	矿渣棉	3.13	210	0.01	0.21	0.60	0.95	0.85	0.72	贴实
	玻璃棉	5.0	80	0.06	0.08	0.18	0.44	0.72	0.82	
	酚醛玻璃纤维板	8.0	100	0.25	0.55	0.80	0.92	0.98	0.95	

10.2.3　隔声材料

能减弱或隔断声波传递的材料称为隔声材料。人们要隔绝的声音，按其传播途径有空气声（通过空气的振动传播的声音）和固体声（通过固体的撞击或振动传播的声音）两种，两者隔声的原理不同。

隔绝空气声主要是遵循声学中的“质量定律”，即材料的密度越大，越不易受声波作用而产生振动，其隔声效果越好。所以应选用密实的材料（如钢筋混凝土、钢板、实心砖等）作为隔绝空气声的材料。吸声性能好的材料，一般为轻质、疏松、多孔材料，隔声效果不一定好。

隔绝固体声的最有效办法是断绝其声波继续传递的途径，即在产生和传递固体声波的结构（如梁、框架与楼板、隔墙，以及它们的交接处等）层中加入具有一定弹性的衬垫材料，如地毯、毛毡、橡胶或设置空气隔离层等，以阻止或减弱固体声波的继续传播。

单元小结

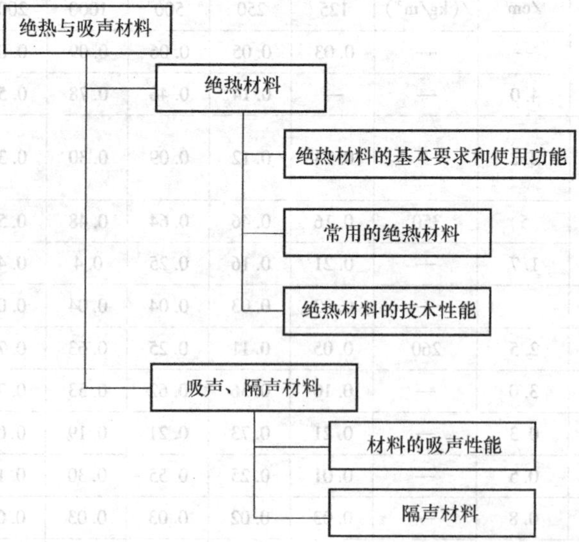

同步测试

10.1 绝热材料在使用过程中为什么要防水防潮？

10.2 为什么新建房屋的墙体保温性能差？

10.3 试述材料的导热系数及其主要影响因素。

10.4 何为绝热材料？评定绝热材料性能好坏的指标是什么？哪些因素影响绝热材料的导热性？

10.5 为什么绝热材料总是轻质的？为什么使用时一定要防潮？

10.6 何为吸声材料？材料吸声系数的物理意义是什么？

10.7 绝热材料与吸声材料在内部构造特征上有什么区别？

10.8 影响材料吸声性能的主要因素有哪些？

10.9 多孔材料、穿孔材料及薄板共振结构的吸声原理是什么？

10.10 影响多孔吸声材料吸声效果的因素有哪些？

10.11 吸声材料的选用原则是什么？吸声材料在施工安装时应注意哪些事项？

10.12 为什么不能简单地将一些吸声材料作为隔音材料来使用？

单元 11　建筑石膏及制品

知识目标：

- 了解建筑石膏的基本知识，包括建筑石膏的生产、水化硬化、技术要求。
- 理解各类型石膏制品的性能和用途划分。
- 掌握纸面石膏板、装饰石膏板、吸声用穿孔石膏板、装饰纸面石膏板等石膏制品的工程应用。

能力目标：

- 能够理解常用建筑石膏制品的分类和特性。
- 能够掌握各种建筑石膏板材在建筑装饰工程中的实际应用。
- 能够处理建筑石膏制品在实际工程中的安装、维护等问题。

石膏是一种应用历史悠久的建筑材料，与石灰、水泥并列为无机胶凝材料中的三大支柱。石膏是气硬性无机胶凝材料，它只能在空气中硬化，也只能在空气中保持和继续发展强度。它具有重量轻、凝结快、耐火性能好、传热传声小、施工高效、对人体亲和无害等优点，是国际上推崇发展的节能型绿色材料。我国是石膏资源大国，天然石膏储量达 600 亿吨以上，居世界第一位，此外，工业副产物化学石膏的排放量呈不断增长趋势，因此发展石膏基材料具备得天独厚的资源优势。随着建筑业的飞速发展，石膏用做建筑装饰材料，近年来发展迅速。

11.1　建筑石膏的生产、水化与凝结硬化

11.1.1　建筑石膏的生产

将天然二水石膏 $CaSO_4 \cdot 2H_2O$（又称为生石膏或软石膏）加热脱水而得，反应式如下：

$$CaSO_4 \cdot 2H_2O \longrightarrow CaSO_4 \cdot \frac{1}{2}H_2O + \frac{3}{2}H_2O$$

半水石膏是主要的石膏胶凝材料，是石膏的再加工产物。将主要成分为二水石膏的天然二水石膏或者其他化工废渣二水石膏加热，随着温度的升高，可能会发生一系列变化。当温度为 65 ~ 75℃时，$CaSO_4 \cdot 2H_2O$ 开始脱水，至 107 ~ 170℃时，生成半水石膏（$CaSO_4 \cdot \frac{1}{2}H_2O$）。

在加热阶段因加热条件不同，所得到的半水石膏有 α 型和 β 型两种形态，若将二水石膏在非密闭的窑炉中加热脱水，得到的是 β 型半水石膏，称为建筑石膏。建筑石膏的晶粒较细，调制成一定稠度的浆体时，需水量很高，硬化后的强度低。若将二水石膏置于 0.13MPa、124℃的过饱和蒸汽条件下蒸炼脱水，或者置于某些盐溶液中煮沸，可得到 α 型

半水石膏，成为高强石膏。高强石膏的晶粒较粗，调制成一定稠度的浆体时，需水量很低，硬化后的强度高。

11.1.2　石膏的水化与凝结硬化

建筑石膏与水拌和后，即与水发生化学反应（简称为水化），反应式如下：

$$CaSO_4 \cdot \frac{1}{2}H_2O + \frac{3}{2}H_2O \longrightarrow CaSO_4 \cdot 2H_2O$$

由于二水石膏的溶解度比半水石膏小许多，所以二水石膏胶体微粒不断从过饱和溶液（即石膏浆体）中沉淀析出。二水石膏的析出促使上述水化反应继续进行，直至半水石膏全部转化为二水石膏为止。石膏浆体中的水分因水化和蒸发而减少，浆体的稠度逐步增加，胶体微粒间的搭接、粘结逐步增强，使浆体逐渐失去可塑性，即浆体逐渐产生凝结。随水化的进一步进行，胶体凝聚并逐步转变为晶体，且晶体间相互搭接、交错、共生，使浆体完全失去可塑性，产生强度，即硬化，最终成为具有一定强度的人造石材。

浆体的凝结硬化是一个连续进行的过程。将从加水拌和开始一直到浆体开始失去可塑性，称为初凝；将完全失去塑性并开始产生强度的过程称为终凝。

11.2　建筑石膏的技术要求及特性

11.2.1　建筑石膏的技术要求

建筑石膏呈洁白粉末状，密度约为2.6～2.75g/cm^3，堆积密度约为0.8～1.1g/cm^3。建筑石膏的技术要求主要有：细度、凝结时间和强度。根据《建筑石膏》（GB/T 9776—2008），建筑石膏的物理力学性能应符合表11-1的要求。建筑石膏容易受潮吸湿，因此在运输、贮存的过程中，应注意避免受潮。石膏长期存放强度也会降低，一般贮存三个月后，强度下降30%左右。所以，建筑石膏贮存时间不得过长，若超过三个月，应重新检验并确定其等级。建筑石膏的初凝时间应不小于3min，终凝时间不大于30min。

表11-1　建筑石膏的物理力学性能

等　级	细度（0.2mm方孔筛筛余）（%）	凝结时间/min		2h强度/MPa	
		初凝	终凝	抗折	抗压
3.0	≤10	≥3	≤30	≥3.0	≥6.0
2.0				≥2.0	≥4.0
1.6				≥1.6	3.0

11.2.2　建筑石膏的性质

1. 凝结硬化快

加水拌和以后，几分钟内便开始失去可塑性。为满足施工操作的要求，一般均需加硼砂或柠檬酸、亚硫酸盐纸浆废液、动物胶（需用石灰处理）等作缓凝剂。

2. 凝结硬化时体积微胀

凝结硬化初期的这种体积微膨胀（约0.5% ~1.0%），使制得的石膏制品的表面光滑、细腻、尺寸精确、形状饱满，因而装饰性好。

3. 孔隙率高、体积密度小

建筑石膏在拌和时，为使浆体具有施工要求的可塑性，需加入60% ~80%的用水量，而建筑石膏水化的理论需水量为18.6%，故大量多余的水造成了建筑石膏制品多孔的性质（孔隙率可达50% ~60%），并且体积密度小（800 ~1000kg/m^3）。

4. 保湿性、吸声性好

建筑石膏孔隙率大且均为微细的毛细孔，故导热系数小，保温性与吸声性好。

5. 具有一定的调温调湿性

因其具有多孔结构的特点，石膏制品的热容量大，室内温度、湿度变化时，具有调节作用。

6. 强度较低

建筑石膏2h强度为3 ~6MPa。

7. 防火性好

因其导热系数小，传热慢，且二水石膏脱水产生的水蒸汽能延缓火势的蔓延。

8. 耐水性、抗冻性差

由于孔隙率大，吸水性强，长期在潮湿环境中，其晶体粒子间的结合力会削弱，直至溶解，因此不耐水、不抗冻。

11.3　建筑石膏的应用及贮存

11.3.1　建筑石膏的应用

建筑石膏在建筑工程中主要用作室内抹灰、粉刷，建筑装饰制品和石膏板等。

1. 室内抹灰及粉刷

抹灰是以建筑石膏为胶凝材料，加入水和砂子配成石膏砂浆，作为内墙面抹平用。由建筑石膏特性可知石膏砂浆具有良好的保温隔热性能，调节室内空气的湿度和良好的隔声与防火性能。由于其不耐水，故不宜在外墙使用。粉刷指的是建筑石膏加水和适量外加剂，调制成涂料，涂刷装修内墙面。粉刷后表面光洁、细腻、色白，且透湿透气、凝结硬化快、施工方便、粘结强度高，是良好的内墙涂料。

2. 建筑装饰制品

以杂质含量少的建筑石膏加入少量纤维增强材料和建筑胶水等制作成各种装饰制品，也可掺入颜料制成彩色制品。

3. 石膏板

石膏板是建筑工程中使用量最大的一类板材，包括石膏装饰板、空心石膏板、蜂窝板等。石膏板可作为装饰吊顶、隔板或保温、隔声、防火材料等使用。

4. 其他用途

建筑石膏可作为生产某些硅酸盐制品的增强剂，如粉煤灰砖、炉渣制品等；也可用于油漆或粘贴墙纸等的基层找平。

11.3.2　石膏板材的种类

1. 装饰石膏板

装饰石膏板是以建筑石膏为主要原料，掺加少量纤维材料等制成的有多种图案、花饰的板材，如石膏印花板、穿孔吊顶板、石膏浮雕吊顶板、纸面石膏饰面装饰板等，是一种新型的室内装饰材料，适用于中高档装饰，具有轻质、防火、防潮、易加工、安装简单等特点。特别是新型树脂仿型饰面防水石膏板板面覆以树脂，饰面仿型花纹，其色调图案逼真、新颖大方、板材强度高、耐污染、易清洗，可用于装饰墙面，做护墙板及踢脚板等，是代替天然石材和水磨石的理想材料。

2. 石膏空心条板

石膏空心条板是以建筑石膏为主要原料，掺加适量轻质填充料或纤维材料后加工而成的一种空心板材。这种板材不用纸和粘结剂，安装时不用龙骨，是发展比较快的一种轻质板材，主要用于内墙和隔墙。

3. 纤维石膏板

纤维石膏板是以建筑石膏为主要原料，并掺加适量纤维增强材料制成的，这种板材的抗弯强度高于纸面石膏板，可用于内墙和隔墙，也可代替木材制作家具。

4. 纸面石膏板

纸面石膏板是以建筑石膏为主要原料，掺入适量添加剂与纤维做板芯，以特制的板纸为护面，经加工制成的板材。纸面石膏板具有重量轻、隔声、隔热、加工性能强、施工方法简便的特点。

（1）常见种类　纸面石膏板的品种很多，常见的纸面石膏板有以下四类：

1）普通纸面石膏板。象牙白色板芯，灰色纸面，是最为经济和常见的品种。适用于无特殊要求的使用场所，要求使用场所连续相对湿度不超过65%。因为价格的原因，9.5mm厚的普通纸面石膏板被广泛用于吊顶或隔墙，但是由于9.5mm普通纸面石膏板比较薄、强度不高，在潮湿条件下容易发生变形，因此建议选用厚度12mm以上的石膏板。同时，使用较厚的板材也是预防接缝开裂的一个有效手段。

2）耐水纸面石膏板。其板芯和护面纸均经过了防水处理，根据要求，耐水纸面石膏板的纸面和板芯都必须达到一定的防水要求（表面吸水量不大于160g，吸水率不超过10%）。耐水纸面石膏板适用于连续相对湿度不超过95%的使用场所，如卫生间、浴室等。

3）耐火纸面石膏板。其板芯内增加了耐火材料和大量玻璃纤维，如果切开石膏板，可以从断面处看到很多玻璃纤维。质量好的耐火纸面石膏板会选用耐火性能好的无碱玻纤，一般的产品选用中碱或高碱玻纤。

4）防潮石膏板。具有较高的表面防潮性能，表面吸水率小于160g/m^2，防潮石膏板用于环境潮度较大的房间吊顶、隔墙和贴面墙。

（2）用途　纸面石膏板韧性好，不燃，尺寸稳定，表面平整，可以锯割，便于施工，主要用于吊顶、隔墙、内墙贴面、吸声板等。

（3）性能特点　纸面石膏板是以天然石膏和护面纸为主要原料，掺加适量纤维、淀粉、促凝剂、发泡剂和水等制成的轻质建筑薄板。纸面石膏板作为一种新型建筑材料，在性能上有以下特点：

1）生产能耗低，生产效率高。生产等量的纸面石膏板的能耗比水泥节省78%，且投资少，生产能力大，工序简单，便于大规模生产。

2）轻质。用纸面石膏板作隔墙，重量仅为同等厚度砖墙的1/15，砌块墙体的1/10，有利于结构抗震，并可有效减少基础及结构主体造价。

3）保温隔热。纸面石膏板板芯60%左右是微小气孔，因空气的导热系数很小，因此具有良好的保温隔热性能。

4）防火性能好。由于石膏芯本身不燃，且遇火时在释放化合水的过程中会吸收大量的热，延迟周围环境温度的升高，因此纸面石膏板具有良好的防火阻燃性能。经国家防火检测中心检测，纸面石膏板隔墙耐火极限可达4小时。

5）隔声性能好。采用单一轻质材料，如加气混凝土、膨胀珍珠岩板等构成的单层墙体，其厚度很大时才能满足隔声的要求，而纸面石膏板隔墙具有独特的空腔结构，具有很好的隔声性能。

6）装饰功能好。纸面石膏板表面平整，板与板之间通过接缝处理形成无缝表面，可直接进行装饰。

7）加工方便，可施工性好。纸面石膏板具有可钉、可刨、可锯、可粘的性能，用于室内装饰可取得理想的装饰效果。仅需裁制刀便可随意对纸面石膏板进行裁切，施工非常方便，用它作装饰材料可极大地提高施工效率。

8）舒适的居住功能。由于石膏板的孔隙率较大，并且孔结构分布适当，所以具有较高的透气性能。当室内湿度较高时，可吸湿，而当空气干燥时，又可放出一部分水分，因而可对室内湿度起到一定的调节作用，国外将纸面石膏板的这种功能称为“呼吸”功能。正是由于石膏板具有这种独特的“呼吸”功能，可在一定范围内调节室内湿度，使居住条件更舒适。

9）绿色环保。纸面石膏板采用天然石膏及纸面作为原料，不含对人体有害的石棉（绝大多数的硅酸钙类板材及水泥纤维板均采用石棉作为板材的增强材料）。

10）节省空间。采用纸面石膏板作墙体，墙体厚度最小可达74mm，并可保证墙体的隔声、防火性能。

(4) 纸面石膏板的鉴别

1）目测。外观检查时应在0.5m远处光照明亮的条件下，对板材正面进行目测检查。先看表面，表面平整光滑，不能有气孔、污痕、裂纹、缺角、色彩不均和图案不完整等现象，纸面石膏板上下两层护面纸应结实，可预防开裂且打螺钉时不至于将石膏板打裂；再看侧面，看石膏质地是否密实，有没有空鼓现象，越密实的石膏板越耐用。

2）用手敲击。用手敲击，发出很实的声音说明石膏板严实耐用，如发出很空的声音说明板内有空鼓现象，且质地不好。用手掂分量也可以衡量石膏板的优劣。

3）尺寸允许偏差、平面度和直角偏离度。尺寸允许偏差、平面度和直角偏离度应符合标准要求，装饰石膏板如偏差过大，会使装饰表面拼缝不整齐，整个表面凹凸不平，对装饰效果会有很大的影响。

4）看标志。在每个包装箱上，应有产品的名称、商标、质量等级、制造厂名、生产日期以及防潮、小心轻放和产品标记等标志。

11.3.3　建筑石膏的贮存与运输

建筑石膏在运输和贮存时要注意防潮，贮存期一般不宜超过 3 个月，否则将使石膏制品的质量下降。

当采用汽车运输时，应将石膏板紧固牢靠，避免过大的颠簸，并注意防雨。人工装卸时，注意不要使板与车底或车帮摩擦，以防损坏板边、板角或划破纸面。采用火车运输时，一次吊起最多不得超过三架石膏板，起吊要保持平稳、不倾斜，确保石膏板两侧边受力均匀，并注意防雨，装卸车时注意轻起轻放，不得磕碰石膏板边角。

另外，石膏板在贮存时，应注意以下问题：

1）石膏板应贮存于干燥、通风、不受阳光直接照射的地方。

2）存放地面应比较平整，最下面一架与地面之间、上架与下架之间应用垫条垫平。垫条高 100mm 左右，每垛至少用四根平行均布，两端的垫条距石膏板端头 100 ~150mm。

3）注意单板不要伸出垛外、斜靠或悬空放置。

4）板垛之间应留有一定距离，板垛最高码放四架石膏板。

5）室外存放时间不能太长，且必须采取防雨措施。

6）雨后应将石膏板苫布打开以保持板材干燥，避免因受潮板产生变形而影响板的质量。

单 元 小 结

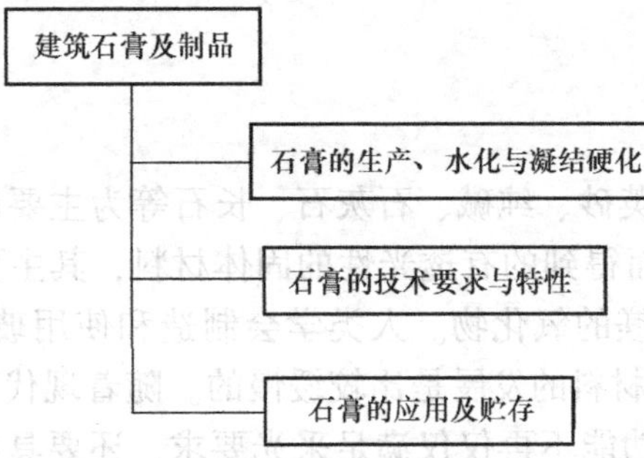

同 步 测 试

11.1　为什么石膏制品具有良好的保温隔热性和阻燃性？

11.2　石膏抹灰材料和其他抹灰材料的性能相比有何特点？

11.3　石膏的生产工艺和品种有何关系？简述石膏的性能特点。

11.4　建筑石膏的主要技术性质有哪些？

11.5　某实验室利用破碎的石膏模型，将其研细，加水搅拌浇筑成石膏像，会发生什么现象？采取何种措施才能使用？

11.6　为什么石膏特别适用于制作室内装饰材料？

11.7　常见装饰石膏板材有哪些品种？各自的特点及使用要求分别是什么？

11.8　建筑石膏及产品在运输和贮存、保管过程中需要注意哪些问题？

单元12 其他常用的装饰材料

知识目标：

- 掌握建筑玻璃、陶瓷、塑料、涂料、胶粘剂的种类、性质及应用。
- 了解陶瓷的组成材料、陶瓷面砖的基本知识。
- 掌握釉面砖、墙地砖的概念、种类、规格及应用。
- 掌握常用塑料管材的规格、用途及应用。
- 了解涂料的基本定义、分类及应用现状。

能力目标：

- 通过学习本单元的知识，了解建筑玻璃、陶瓷及塑料是建筑装饰工程中常用的装饰材料，能够掌握建筑玻璃、陶瓷及塑料的基本性能，具备建筑装饰施工员或材料员岗位中建筑玻璃、陶瓷及塑料的认知、验收及检测等职业能力。
- 能够在建筑装饰工程施工中把握建筑塑料制品、塑料管材的基本性能，从而可从事材料员岗位中的建筑塑料制品、塑料管材的采购、验收及保管工作。
- 能够为不同的建筑饰面选择合适的建筑涂料，能够说明常见建筑涂料的应用方法。

12.1 建筑玻璃

玻璃（钠钙玻璃）是以石英砂、纯碱、石灰石、长石等为主要原料，经1550～1600℃高温熔融、成型、冷却并裁割而得到的有透光性的固体材料，其主要成分是二氧化硅（含量72%左右）和钙、钠、钾、镁的氧化物。人类学会制造和使用玻璃已有上千年的历史，但是1000多年以来，建筑玻璃材料的发展是比较缓慢的。随着现代科学技术的发展及人民生活水平的提高，建筑玻璃的功能不再仅仅满足采光要求，还要具有能控制光线、调节热量、节约能源、控制噪声以及降低建筑结构自重、改善环境等方面的特点，同时也可用着色、磨光、刻花等方法获得各种装饰效果。随着需求的不断发展，玻璃的成型和加工工艺方法也有了新的发展。近年来以三氧化二硅和氧化镁为主要成分的铝镁玻璃以其优良的性能逐步成为主要的玻璃品种。

12.1.1 玻璃的基本性质

玻璃是均质的无定性非结晶体，具有各向同性的特点。

1. 密度

玻璃内部几乎无空隙，属于致密材料。玻璃的密度与其化学组成有关，普通玻璃的密度约为2.45～2.55g/cm^3。其密实度$D=1$，孔隙度$P=0$，故可以认为玻璃是绝对密实的材料。

2. 力学性质

玻璃的力学性质取决于其化学性质、制品形状、表面性质和加工方法。普通玻璃的抗压强度高，一般为600～1200MPa，抗拉强度很小，为40～120MPa，抗弯强度为50～130MPa，弹性模量为（6~7.5）$\times10^4$MPa。玻璃的抗冲击性很小，是典型的脆性材料。脆性是玻璃的主要缺点，脆性大小可用脆性指数（弹性模量与抗拉强度之比）来评定。脆性指数越大，说明玻璃越脆。普通玻璃的弹性模量为（6~7.5）$\times10^4$MPa，莫氏硬度为5.5~7，因此玻璃的耐磨性和耐刻划性较高。

3. 化学稳定性

玻璃的化学稳定性较高。在一般情况下，可抵抗除氢氟酸外的所有酸的腐蚀，但碱液和金属碳酸盐能溶蚀玻璃。

4. 热工性能

普通玻璃的比热容为0.33~1.05kJ/(kg·K)，导热系数为0.73~0.82W/(m·K)，热膨胀系数为（8~10）$\times10^{-6}$m/K，石英玻璃的热膨胀系数为5.5$\times10^{-6}$m/K。玻璃的热稳定性较差，主要是由于玻璃的导热系数较小，因而会在局部产生温度内应力，玻璃因内应力出现裂纹或破裂。玻璃在高温下会产生软化并产生较大的变形，普通玻璃的软化温度为530~550℃。

5. 光学性能

玻璃的光学性质包括反射系数、吸收系数、透射系数和遮蔽系数四个指标。反射的光能、吸收的光能和透射的光能与投射的光能之比分别为反射系数、吸收系数和透射系数。不同厚度、不同品种的玻璃反射系数、吸收系数、透射系数均有所不同。将透过3mm厚标准透明玻璃的太阳辐射能量作为1，其他玻璃在同样条件下透过太阳辐射能量的相对值为遮蔽系数，遮蔽系数越小，说明透过玻璃进入室内的太阳辐射能越少，光线越柔和。

12.1.2　建筑玻璃的分类与应用

建筑玻璃是现代建筑中被广泛采用的材料之一，其制品有平板玻璃、装饰玻璃、安全玻璃、节能装饰型玻璃及玻璃砖、玻璃锦砖等。

建筑玻璃按生产方法和功能特性可分为以下几类：

1. 平板玻璃

它主要包括不透明玻璃、装饰类玻璃、安全玻璃、镜面玻璃、节能装饰型玻璃等。

平板玻璃也就是未经其他加工的平板状玻璃，也称白片玻璃或净片玻璃。按生产方式不同，平板玻璃可分为普通平板玻璃和浮法玻璃。平板玻璃是建筑工程中应用量较大的建筑材料之一。

普通平板玻璃是用石英砂岩粉、硅砂、钾化石、纯碱、芒硝等原料，按一定比例配制，经熔窑高温熔融，通过垂直引上法或平拉法、压延法生产出来的透明无色的平板玻璃。普通平板玻璃按外观质量分为特选品、一等品、二等品三类，按厚度分为2mm、3mm、4mm、5mm、6mm五种。

浮法玻璃是用海沙、石英砂岩粉、纯碱、白云石等原料，按一定比例配制，经熔窑高温熔融，玻璃液从池窑连续流至并浮在金属液面上，摊成厚度均匀平整、经火抛光的玻璃带，冷却硬化后脱离金属液，再经退火切割而成的透明无色平板玻璃。玻璃表面特别平整光滑，厚度非常均匀，光学畸变很小。浮法玻璃按外观质量分为优等品、一级品、合格品三类，按厚度分为3mm、4mm、5mm、6mm、8mm、10mm、12mm七种。

平板玻璃是建筑玻璃中生产量最大、使用最多的一种，主要用于门窗，主要有采光、围护、保温、隔声等作用，也是进一步加工成其他技术玻璃的原片。

2. 装饰平板玻璃

（1）花纹玻璃　根据加工方法的不同，可分为压花玻璃和喷花玻璃两种。压花玻璃又称花纹玻璃或滚花玻璃，是采用压延方法制造的一种平板玻璃，制造工艺分为单辊法和双辊法，是在玻璃硬化前，经过刻有花纹的滚筒，在玻璃单面或双面压有深浅不同的各种花纹图案。由于花纹玻璃一个或两个表面有凹凸不平、深浅不同的各种花纹图案，使光线漫射而失去透视性，因而它透光不透视，可起到窗帘的作用。压花玻璃兼具使用功能和装饰效果，因而广泛应用于宾馆、大厦、办公楼等现代建筑的装修工程中。压花玻璃的厚度常为 2 ~ 6mm，尚无统一标准。喷花玻璃又称胶花玻璃，是在平板玻璃表面上贴以花纹图案，抹以护面层，经喷砂处理而成。这类玻璃可分为两种：一种是图案喷，磨砂，背景清晰；另一种是背景喷，磨砂，图案清晰。喷花玻璃具有部分透光透视、部分透光不透视的特点，光线通过后形成一定的漫射，使其具有图案清晰、美观的装饰效果，给人以高雅、美观的感觉，适用于门窗装饰、隔断、采光使用。其装饰效果如图 12-1 所示。

图 12-1　花纹玻璃

（2）磨砂玻璃　磨砂玻璃又称毛玻璃、暗玻璃。其是用机械喷砂、手工研磨或氢氟酸溶蚀等方法将普通平板玻璃表面处理成均匀毛面。由于表面粗糙，使光线产生漫射，只有透光性而不能透视，能使室内光线变得和缓而不刺目。除透明度外，其规格同窗用玻璃，常用于需要隐秘的浴室等处的窗玻璃。其装饰效果如图 12-2 所示。

图 12-2　磨砂玻璃

(3) 彩绘玻璃　彩绘玻璃是目前家居装修中运用较多的一种装饰玻璃。制作时，先用一种特制的胶绘制出各种图案，然后再用铅油描摹出分隔线，最后再用特制的胶状颜料在图案上着色。彩绘玻璃图案丰富亮丽，居室中彩绘玻璃的恰当运用能较自如地创造出一种赏心悦目的和谐氛围。其装饰效果如图12-3所示。

图12-3　彩绘玻璃

(4) 刻花玻璃　刻花玻璃是由平板玻璃经涂漆、雕刻、围蜡与酸蚀、研磨而成。其表面的图案立体感非常强，好似浮雕一般，在灯光的照耀下，更显熠熠生辉，具有极好的装饰效果，是一种高档的装饰玻璃。刻花玻璃主要用于高档厕所的室内屏风或隔断。其装饰效果如图12-4所示。

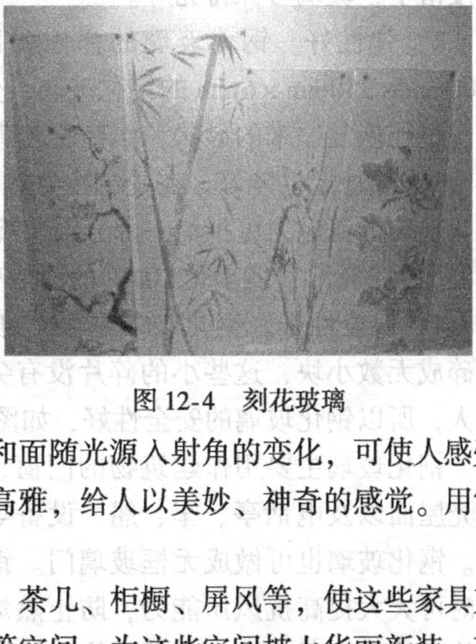

图12-4　刻花玻璃

(5) 镭射玻璃　镭射玻璃是20世纪90年代开发研制的一种装饰玻璃。其采用特种工艺处理，使一般的普通玻璃构成全息光栅或几何光栅。它在光源的照射下，会产生物理衍射的七色光，同一感光点和面随光源入射角的变化，可使人感受到光谱分光的颜色变化，从而使被装饰物显得华贵、高雅，给人以美妙、神奇的感觉。用它装饰家居，效果独特，别具一格，已成为装饰新宠。

镭射玻璃不仅能像大理石一样，可用来装饰桌面、茶几、柜橱、屏风等，使这些家具充满现代艺术气息，而且可用来装饰居室的墙、顶、角等空间，为这些空间披上华丽新装，蕴含浓郁的生活情趣。

镭射玻璃作为新潮装饰材料，除具有较好的美感功能外，还有很强的实用价值。与其他装饰材料相比，其优越性表现为：抗老化寿命比塑料装饰材料高10倍以上，使用寿命可达50年之久；抗冲击、耐磨、硬度等强度指标，都大大超过普通大理石，可与高档大理石相媲美；特别是它多彩的艺术形象，可带来无限温馨，这更是其他装饰材料所不及的。其装饰效果如图12-5所示。

图12-5　镭射玻璃

3. 安全玻璃

随着高层建筑的发展和建筑玻璃的大型化，建筑玻璃造成人身伤害和安全事故的频率增大，在使用建筑玻璃的任何场所都有可能发生直接或间接灾害。为了提高建筑玻璃的安全性，安全玻璃应运而生。安全玻璃是指与普通玻璃相比，具有力学强度高、抗冲击能力强的玻璃。安全玻璃被击碎时，不掉下，即使掉下其碎片也不会伤人，并兼具防盗、防火的功能，同时又具有一定的装饰效果。根据生产时所用的玻璃原片不同，其主要品种有钢化玻璃、夹丝玻璃、夹层玻璃和钛化玻璃。

（1）钢化玻璃　钢化玻璃又称强化玻璃，是平板玻璃的二次加工产品。它是用物理的或化学的方法强化处理后，在玻璃表面形成一个压应力层，玻璃本身具有较高的抗压强度，抗冲击性、热稳定性能好等特点。当玻璃受到外力作用时，这个压力层可将部分拉应力抵消，避免玻璃碎裂。虽然钢化玻璃内部处于较大的拉应力状态，但玻璃的内部无缺陷存在，不会造成破坏，从而达到提高玻璃强度的目的。钢化玻璃的性能特点如下：

1）机械强度高。钢化玻璃强度高，其抗压强度可达125MPa以上，比普通玻璃大4～5倍；抗冲击强度是普通玻璃的5～10倍。测定方法是用钢球法测定，1.040kg的钢球从1.0m高度落下，玻璃可保持完好。

2）弹性好。钢化玻璃的弹性要比同厚度的普通玻璃大得多。试验测定时，用一块1200mm×350mm×6mm的钢化玻璃，受力后可发生达100mm的弯曲挠度，并且在外力撤除后，仍能恢复原来的形状。而普通玻璃挠度在只有几毫米时就会发生破坏。

3）热稳定性能好。在受急冷急热时，不易发生炸裂是钢化玻璃的又一特点。这是因为钢化玻璃的压应力可抵消一部分因急冷急热产生的拉应力。钢化玻璃耐热冲击，最大安全工作温度为288℃，能承受204℃的温差变化。

4）安全性好。钢化玻璃在发生破坏时，玻璃被破碎成无数小块，这些小的碎片没有尖锐棱角，不易伤人，所以钢化玻璃的安全性好，如图12-6所示。

图12-6　钢化玻璃

钢化玻璃主要用作建筑物的门窗、隔墙、幕墙和采光屋面以及电话亭、车、船、设备等门窗、观察孔等。钢化玻璃也可做成无框玻璃门。钢化玻璃用作幕墙时可大大提高抗风压能力，防止热炸裂，并可增大单块玻璃的面积，减少支承结构。使用时需注意的是钢化玻璃不能切割、磨削，边角也不能碰击、挤压，需按照现成的尺寸规格选用或提出具体设计图纸进行加工定制。

（2）夹丝玻璃　夹丝玻璃也称防碎玻璃或钢丝玻璃。它由压延法生产，即在玻璃熔融状态下将经预热处理的钢丝或钢丝网压入玻璃中间，经退火、切割而成。夹丝玻璃表面可以是压花的或磨光的，颜色可以制成无色透明或彩色的，如图12-7所示。

夹丝玻璃的特点是安全性和防火性好。夹丝玻璃由于预先编制好的钢丝网的骨架作用，不仅提高了玻璃的强度，而且当受到冲击或温度骤变而破坏时，碎片也不会飞散，避免了碎片对人的伤害。在遇到火灾时，夹丝玻璃受热炸裂，由于金属丝网的作用，玻璃仍能保持固定，隔绝火焰，故又称为防火玻璃。夹丝玻璃作为防火材料，通常用于防火门窗；作为非防火材料，可用于易受到冲击的地方或者玻璃飞溅可能导致危险的地方，如震动较大的厂房、

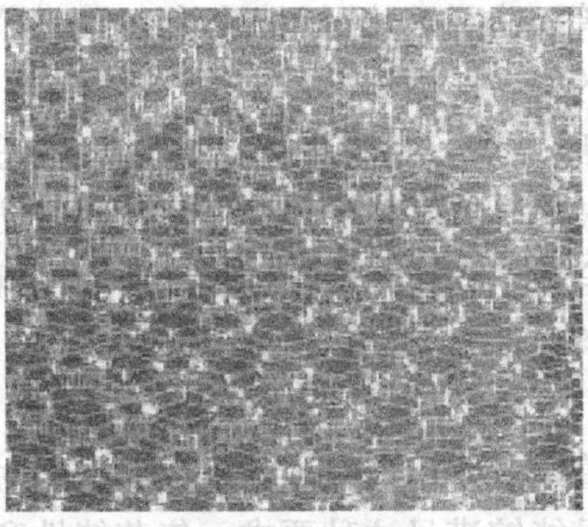

图 12-7　夹丝玻璃

顶棚、高层建筑、公共建筑的天窗、仓库门窗、地下采光窗等。夹丝玻璃可以切割，但当切断玻璃时，需要对裸露在外的金属丝进行防锈处理，以防止生锈造成体积膨胀而引起玻璃的锈裂。在实际使用时应注意以下几点：

1）由于钢丝网与玻璃的热学性能（热膨胀系数、热传导系数）差别较大，应尽量避免将夹丝玻璃用于两面温差较大，局部冷热交替比较频繁的部位，如冬天采暖、室外结冰，夏天日晒雨淋等场所。

2）安装夹丝玻璃的窗框尺寸必须适宜，不应使玻璃受到挤压。

3）切割夹丝玻璃时，当玻璃已断而丝网还相互连接时，需要反复上下弯曲多次才能掰断，此时应特别小心，要防止两块玻璃相互在边缘处挤压，造成微小裂口或缺口，引起使用时的破坏。

（3）夹层玻璃　夹层玻璃是在两片或多片玻璃原片之间，用 PVB（聚乙烯醇丁醛）树脂胶片，经过加热、加压粘合而成的平面或曲面的复合玻璃制品。用于夹层玻璃的原片可以是普通平板玻璃、浮法玻璃、钢化玻璃、彩色玻璃、吸热玻璃或热反射玻璃等。夹层玻璃的层数有 2 层、3 层、5 层、7 层，最多可达 9 层。其构造示意如图 12-8 所示。

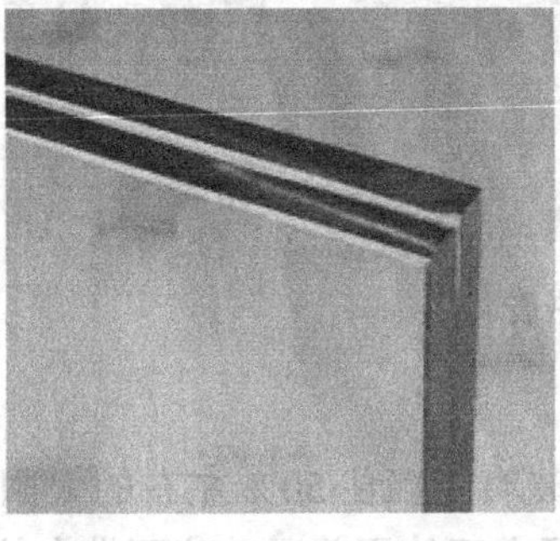
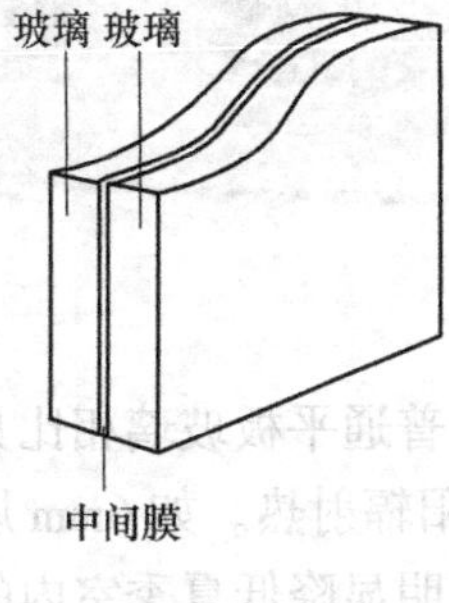

图 12-8　夹层玻璃

夹层玻璃的透明性好，抗冲击性能要比同等厚度的一般平板玻璃高好几倍。用多层普通玻璃或钢化玻璃复合起来，可制成防弹玻璃。由于 PVB 胶片的粘合作用，玻璃即使破碎时，碎片也不会飞扬伤人。通过采用不同的原片玻璃，夹层玻璃还可具有耐久、耐热、耐湿等性能。

夹层玻璃具有较高的抗冲击强度和使用安全性，一般用作高层建筑门窗、天窗和商店、银行、珠宝店的橱窗、陈列柜、观赏性玻璃隔断等。防弹玻璃可用于银行、证券公司、保险公司等金融企业的营业厅以及金银首饰店等场所的柜台、门窗。

（4）钛化玻璃　钛化玻璃也称永不碎铁甲箔膜玻璃，是将钛金箔膜紧贴在任意一种玻璃基材之上，使之结合成一体的新型玻璃。钛化玻璃具有高抗碎能力，高防热及防紫外线等功能。不同的基材玻璃与不同的钛金箔膜，可组合成不同色泽、不同性能、不同规格的钛化玻璃。钛化玻璃常见的颜色有无色透明、茶色、茶色反光、铜色反光等。

4. 节能装饰型玻璃

传统的玻璃应用在建筑物中主要是采光，随着建筑物门窗尺寸的加大，人们对门窗的保温隔热要求也相应地提高了，节能装饰型玻璃就是能够满足这种要求，集节能性和装饰性于一体的玻璃。节能装饰型玻璃通常具有令人赏心悦目的外观色彩，而且还具有特殊的对光和热的吸收、透射和反射能力，用于建筑物的外墙窗、玻璃幕墙，可以起到显著的节能效果，现已被广泛地应用于各种高级建筑物之上。建筑上常用的节能装饰型玻璃有吸热玻璃、热反射玻璃和中空玻璃等。

（1）吸热玻璃　吸热玻璃是能吸收大量红外线辐射能，并保持较高可见光透过率的平板玻璃。生产吸热玻璃的方法有两种：一是在普通钠钙硅酸盐玻璃的原料中加入一定量的有吸热性能的着色剂，如氧化铁、氧化镍、氧化钴等，使玻璃具有较高的吸热性能；另一种是在平板玻璃表面喷镀一层或多层金属或金属氧化物薄膜。

吸热玻璃有灰色、茶色、蓝色、绿色、古铜色、青铜色、粉红色和金黄色等。我国目前主要生产前三种颜色的吸热玻璃。厚度有 2mm、3mm、4mm、5mm、6mm、8mm、10mm、12mm，其长度和宽度与普通玻璃的规格相同。吸热玻璃还可以进一步加工制成磨光、钢化、夹层或中空玻璃，如图 12-9 所示。

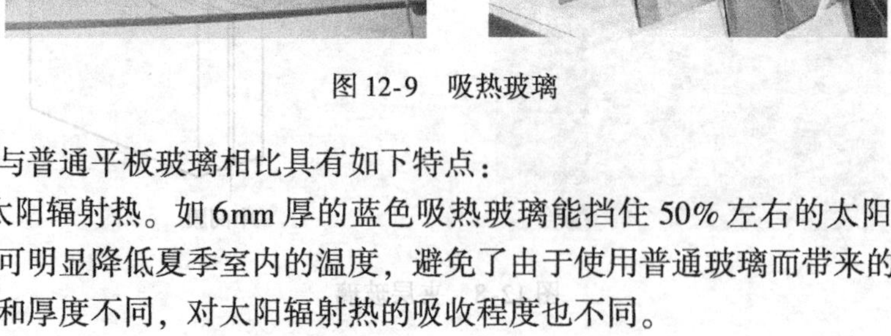

图 12-9　吸热玻璃

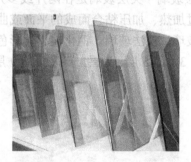

吸热玻璃与普通平板玻璃相比具有如下特点：

1）吸收太阳辐射热。如 6mm 厚的蓝色吸热玻璃能挡住 50% 左右的太阳能辐射热。利用这一特点，可明显降低夏季室内的温度，避免了由于使用普通玻璃而带来的暖房效应。吸热玻璃的颜色和厚度不同，对太阳辐射热的吸收程度也不同。

2）吸收太阳可见光，减弱太阳光的强度，起到反眩作用。

3）具有一定的透明度，并能吸收一定的紫外线。

由于上述特点，吸热玻璃已广泛用于建筑物的门窗、外墙以及用于车、船挡风玻璃等，起到隔热、防眩、采光及装饰等作用。

（2）热反射玻璃　热反射玻璃是镀膜玻璃的一种，是具有较高的热反射能力而又保持良好透光性的平板玻璃。它是采用热解法、真空蒸镀法、阴极溅射法等，在玻璃表面涂以金、银、铜、铝、铬、镍和铁等金属或金属氧化物薄膜，或以金属离子置换玻璃表层原有离子而形成热反射膜。它不但可改善玻璃对光和热辐射的透过性能以及与太阳辐射相关的光和辐射的反射性能，同时还可用来解决特殊问题。因此，镀膜玻璃可分为阳光控制膜、低辐射膜、防紫外线膜、导电膜和镜面膜五类。热反射玻璃也称镜面玻璃，有金色、茶色、灰色、紫色、褐色、青铜色和浅蓝色等。

热反射玻璃的热反射率高，如 6mm 厚浮法玻璃的总反射热仅 16%，同样条件下，吸热玻璃的总反射热为 40%，而热反射玻璃则可高达 61%，因而常用它制成中空玻璃或夹层玻璃，以增加其绝热性能。镀金属膜的热反射玻璃还有单向透像的作用，即白天能在室内看到室外的景物，而室外看不到室内的景像。

(3) 中空玻璃　中空玻璃由美国人于 1865 年发明，是一种良好的隔热、隔声、美观适用，并可降低建筑物自重的新型建筑材料。它是在两片或多片玻璃中间，用内含干燥剂的铝框或胶条将玻璃隔开，四周用胶接法密封，中空部分具有降低热传导系数的效果，所以中空玻璃具有节能、隔声的功能，如图 12-10 所示。中空玻璃主要用于需要采暖、空调、防止噪声或结露以及需要无直射阳光的建筑物上。其广泛用于住宅、饭店、宾馆、办公楼、学校、医院、商店等需要室内空调的场合。

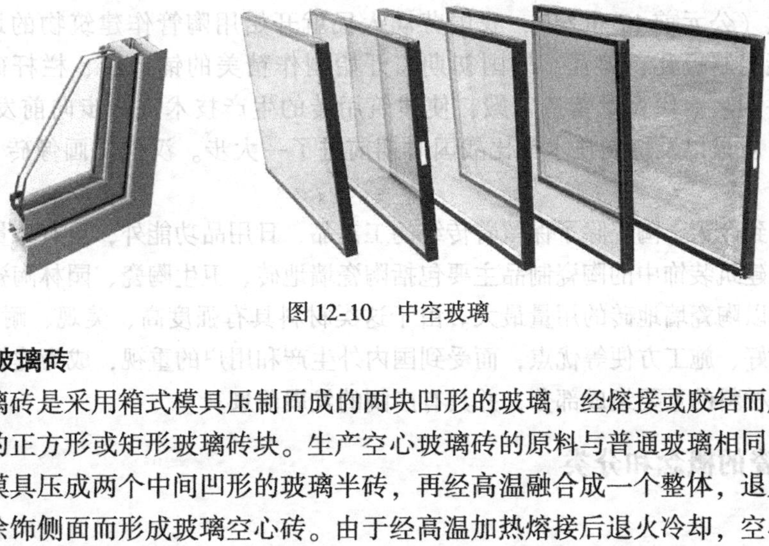

图 12-10　中空玻璃

5. 空心玻璃砖

空心玻璃砖是采用箱式模具压制而成的两块凹形的玻璃，经熔接或胶结而成的具有一个或两个空腔的正方形或矩形玻璃砖块。生产空心玻璃砖的原料与普通玻璃相同，经熔融成玻璃后，先用模具压成两个中间凹形的玻璃半砖，再经高温融合成一个整体，退火冷却后，用乙烯基涂料涂饰侧面而形成玻璃空心砖。由于经高温加热熔接后退火冷却，空心玻璃砖的内部有 2/3 个大气压。它具有抗压、保温、隔热、不结霜、隔声、防水、耐磨、化学性质稳定、不燃烧和透光不透视的性能。

空心玻璃砖的种类按表面情况分为光面和花纹面两种，规格有 115mm×115mm×80mm、190mm×190mm×80mm、240mm×240mm×80mm 等。

各类规格玻璃砖重量如下：115mm×115mm×80mm，约 1.45kg（日本制品尺寸）；145mm×145mm×80（95）mm，约 2.1kg（日本制品尺寸）；190mm×190mm×80（95）mm，约 2.3kg（德国制品尺寸）；240mm×240mm×80（95）mm，约 3.5kg（德国制品尺寸）；240mm×115mm×80mm，约 2.2kg（德国制品尺寸）。空心玻璃砖可用于商场、宾馆、舞厅、展厅及办公楼等处的外墙、内墙、隔断、顶棚等处的装饰。空心玻璃砖墙不能作为承重墙使用，不可切割。

6. 玻璃马赛克

玻璃马赛克又称为玻璃锦砖，是一种小规格的方形彩色饰面玻璃。单块的玻璃锦砖断面略呈倒梯形，正面为光滑面，背面略带凹状沟槽，以利于铺贴时有较大的吃灰深度和粘贴面积，粘贴牢固不易脱落。

玻璃锦砖是以玻璃为基料并含有未融化的微小晶体（主要是石英砂）的乳浊制品，其内部为大量的玻璃相、少量的结晶相和部分气泡的非均匀质结构。因熔融或烧结温度较低，时间较短，存有未完全熔融的石英颗粒，其表面与玻璃相熔结在一起，使玻璃锦砖具有较高的强度和优良的热稳定性；微小气泡的存在，使其表观密度低于普通玻璃；非均匀质各部分对光的折射率是不同的，造成了光散射，使其具有柔和的光泽。

玻璃锦砖的生产工艺简单。生产方法有熔融压延法和烧结法两种。熔融压延法是将石英砂和纯碱组成的生料与玻璃粉按一定的比例混合，加入辅助材料和适当的颜料，经 1300 ~ 1500℃高温熔融，送入压延机压延而成。烧结法是将原料、颜料、粘结剂（常用淀粉或糊精）与适量的水拌和均匀，压制成型为坯料，然后在 650 ~ 800℃的温度下快速烧结而成。

12.2　建筑陶瓷

远在商代（公元前 17 世纪），我国劳动人民就开始用陶管作建筑物的地下排水道，西周初期已能烧制板瓦、筒瓦。战国初期，开始制作精美的铺地砖、栏杆砖和凹槽砖，还出现了陶井圈。秦代大量营造宫殿，使建筑用砖的生产技术进一步向前发展，无论是制品的品种、质量以及烧制技术都比战国时期前进了一大步。汉代的画像砖，题材广泛，装饰独特。

历史发展到今天，陶瓷除了保留着传统的工艺品、日用品功能外，更有大量地向建筑领域发展。现代建筑装饰中的陶瓷制品主要包括陶瓷墙地砖、卫生陶瓷、园林陶瓷、琉璃陶瓷制品等，其中以陶瓷墙地砖的用量最大。由于这类材料具有强度高、美观、耐磨、耐腐蚀、防火、耐久性好、施工方便等优点，而受到国内外生产和用户的重视，成为建筑物外墙、内墙、地面装饰材料的重要组成部分，并具有广阔的发展前景。

12.2.1　陶瓷的概念和分类

1. 概念

陶瓷通常是指以粘土及其天然矿物为原料，经过原料处理、成型、焙烧等工艺过程所制得的各种制品，也称为普通陶瓷。广义的陶瓷概念是用陶瓷生产方法制造的无机非金属固体材料和制品的统称。

2. 分类

陶瓷是陶器和瓷器的总称。凡以陶土、河沙等为主要原料经低温烧制而成的制品称为陶器；以磨细的岩石粉（如瓷土、长石粉、石英粉）等为主要原料，经高温烧制而成的制品称为瓷器。根据陶瓷制品的特点，可分为陶质、瓷质和炻质三大类。

(1) 陶质制品　陶质制品烧结程度低，为多孔结构，断面粗糙无光，敲击时声音暗哑，通常吸水率大，强度低。根据原料杂质含量的不同，可分为粗陶和精陶两种。

(2) 瓷质制品　瓷质制品烧结程度高，结构致密，呈半透明状，敲击时声音清澈，几乎不吸水，色白，耐酸、耐碱、耐热性能均好，分为粗瓷和细瓷两种。

(3) 炻质制品　介于陶质和瓷质之间的一类制品，也称半瓷。其结构致密略低于瓷质，一般吸水率较小，其胚体多数带有颜色且无半透明性。

12.2.2　陶瓷砖的概念及分类

1. 概念

陶瓷砖是指由粘土或其他无机非金属原料经成型、煅烧等工艺处理，用于装饰与保护建筑物、构筑物墙面及地面的板状或块状的陶瓷制品，也称为陶瓷饰面砖。

2. 分类

陶瓷砖按使用部位不同可分为内墙砖、外墙砖、室内地砖、室外地砖、广场地砖和配件砖。陶瓷砖按其表面是否施釉可分为有釉砖和无釉砖。陶瓷砖按其表面形状可分为平面装饰砖和立体装饰砖。平面装饰砖是指正面为平面的陶瓷砖，立体装饰砖是指正面呈凹凸纹样的陶瓷砖。

12.2.3　釉面砖

釉面砖又称瓷砖、瓷片，是以陶土为主要原料，加入一定量非可塑性掺料和助熔剂，共同研磨成浆体，脱水干燥并进行半干法压型、素烧后施釉入窑烧制而成的，吸水率大于10%、小于20%的正面施釉的陶瓷砖。主要用于建筑物、构筑物内墙面，故也称釉面内墙砖。釉面砖采用瓷土或耐火粘土低温烧成，坯体呈白色，表面施透明釉、乳浊釉、无光釉、花釉、结晶釉等艺术装饰釉，如图12-11所示。

图12-11　釉面砖

1. 分类

釉面砖花色品种较多，按釉层色彩可分为单色、花色和图案砖，主要种类和特点见表12-1。

2. 釉面砖的特点与应用

釉面砖具有许多优良性能，它不仅强度较高、防潮、耐污、耐腐蚀、易清洗、变形小，具有一定的抗急冷急热性能，而且表面光亮细腻、色彩和图案丰富、风格典雅，具有很好的装饰性。它主要用作厨房、浴室、厕所、盥洗室、实验室、医院、游泳池等场所的室内墙面和台面的饰面材料。

表 12-1　釉面砖主要种类和特点

种类		代号	特　点
白色釉面砖		F，J	色纯白，釉面光亮，粘贴于墙面清洁大方
彩色釉面砖	有光彩色釉面砖	YG	釉面光亮晶莹，色彩丰富雅致
	无光彩色釉面砖	SHG	釉面半无光，不晃眼，色泽一致、柔和
图案砖	白地图案砖	YGT	在白色釉面砖上装饰各种图案，经高温烧成，纹样清晰，色彩明朗，清洁优美
装饰釉面砖	花釉砖	HY	在同一砖上施以多种彩釉，经高温烧成，色釉互相渗透，花纹千姿百态，有良好的装饰效果
	结晶釉砖	JJ	晶花辉映，纹理多姿
	斑纹釉砖	BW	斑纹釉面，丰富多彩
	大理石釉砖	LSH	具有天然大理石花纹，颜色丰富，美观大方

3. 规格

釉面砖按形状可分为通用砖（正方形砖、长方形砖）和异形砖（配件砖），通用砖一般用于大面积墙面的铺贴，异形配件砖多用于墙面阴阳角和各收口部位的细部构造处理。釉面砖常用规格见表 12-2。

表 12-2　釉面砖常用规格　（单位：mm）

长	宽	厚	长	宽	厚
152	152	5	152	76	5
108	108	5	76	76	5
152	75	5	80	80	4
300	150	5	110	110	4
300	200	5	152	152	4
300	200	4	108	108	4
300	150	4	152	75	4
200	200	5	200	200	4
300	200	6	200	200	5

12.2.4　陶瓷墙地砖

墙地砖为建筑物外墙贴面用砖和室内外地面铺贴用砖的统称，它们均属于炻器材料。虽然它们在外形、尺寸及使用部位上都不尽相同，但由于它们在技术性能上的相似性，使得目前这类砖的发展趋向墙、地两用，故名墙地砖。陶瓷墙地砖具有强度高、致密坚实、耐磨、吸水率小（≤10%）、抗冻、耐污染、易清洗、耐腐蚀、经久耐用等特点。陶瓷墙地砖品种较多，按其表面是否施釉可分为彩釉墙地砖和无釉墙地砖。近年来墙地砖品种创新很快，劈离砖、渗花砖、玻化砖、仿古砖、大颗粒瓷质砖、广场砖等得到了广泛的应用。

1. 彩釉砖

彩釉砖是彩釉陶瓷墙地砖的简称，是以陶土为主要原料，配料制浆后，经半干压成型、施釉、高温焙烧制成的饰面陶瓷砖。彩釉砖的规格尺寸从260mm×65mm到1200mm×600mm不等。平面形状分正方形和长方形两种。彩釉砖的厚度一般为8～12mm。

彩釉砖结构致密，抗压强度较高，易清洁，装饰效果好，广泛应用于各类建筑物的外墙、柱的饰面和地面装饰，由于可墙、地两用，又被称为彩色墙地砖。

用于不同部位的墙地砖应考虑不同的要求，用于寒冷地区时，应选用吸水率尽可能小（$E<3\%$）、抗冻性能好的墙地砖。

2. 无釉砖

无釉砖是无釉墙地砖的简称，是以优质瓷土为主要原料的基料喷雾料加一种或数种着色喷雾料（单色细颗粒）经混匀、冲压、焙烧所得的制品。这种制品再加工后分抛光和不抛光两种。无釉砖吸水率较低，常为无釉瓷质砖、无釉炻瓷砖、无釉细炻砖范畴。

无釉砖的主要规格有300mm×300mm、400mm×400mm、450mm×450mm、500mm×500mm、600mm×600mm和800mm×800mm，厚度7～12mm。无釉瓷质抛光砖富丽堂皇，适用于商场、宾馆、饭店、游乐场、会议厅、展览馆等的室内外地面和墙面的装饰。无釉的细炻砖、炻质砖，是专用于铺地的耐磨炻质无釉面砖。

12.2.5　陶瓷锦砖

陶瓷锦砖俗称马赛克，是以优质瓷土烧制而成，是由各种颜色、多种几何形状的小块瓷片（长边一般不大于50mm）铺贴在牛皮纸上形成色彩丰富、图案繁多的装饰砖，故又称纸皮砖。所形成的一张张的产品，称为“联”。联的边长有284mm、295mm、305mm和325mm四种。

陶瓷锦砖质地坚实，色泽图案多样，吸水率极小，耐酸、耐碱、耐磨、耐水、耐压、耐冲击、易清洗、防滑。陶瓷锦砖色泽美观稳定，可拼出风景、动物、花草及各种图案。

陶瓷锦砖在室内装饰中，可用于浴厕、厨房、阳台、客厅、起居室等处的地面，也可用于墙面。在工业及公共建筑装饰工程中，陶瓷锦砖也被广泛用于内墙、地面，也可用于外墙。

12.2.6　其他陶瓷制品

1. 琉璃制品

琉璃制品是用难熔粘土为主要原料制成坯泥，制坯成型后经干燥、素烧，施琉璃彩釉、釉烧而成琉璃制品。琉璃檐是将琉璃瓦挂贴在预制混凝土槽形板上，然后整体安装。琉璃制品的特点是质细致密、表面光滑、不易沾污、坚实耐久、色彩绚丽、造型古朴，富有我国传统的民族特色。琉璃制品主要有琉璃瓦、琉璃砖、琉璃兽，以及琉璃花窗、栏杆等各种装饰制件，还有陈设用的建筑工艺品，如琉璃桌、绣墩、鱼缸、花盆、花瓶等。其中琉璃瓦是我国用于古建筑的一种高级屋面材料。

2. 陶瓷壁画

陶瓷壁画是大型画，它是以陶瓷面砖、陶板等建筑块材经镶拼制作的、具有较高艺术价值的现代建筑装饰，属新型高档装饰。现代陶瓷壁画具有单块砖面积大、厚度薄、强度高、平整度好、吸水率小、抗冻、抗化学腐蚀、耐急冷急热等特点。陶瓷壁画适于镶嵌在大厦、宾馆、酒店等高层建筑物上，也可镶贴于公共活动场所。

12.3　建筑塑料

12.3.1　常见建筑塑料制品

1. 塑料装饰板材

塑料装饰板材是用于建筑装修的塑料板。其原料为树脂板、表层纸与底层纸、装饰纸、覆盖纸、脱模纸等。将表层纸、装饰纸、覆盖纸、底层纸分别浸渍树脂后，经干燥后组坯，经热压后即为贴面装饰板。图 12-12 所示为装饰纸，图 12-13 所示为贴面装饰板。

图 12-12　装饰纸

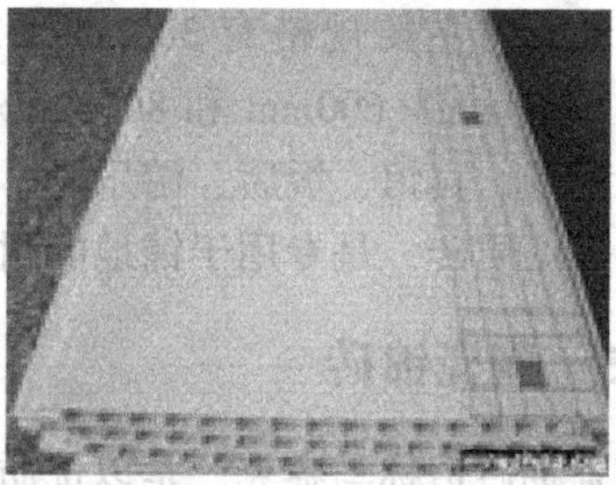

图 12-13　贴面装饰板

1）塑料贴面装饰板。塑料贴面装饰板又称塑料贴面板。它是以酚醛树脂的纸质压层为胎基，表面用三聚氰胺树脂浸渍过的印花纸为面层，经热压制成并可覆盖于各种基材上的一种装饰贴面材料。

塑料贴面板的图案色调丰富多彩，耐湿，耐磨，耐燃烧，耐一定酸、碱、油脂及酒精等溶剂的侵蚀，平滑光亮，极易清洗。粘贴在板材的表面，较木材耐久，装饰效果好，是节约优质木材的好材料。适用于各种建筑室内、车船、飞机及家具等表面装饰。

2）覆塑装饰板。覆塑装饰板是以塑料贴面板或塑料薄膜为面层，以胶合板、纤维板、刨花板等板材为基层，采用胶合剂热压而成的一种装饰板材。用胶合板作基层称为覆塑胶合板，用中密度纤维板作基层称为覆塑中密度纤维板，用刨花板作基层称为覆塑刨花板。

覆塑装饰板既有基层板的厚度、刚度，又具有塑料贴面板和薄膜的光洁、质感强，美观，装饰效果好，并具有耐磨、耐烫、不变形、不开裂、易于清洗等优点，可用于汽车、火车、船舶、高级建筑的装修及家具、仪表、电器设备的外壳装修。

3）有机玻璃板材。有机玻璃板材俗称有机玻璃。它是一种具有极好透光率的热塑性塑料，是以甲基丙烯酸甲酯为主要基料，加入引发剂、增塑剂等聚合而成的。

有机玻璃的透光性极好，可透过光线的 99%，并能透过紫外线的 73.5%；机械强度较高，耐热性、抗寒性及耐候性都较好；耐腐蚀性及绝缘性良好，在一定条件下尺寸稳定，容易加工。有机玻璃的缺点是质地较脆，易溶于有机溶剂，表面硬度不大，易擦毛等。有机玻璃在建筑上主要用作室内高级装饰材料及特殊的吸顶灯具或室内隔断及透明防护材料等。

2. 塑钢门窗

塑钢门窗是以聚氯乙烯（UPVC）树脂为主要原料，加上一定比例的稳定剂、着色剂、填充剂、紫外线吸收剂等，经挤出成型材，然后通过切割、焊接或螺接的方式制成门窗框扇，配装上密封胶条、毛条、五金件等，同时为增强型材的刚性，超过一定长度的型材空腔内需要填加钢衬（加强筋），这样制成的门窗称为塑钢门窗，如图 12-14 所示。

图 12-14　塑钢门窗

塑钢门窗的性能及优点：

1）塑钢门窗保温性好。铝塑复合型材中的塑料导热系数低，隔热效果比铝材优 1250 倍，而且有良好的气密性，在寒冷的地区尽管室外零下几十度，室内却是另一个世界。

2）塑钢门窗隔声性好。其结构经精心设计，接缝严密，具有良好的隔声性。

3）塑钢门窗耐冲击。由于铝塑复合型材外表面为铝合金，使用特殊的耐冲击配方，因此它的耐冲击性好。

4）塑钢门窗气密性好。铝塑复合窗各缝隙处均装多道密封毛条或胶条，气密性为一级，可充分发挥空调效应，并可节约能源 50%。

5）水密性好。门窗设计有防雨水结构，将雨水完全隔绝于室外，水密性好。

6）塑钢门窗防火性好。铝合金为金属材料，不燃烧，防火性好。

7）塑钢门窗防盗性好。铝塑复合窗，配置优良的五金配件及高级装饰锁，具有较好的防盗效果。

8）免维护。铝塑复合型材不易受酸碱侵蚀，不会变黄褪色，几乎不必保养。脏污时，可用水加清洗剂擦洗，清洗后洁净如初。

3. 塑料管材

塑料管材在我国推广应用已有十几年的历史，特别是 20 世纪 90 年代末期以来，政府有关部门对塑料环保建材的发展高度关注，并给予了大力支持，颁布了一系列政策法规。塑料管材和传统的金属管相比，具有独特的优良性能，如质量轻，生产成本低，施工方便，耐各种化学腐蚀和抗电，内壁光滑耐磨，不易结垢等，因此得到了广泛应用。目前，新型管材品种有 PVC 管、PE 管、PAP 管、PE－X 管、PP－R 管、PB 管、PVC－C 管、ABS 管、铜塑复合管、钢塑复合管、玻璃钢夹砂管等。

（1）管材的标识　色泽和色标统称为标识。

1）色泽。采用管材表面的整体颜色表示管材的用途信息。目前，我国建筑用塑料管常用的色泽见表 12-3。

表 12-3　管材色泽常用颜色

管材＼颜色	蓝色	橙红色或红色	灰色	白色	黄色	黑色	绿色
冷水给水管	○	×	△	△	×	△	×
热水给水管	×	○	△	△	×	△	×
埋地排水管	×	×	○	△	×	△	×
排水管	×	×	○	△	×	△	×
雨水管	×	×	×	○	×	×	×
燃气管	×	×	×	×	○	△	×
电工套管	×	×	×	△	×	△	○

注：1. 表中“○”符号表示规定的颜色。

2. 表中“△”符号表示必须添加规定颜色的色泽。

3. 表中“×”符号表示禁用的颜色。

2）色标。采用管材表面的颜色线条或线条加文字表示管材的用途信息。当以色标方式来表示管材的用途时，色标的颜色应符合表 12-4 的规定。

表 12-4　色标的颜色

管材＼颜色	蓝色	橙红色或红色	灰色	黄色	绿色
冷水给水管	○				
热水给水管		○			
埋地排水管			○		
排水管			○		
燃气管				○	
电工套管					○

色标的线条可采用实线或虚线，应沿轴向延伸。色标的线条数量不得少于 1 条，多条线条宜沿轴向均匀布置。当采用文字加线条表示色标时，文字和线条必须为相同颜色。

（2）管材规格、性能参数

1）规格。钢管用“公称外径 × 公称壁厚”的毫米数表示。

塑料管材和各种复合管材规格的表示方法在我国新标准中采用 ISO 国际标准方法，即管材规格用“管系列 S，公称外径 d_n × 公称壁厚 e_n”表示。例如，管系列 S8，公称外径 d_n 为 50mm，公称壁厚 e_n 为 3.0mm，则表示为：S8，50 × 3.0。

2）性能参数。

① 弹性模量。弹性模量是指材料在弹性范围内应力—应变的关系，其表达式如下：

$$E = \frac{\sigma}{\varepsilon} = \frac{PL}{\Delta LA} \tag{12-1}$$

式中　σ——应力（MPa）；

ε——应变；

E——弹性模量（MPa）；

P——外力（N）；

L——材料原长度（mm）；

ΔL——材料长度变化量（mm）；

A——材料截面积（mm^2）。

从上式可以看出，材料在弹性范围内，应力和应变成正比，比例系数即为 E。弹性模量 E 的物理意义表示材料在弹性范围内应力和应变之比，表明材料本身在外力作用下抵抗弹性变形的能力。

② 拉伸强度。管材拉伸强度是指管材在拉伸试验中材料在断裂前所能承受的纵向应力最大值，单位为 MPa。

③ 硬度。硬度是指材料抵抗比它更硬的物体压入其表面的能力。材料越硬，受压后的压痕越小。根据试验方法不同，常用的有布氏硬度和洛氏硬度两种表示方法。布氏硬度用 HB 表示，洛氏硬度因压头上的荷载不同分为 A、B、C 三种，洛氏硬度用 HRA、HRB、HRC 表示。

④ 维卡软化温度（维卡软化点）。维卡软化是评价热塑性塑料管材高温变形趋势的一种试验方法。该方法是在等速升温条件下，用一根带有规定荷载、截面积为 $1mm^2$ 的平顶针放在试样上，当平顶针刺入试样 1mm 时的温度即为该试样所测得的维卡软化温度。该温度反映了当一种材料在升温装置中使用时期望的软化点。

⑤ 交联。高分子交联反应是将分子间的范德华力吸引转变成化学键的结合，交联的结果是将线性分子材料转变成三维网状结构，从而大大改善材料的性能。交联是提高塑料管材机械性能和热性能的最为有效的手段。

⑥ 共混。将不同类型的高分子材料通过物理或化学的方法混合在一起的方法称为共混。它是塑料管材改性的一种极为有效的手段。一般来说，单一组分的聚合物往往有些性能不够理想，通过共混，将两种或两种以上性能各异、甚至不完全相容的聚合物混合在一起，则可得到与其中各种均聚物都大不相同的性能。

12.4　建筑涂料

12.4.1　涂料的概念

涂料是涂于物体表面能形成具有保护装饰或特殊性能（如绝缘、防腐、防霉、耐热、标志等）的固态涂膜的一类液体或固体材料的总称。因早期的涂料大多以植物油为主要原料，故又称作油漆。现在合成树脂已大部分或全部取代了植物油，故称为涂料。

通俗地讲，涂料是油漆和其他涂料的总称。涂料是一种常用的材料，施工简单、装饰性好、工期短、效率高、自重轻、维修方便简单，主要用于建筑、家具、汽车、飞机、家电等领域。

涂料，在中国传统上称为油漆。《涂料工艺》中定义：“涂料是一种材料，这种材料可以用不同的施工工艺涂覆在物件表面，形成粘附牢固、具有一定强度、连续的固态薄膜，这样形成的膜通称涂膜，又称漆膜或涂层。”

因能耗低、成本低、自重轻、无接缝、可防水、安全、容易更新、色彩丰富等优点，人们大量使用涂料来装饰建筑物，已成为建筑装饰的一种世界潮流。

用于建筑领域的涂料称为建筑涂料。建筑涂料是涂料中的一个重要类别，建筑涂料在国外是涂料中使用最多、产量最大的品种。其中以美国、日本等发达国家发展较快，水平最高。在我国，一般将用于建筑物内墙、外墙、顶棚、地面、卫生间、家具的涂料称为建筑涂料。

12.4.2 涂料的作用

建筑涂料具有装饰功能、保护功能和居住性改进功能。各种功能所占的比重因使用目的的不同而不尽相同。装饰功能，是通过建筑物的美化来提高它的外观价值的功能，主要包括平面色彩、图案及光泽方面的构思设计及立体花纹的构思设计，但要与建筑物本身的造型和基材本身的大小和形状相配合，才能充分地发挥出来。保护功能是指保护建筑物不受环境的影响和破坏的功能。不同种类的被保护体对保护功能要求的内容也各不相同，如室内与室外涂装所要求达到的指标差别就很大，有的建筑物对防霉、防火、保温隔热、耐腐蚀等有特殊要求。居住性改进功能主要是对室内涂装而言，就是有助于改进居住环境的功能，如隔声性、吸声性、防结露性等。简而言之，涂料的作用主要有三点：保护、装饰及掩饰产品的缺陷，提升产品的价值。

1. 保护作用

涂料可以使材料表面形成一层保护膜，保护被涂饰物的表面，防止来自外界的光、氧、化学物质、大气、微生物、水、溶剂等的侵蚀，防止被涂覆物生锈或腐蚀，从而提高被涂覆物的使用寿命。

2. 装饰作用

涂料涂饰物质表面，改变其颜色、花纹、光泽、质感等，提高物体的美观价值。涂料可以模仿木纹、大理石等，而且还可以模仿锤纹、皱纹、橘纹、砂纹等。

3. 其他功能

其他功能包括标志、防毒、杀菌、绝缘、防污、吸收声波和雷达波等。

12.4.3 涂料的主要技术性能和特点

涂料产品均应符合相应标准规定的各项技术指标的要求，应具有一定的粘度、细度、遮盖力、涂膜的附着力及贮存稳定性。固化成膜后，还应具有一定强度、硬度、耐水、耐磨、耐老化等性能。一些特种涂料还应满足所要求的防锈、隔热、防火、防滑、防结露、防化学腐蚀等特殊性能要求。

1. 主要技术性能

（1）遮盖力　遮盖力通常用能使规定的黑白格掩盖所需的涂料重量来表示，重量越大遮盖力越小。检测涂料的遮盖能力的方法是：将涂料涂饰在玻璃板上，当涂料完全将玻璃遮盖时为合格。

（2）粘度　粘度的大小影响施工性能，不同的施工方法要求涂料有不同的粘度。可以用旋转粘度来测试，即将涂料倒入测试杯中用转子旋转来测试。

（3）细度　细度大小直接影响涂膜表面的平整性和光泽。细度是指涂料中固体颗粒的大小，可以用刮板的方式进行测定。

（4）附着力　附着力表示涂膜与基层的粘合力。检测方法是用刀子划出边长为1mm的100个正方格，然后用软毛刷沿格子的对角线方向前后各刷5次，最后检查掉下的方格的数目。

2. 主要特点

1）耐污染性。

2）耐久性。包括耐冻融、耐洗刷性、耐老化性。

3）耐碱性。涂料的装饰对象主要是一些碱性材料，因此耐碱性是涂料的重要特性。

4）最低成膜温度。每种涂料都具有一个最低成膜温度，不同的涂料最低成膜温度不同。

5）耐高温性。涂料由原来的几十度发展到今天可以耐温达1800℃、节能高的涂料。

12.4.4　建筑涂料的组成

涂料是由多种不同物质经过溶解、分散、混合而组成的，各组成材料在涂料中具有的功能作用也各异。按照涂料中各组成材料在涂料生产、施工和使用中所起作用的不同，一般可分为主要成膜物质、次要成膜物质和辅助成膜物质三大类型。

1. 主要成膜物质

主要成膜物质也称基料、胶粘剂或固着剂，是涂膜的主要成分。其作用是将涂料中的其他成分粘结成一个整体，并能附着在被涂基层表面形成连续均匀、坚韧的保护膜。主要成膜物质应具有较高的化学稳定性和一定的机械强度，多属高分子化合物（如树脂）或成膜后能形成高分子化合物的有机物质（如油料）。成膜物质主要包括油脂、油脂加工产品、纤维素衍生物、天然树脂和合成树脂。成膜物质还包括部分不挥发的活性稀释剂，它是使涂料牢固附着于被涂物表面上形成连续薄膜的主要物质，是构成涂料的基础，决定着涂料的基本特性。

建筑涂料主要成膜物质应具有以下特点：

1）具有较好的耐碱性。

2）能常温成膜。

3）具有较好的耐水性。

4）具有良好的耐候性。

5）具有良好的耐高、低温性。

6）原料来源广，资源丰富，价格便宜。

目前我国建筑涂料所用的成膜物质主要以合成树脂为主，见表12-5。

表12-5　常见的主要成膜物质

油料（植物油）			树脂		
干性油	半干性油	不干性油	天然树脂	人造树脂	合成树脂
涂于物体表面能形成坚固的油膜（如桐油、亚麻油、苏子油、梓油）	干燥时间较长，形成的油膜软而发粘（如豆油、向日葵籽油、棉籽油）	在正常情况下不能自行干燥（如花生油、蓖麻油）	如松香、虫胶、沥青等	天然有机高分子化合物（如松香甘油酯、硝化纤维）	由单体经聚合或缩聚而得（如聚氯乙烯、环氧树脂、酚醛树脂）

2. 次要成膜物质

次要成膜物质是涂料中所用的颜料和填料，它们是构成涂膜的组成部分，并以微细粉状均匀地分散于涂料介质中，赋予涂膜以色彩、质感，使涂膜具有一定的遮盖力，减少收缩，还能增加膜层的机械强度，防止紫外线的穿透作用，提高涂膜的抗老化性、耐候性。

颜料的品种很多，可分为人造颜料与天然颜料；按其作用又可分为着色颜料、防锈颜料与体质颜料（即填料）。

（1）着色颜料　着色颜料是建筑涂料中品种最多的一种，主要作用是着色和遮盖物面，常见的有钛白粉、铬黄等。着色颜料的颜色有红、黄、蓝、白、黑、金属光泽及中间色等。常用的品种见表12-6。

表12-6　常用的着色颜料

颜料颜色	化学组成	品　　种
黄色颜料	无机颜料	铅铬黄（$PbCrO_4$）、铁黄［$FeO(OH) \cdot nH_2O$］
	有机颜料	耐晒黄、联苯胺黄等
红色颜料	无机颜料	铁红（Fe_2O_3）、银朱（HgS）
	有机颜料	甲苯胺红、立索尔红等
蓝色颜料	无机颜料	铁蓝、钴蓝（$CoO \cdot Al_2O_3$）、群青
	有机颜料	酞菁蓝［$Fe(NH_4)Fe(CN)_5$］等
黑色颜料	无机颜料	碳黑（C）、石墨（C）、铁黑（Fe_3O_4）等
	有机颜料	苯胺黑
绿色颜料	无机颜料	铬绿、锌绿等
	有机颜料	酞菁绿等
白色颜料	无机颜料	钛白粉（TiO_2）、氧化锌（ZnO）、立德粉（$ZnO + BaSO_4$）
金属颜料	有机颜料	铝粉（Al）、铜粉（Cu）等

（2）防锈颜料　常用的有红丹、锌铬黄、氧化铁红、银粉等。根据颜料的防锈作用机理可以将其分为物理防锈颜料和化学防锈颜料两类。物理防锈颜料的化学性质较稳定，它是借助其细微颗粒的充填，提高涂膜的致密度，从而降低涂膜的可渗透性，阻止阳光和水的透入，起到防锈作用。物理防锈颜料有氧化铁红、云母氧化铁、石墨、氧化锌、铝粉等。化学防锈颜料则是借助于电化学的作用，或是形成阻蚀性络合物以达到防锈的目的。化学防锈颜料有红丹、锌铬黄、偏硼酸钡、铬酸锶、铬酸钙、磷酸锌、锌粉、铅粉等。

（3）体质颜料　体质颜料也就是常说的填料，其主要作用是增加涂膜的厚度和体质，改善涂料的涂膜性能，提高涂膜的耐磨性，同时降低成本。填料主要是一些碱土金属盐、硅酸盐和镁、铝的金属盐和重晶石粉（$BaSO_4$）、轻质碳酸钙（$CaCO_3$）、重碳酸钙、滑石粉（$3MgO \cdot 4SiO_2 \cdot H_2O$）、云母粉（$K_2O \cdot Al_2O_3 \cdot 6SiO_2 \cdot H_2O$）、硅灰石粉、膨润土、瓷土、石英石粉或砂等。

3. 辅助成膜物质

（1）溶剂　溶剂又称稀释剂，是挥发性液体，是涂料的挥发性组分，具有溶解、分散、乳化主要成膜物质和次要成膜物质的作用。可以降低涂料的粘稠度，提高其流动性，增强成膜物质向基层渗透的能力，以符合施工工艺的要求。

涂料所用的溶剂有两类：一类是有机溶剂，另一类是水。有机溶剂包括烃类溶剂（矿物油精、煤油、汽油、苯、甲苯、二甲苯等）、醇类、醚类、酮类和酯类物质。溶剂和水的主要作用在于使成膜基料分散而形成粘稠液体。它有助于施工和改善涂膜的某些性能。

常用的溶剂有松香水、酒精、200号溶剂汽油、苯、二甲苯、丙酮等。常用溶剂的闪点和着火点，见表12-7。

配制溶剂型建筑涂料时对溶剂的选择应注意以下几点：溶剂的溶解力；溶剂的挥发性；溶剂的毒性；溶剂的易燃性。

表12-7 常用溶剂的闪点和着火点

溶剂	闪点/℃	着火点/℃	溶剂	闪点/℃	着火点/℃
丙酮	-20	53.6	异丁醇	38	42.6
丁醇	—	34.3	异丙醇	21	45.5
醋酸丁酯	33	42.1	甲醇	18	46.9
乙醇	16	42.6	松香水	—	24.6
甲乙酮	-4	51.4	甲苯	5	55.0

（2）助剂　辅助材料又称助剂，是为进一步改善或增加涂料的某些性能，在配制涂料时加入的物质，其掺量较少，一般只占涂料总量的百分之几到万分之几，但它们对改善性能、延长贮存期限、扩大应用范围和便于施工等常常起到很大的作用，效果显著。

常用的助剂有如下几类：

1）硬化剂、干燥剂、催化剂等。

2）增塑剂、增白剂、紫外线吸收剂、抗氧化剂等。

3）防污剂、防霉剂、阻燃剂、杀虫剂等。

此外还有分散剂、增稠剂、防冻剂、防锈剂、芳香剂等。

根据辅助材料的功能可分为催干剂、增塑剂、固化剂、乳化剂、稳定剂、消泡剂、流平剂、紫外线吸收剂等，还有一些特殊的功能助剂，如底材润湿剂等。这些助剂一般不能成膜，但对基料形成涂膜的过程与耐久性起着相当重要的作用。

12.4.5 建筑涂料的分类

根据《涂料产品分类和命名》（GB/T 2705—2003），涂料分类方法有两种。

分类方法一：主要是以涂料产品的用途为主线，并辅以主要成膜物质的分类方法。将涂料产品划分为三个主要类别：建筑涂料、工业涂料和通用涂料及辅助材料。

分类方法二：除建筑涂料外，主要以涂料产品的主要成膜物质为主线，并适当辅以产品主要用途的分类方法。将涂料产品划分为两个主要类别：建筑涂料、其他涂料及辅助材料。

常见涂料品种及应用范围见表12-8。

表 12-8 常见涂料品种及应用范围

品 种	主 要 用 途
醇酸漆	一般金属、木器、家庭装修、农机、汽车、建筑等的涂装
丙烯酸乳胶漆	内外墙涂装、皮革涂装、木器家具涂装、地坪涂装
溶剂型丙烯酸漆	汽车、家具、电器、塑料、电子、建筑、地坪涂装
环氧漆	金属防腐、地坪、汽车底漆、化学防腐
聚氨酯漆	汽车、木器家具、装修、金属防腐、化学防腐、绝缘涂料、仪器仪表的涂装
硝基漆	木器家具、装修、金属装饰
氨基漆	汽车、电器、仪器仪表、木器家具、金属防护
不饱和聚酯漆	木器家具、化学防腐、金属防护、地坪
酚醛漆	绝缘、金属防腐、化学防腐、一般装饰
乙烯基漆	化学防腐、金属防腐、绝缘、金属底漆、外用涂料

1. 内墙涂料

内墙涂料也可用作顶棚涂料，它的主要功能是装饰及保护内墙墙面及顶棚，建立一个美观舒适的生活环境。

内墙涂料色彩丰富，质感细腻平滑，便于涂刷，有良好的透气性、耐水性、耐碱性、吸湿排湿性，不易粉化，施工方便，重涂性好，毒性低，对环境污染程度小。

内墙涂料即为一般装修用的乳胶漆。乳胶漆为乳液性涂料，按照基材的不同，分为聚醋酸乙烯乳液和丙烯酸乳液两大类。乳胶漆以水为稀释剂，是一种施工方便、安全、耐水洗、透气性好的涂料，它可根据不同的配色方案调配出不同的色泽。

内墙涂料的制作成分由水、颜料、乳液、填充剂和各种助剂组成，这些原材料基本不含毒性。对乳胶漆而言，可能含毒性的主要是成膜剂中的乙二醇和防霉剂中的有机汞。常见内墙涂料示例及特征见表 12-9。

表 12-9 常见内墙涂料示例及特征

序号	名称	图 片	光泽	特 征
1	丝感墙面漆		半光	特别为装饰和保护室内墙面、顶棚及石膏板而设计，抗碱及抗菌的半光乳胶漆。适用于住宅、学校、酒店及医院等地，无气味，每 1L 涂刷面积 $10m^2$
2	幻彩涂料（梦幻涂料）	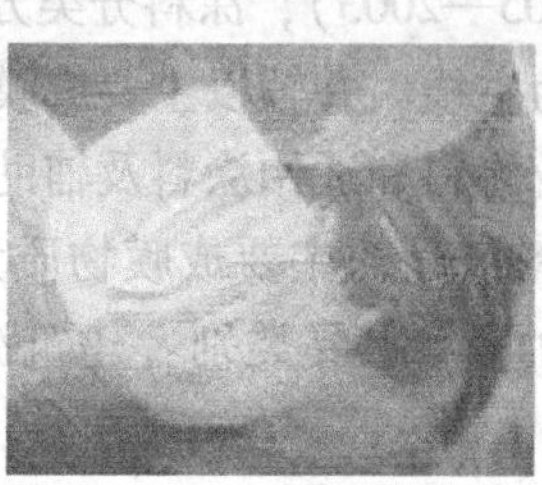	哑光	用特种树脂乳液和专门的有机、无机颜料制成的高档防水涂料，具有变幻奇特的质感及艳丽多变的色彩，丝状、点状、棒状等，用于办公室、住宅、宾馆、商店、会议室等内墙、格栅（小面积使用）

（续）

序号	名称	图　片	光泽	特　征
3	抗甲醛内墙乳胶漆		哑光	具有降解甲醛功能，持久亮丽；净味技术，超强耐擦洗；防水透气功能，弥盖细微裂纹；漆膜细腻、抗污；抗碱防霉、可调色；遮盖力特佳，易施工。每1L涂刷面积13m²（单遍，以干膜厚度30μm计）
4	抗碱内墙乳胶漆		哑光	经济型乳胶漆，特别为建筑工程而制造。适用范围：室内的混凝土、砖墙、石膏板等表面。漆膜幼滑，无不良气味，快干，遮盖力高，施工方便，抗污抗碱。每1L涂刷面积10～12m²（单遍，以干膜厚度30μm计）
5	抗污抗碱双效内墙乳胶漆		哑光	在漆膜表面形成强力保护屏障，具有极佳的抗污抗碱功能，且耐擦洗性能优异，适用于各种室内墙面装饰。耐擦洗性能优异；漆膜幼滑；抗污防水；抗碱防霉；持久亮丽。每1L涂刷面积14～16m²（单遍，以干膜厚度30μm计）
6	抗污内墙乳胶漆		哑光	具有全面的墙面漆功能，超强耐擦洗、防水透气、弥盖细微裂纹、持久亮丽、漆膜细腻、抗污、抗碱防霉、可调色、遮盖力高、易施工、流平性优异、干燥快。每1L涂刷面积14～16m²（单遍，以干膜厚度30μm计）。适用范围：室内的混凝土、砖墙、石膏板等表面
7	负离子内墙乳胶漆		哑光	具有全面的墙面漆功能，超强耐擦洗、防水透气、弥盖细微裂纹、持久亮丽 、漆膜细腻、抗污、抗碱防霉、可调色、遮盖力高、易施工、流平性优异、释放负离子。每1L涂刷面积14～16m²（单遍，以干膜厚度30μm计）。适用范围：室内的混凝土、砖墙、石膏板等表面

（续）

序号	名称	图片	光泽	特征
8	五合一内墙乳胶漆		哑光	耐擦洗、遮盖力高、抗碱、防霉、持久亮丽。工具清洗：涂装中途停顿及涂装完毕后，及时使用清水清洗所有器具。施工方法：辊涂、刷涂或无气喷涂
9	液体墙纸（乳胶漆）		哑光、平光、半光	涂抹平整、色彩柔和、遮盖力高、附着力好、防霉、耐水、耐碱、耐洗刷、流平性佳、手感细腻、绿色环保。适用于普通住宅、地下室、楼梯间、工业厂房、会议室、医院、娱乐场所、办公室等。每1L涂刷面积6～$8m^2$
10	全效内墙乳胶漆		哑光、柔光	超低气味、超级耐擦洗、更强透气防水功能、超强柔韧性、弥盖细微裂纹、超强防霉、持久亮丽、抗污、抗碱、可调色、更高遮盖力、流平性优异、更细腻、干燥快、更易施工。适用于室内墙面装饰

（1）合成树脂乳液内墙涂料　合成树脂乳液内墙涂料（又称乳胶漆）是以合成树脂乳液为基料（成膜材料）的薄型内墙涂料。一般用于室内墙面装饰，但不宜用于厨房、卫生间、浴室等潮湿墙面。

目前，常用的品种有苯丙乳胶漆、乙丙乳胶漆、聚醋酸乙烯乳胶漆、氯—偏乳液涂料等。

合成树脂乳液内墙涂料的技术性能应符合表12-10的要求。

表12-10　合成树脂乳液内墙涂料的技术性能

项目	技术指标
在容器中的状态	无硬块，搅拌后呈均匀状态
固体含量（120℃±2℃，2h）（%）	≥45
低温稳定性	不凝聚、不结块、不分离
遮盖力（白色及浅色）/（g/m^2）	≤250
颜色与外观	表面平整，符合色差范围
干燥时间/h	≤2
耐洗刷性/次	≥300
耐碱性（48h）	不起泡、不掉粉，允许轻微失光和变色
耐水性（96h）	

1）苯丙乳胶漆。苯丙乳胶漆内墙涂料是由苯乙烯、甲基丙烯酸等三元共聚乳液为主要成膜物质，掺入适量的填料、少量的颜料和助剂，经研磨、分散后配制而成的一种各色无光的内墙涂料。

其可用于内墙装饰，其耐碱、耐水、耐久性及耐擦洗性都优于其他内墙涂料，是一种高档内墙装饰涂料，同时也是外墙涂料中较好的一种。

2）乙丙乳胶漆。乙丙乳胶漆是以聚醋酸乙烯与丙烯酸酯共聚乳液为主要成膜物质，掺入适量的填料及少量的颜料及助剂，经研磨、分散后配制成的半光或有光的内墙涂料。

其可用于建筑内墙装饰，其耐碱性、耐水性和耐久性都优于聚醋酸乙烯乳胶漆，并具有光泽，是一种中高档的内墙涂料。

3）聚醋酸乙烯乳胶漆。聚醋酸乙烯乳胶漆是以聚醋酸乙烯乳液为主要成膜物质，加入适量填料、少量的颜料及其他助剂经加工而成的水乳型涂料。

其具有无味、无毒、不燃、易于施工、干燥快、透气性好、附着力强、耐水性好、颜色鲜艳、装饰效果明快等优点，适用于装饰要求较高的内墙。

4）氯—偏乳液涂料。氯—偏乳液涂料属于水乳型涂料，它以氯乙烯—偏氯乙烯共聚乳液为主要成膜物质，添加少量其他合成树脂水溶液胶共聚液体为基料，掺入不同品种的颜料、填料及助剂等配制而成。

部分合成树脂乳液内墙涂料的主要技术指标见表12-11。

表12-11　部分合成树脂乳液内墙涂料的主要技术指标

品名	项目	技术指标
苯丙乳胶漆	粘度（涂-4粘度计）/s　不小于	20
	光泽（%）　不大于	10
	固含量（%）　不小于	51±2
	遮盖力/（g/m^2）　不小于	白色及浅色：130；其他色：110
	最低成膜温度/℃	>3
	冻融循环（-15～15℃，5次）	通过，无变化
	耐水性（96h）	无变化
	耐擦洗性	可耐擦洗2000次以上
乙丙乳胶漆	粘度（涂-4粘度计）/s　不小于	20～50
	光泽（%）　不大于	20
	固含量（%）　不小于	45
	韧性/mm	1
	冲击功/（N·m）　不小于	4
	耐水性（浸水96h，板面破坏）（%）　不大于	5
	最低成膜温度/℃	≥5
	遮盖力/（g/m^2）	≤170
聚醋酸乙烯乳胶漆	粘度（涂-4粘度计）/s　不小于	30～40
	固含量（%）　不小于	45
	干燥时间（25℃，相对湿度65%±5%）/h	实干不大于2
	遮盖力/（g/m^2）	白色及浅色：≤170
	耐热性（80℃，6h）	无变化
	耐水性（96h）	无变化
	冲击功/（N·m）　不小于	4
	硬度（刷于玻璃板干后，48h摆杆法）　不小于	0.3

(2) 溶剂型内墙涂料　溶剂型内墙涂料与溶剂型外墙涂料基本相同。目前主要用于大型厅堂、室内走廊、门厅等部位。可用作内墙装饰的溶剂型涂料主要有过氯乙烯墙面涂料、聚乙烯醇缩丁醛墙面涂料、氯化橡胶墙面涂料、丙烯酸酯墙面涂料、聚氨酯系墙面涂料及聚氨酯－丙烯酸酯系墙面涂料等。

(3) 水溶性内墙涂料　水溶性内墙涂料是以水溶性化合物为基料，加入适量的填料、颜料和助剂，经过研磨、分散后制成的，属低档涂料，可分为Ⅰ类和Ⅱ类。各类水溶性内墙涂料的技术质量要求应符合表 12-12 的规定。

目前，常用的水溶性内墙涂料有聚乙烯醇水玻璃内墙涂料、聚乙烯醇缩甲醛内墙涂料和改性聚乙烯醇系内墙涂料。

表 12-12　水溶性内墙涂料的技术质量要求

序号	项目	技术质量要求	
		Ⅰ类	Ⅱ类
1	容器中状态	无结块、沉淀和絮凝	
2	粘度/s	30 ~ 75	
3	细度/μm	≤100	
4	遮盖力/（g/m²）	≤300	
5	白度（%）	≥80	
6	涂膜外观	平整、色泽均匀	
7	附着力（%）	100	
8	耐水性	无脱落、起泡和皱皮	
9	耐干擦性/级	—	≤1
10	耐洗刷性/次	≥300	—

1）聚乙烯醇水玻璃内墙涂料。聚乙烯醇水玻璃内墙涂料是以聚乙烯醇和水玻璃为基料，加入一定量的颜料、填料和适量的助剂，经溶解、搅拌、研磨而成的水溶性内墙涂料。

聚乙烯醇水玻璃内墙涂料被广泛用于住宅、普通公用建筑等的内墙、顶棚等，但不适合用于潮湿环境。

2）聚乙烯醇缩甲醛内墙涂料。聚乙烯醇缩甲醛内墙涂料又称 803 内墙涂料，是以聚乙烯醇与甲醛进行不完全缩合醛化反应生成的聚乙烯醇缩甲醛水溶液为基料，加入颜料、填料及助剂，经搅拌、研磨、过滤而成的水溶性内墙涂料。

聚乙烯醇缩甲醛内墙涂料可广泛用于住宅、一般公用建筑的内墙和顶棚。

3）改性聚乙烯醇系内墙涂料。提高聚乙烯醇系内墙涂料耐水性和耐洗刷性的措施有：提高聚乙烯醇缩醛胶的缩醛度、采用乙二醛或丁醛部分代替或全部代替甲醛作聚乙烯醇的胶联剂、加入某些活性填料等。

另外，在聚乙烯醇内墙涂料中加入 10% ~20% 的其他合成树脂的乳液，也能提高其耐水性。

(4) 多彩内墙涂料　多彩内墙涂料简称多彩涂料，是一种国内外较为流行的高档内墙涂料，经一次喷涂即可获得具有多种色彩的立体涂膜。

多彩内墙涂料按其介质可分为水包油型、油包水型、油包油型和水包水型四种，见表12-13。多彩内墙涂料的主要技术性能参见表12-14。

表12-13　多彩内墙涂料的基本类型

类型	分散相	分散介质
O/W型（水包油）	溶剂型涂料	含保护胶的水溶液
W/O型（油包水）	水性涂料	溶剂型清漆
O/O型（油包油）	溶剂型涂料	溶剂型清漆
W/W型（水包水）	水性涂料	含保护胶的水溶液

表12-14　多彩内墙涂料的主要技术性能

项目		技术指标
涂料性能	在容器中的状态	经搅拌后均匀，无硬块
	贮存稳定性（0~30℃）	6个月
	不挥发物含量（%）	≥19
	粘度（25℃）	（90±10）KU
	施工性	喷涂无困难
涂层性能	干燥时间（实干）/h	≤24
	外观	与标准样本基本相同
	耐水性（96h）	不起泡、不掉粉，允许轻微失光和变色
	耐碱性（48h）	不起泡、不掉粉，允许轻微失光和变色
	耐洗刷性/次	≥300

多彩内墙涂料的涂层由底层、中层、面层涂料复合而成。适用于建筑物内墙和顶棚水泥、混凝土、砂浆、石膏板、木材、钢、铝等多种基面的装饰。

（5）幻彩内墙涂料　幻彩内墙涂料又称梦幻涂料、云彩涂料、多彩立体涂料，是目前较为流行的一种装饰性内墙高档涂料。

幻彩涂料是用特种树脂乳液和专门的有机、无机颜料制成的高档水性内墙涂料。

按组成的不同主要有：用特殊树脂与专门的有机、无机颜料复合而成的；用特殊树脂与专门制得的多彩金属化树脂颗粒复合而成的；用特殊树脂与专门制得的多彩纤维复合而成的等。

幻彩涂料的成膜物质是经特殊聚合工艺加工而成的合成树脂乳液，具有良好的触变性及适当的光泽，涂膜具有优异的抗回粘性。

幻彩涂料具有无毒、无味、无接缝、不起皮等优点，并具有优良的耐水性、耐碱性和耐洗刷性，主要用于办公、住宅、宾馆、商店、会议室等的内墙、顶棚的装饰。

幻彩涂料适用于混凝土、砂浆、石膏、木材、玻璃、金属等多种基层材料。

幻彩涂料施工首先是封闭底涂，其主要作用是保护涂料免受墙体碱性物质的侵蚀。中层涂层一是增加基层材料与面层的粘结，二是可作为底色。中层涂料可采用水性合成乳胶涂料、半光或有光乳胶涂料。中层涂料干燥后，再进行面层涂料的施工。面层涂料可单一使用，也可套色配合使用。施工方式有喷、涂、刷、辊、刮等。

(6) 其他内墙涂料

1）静电植绒涂料。静电植绒涂料是利用高压静电感应原理，将纤维绒毛植入涂胶表面而成的高档内墙涂料，它主要由纤维绒毛和专用胶粘剂等组成。纤维绒毛可采用胶粘丝、尼龙、涤纶、丙纶等纤维。其主要用于住宅、宾馆、办公室等的高档内墙装饰。

2）仿瓷涂料。仿瓷涂料又称瓷釉涂料，是一种质感与装饰效果酷似陶瓷釉面层饰面的装饰涂料。仿瓷涂料分为溶剂型和乳液型两种。溶剂型仿瓷涂料以常温下产生交联固化的树脂为基料。乳液型仿瓷涂料以合成树脂乳液（主要使用丙烯酸树脂乳液）为基料。

防瓷涂料可用于公共建筑内墙、住宅内墙、厨房、卫生间等处，还可用于电器、机械及家具的表面防腐与装饰。

3）天然真石漆。天然真石漆是以天然石材为原料，经特殊加工而成的高级水溶性涂料，以防潮底漆和防水保护膜为配套产品，在室内外装饰、工艺美术、城市雕塑上有广泛的使用前景。

天然真石漆具有阻燃、防水、环保等特点。基层可以是混凝土、砂浆、石膏板、木材、玻璃、胶合板等。

4）彩砂涂料。彩砂涂料是由合成树脂乳液、彩色石英砂、着色颜料及各种助剂组成的。该种涂料无毒、不燃、附着力强，保色性及耐候性好，耐水性、耐酸碱腐蚀性也较好。彩砂涂料的立体感较强，色彩丰富，适用于各种场所的室内外墙面装饰。

内墙涂料分类虽然多，但是基本性能是一样的，随着科技的发展，如隐形变色发光内墙涂料、梦幻内墙涂料、纤维质内墙涂料等都成为当今的新型材料，在原有基础上又具有了更多艺术效果。

2. 外墙涂料

外墙装饰涂料主要功能是装饰和保护建筑物的外墙面，使建筑物外观整洁美观，达到美化环境的作用，延长其使用时间。

外墙装饰涂料品种很多，常用的有：聚合物水泥系涂料、溶剂型涂料、乳液型涂料、硅酸盐无机涂料、强力抗酸碱外墙涂料、纯丙烯酸弹性外墙涂料、有机硅自洁弹性外墙涂料、高级丙烯酸外墙涂料、氟碳涂料、质感漆系列等。其广泛用于涂刷建筑外立面，所以最重要的一项指标就是抗紫外线照射，要求长时间照射不变色。外墙涂料还要求有抗水性能，有自洁性。漆膜要硬而平整，脏污一冲就掉。外墙涂料的共同特点是：具有较好的色牢度、耐久性、耐水性、耐污性等，而且色彩丰富、施工方便、价格便宜、维修简便等特点。

外墙涂料能用于内墙涂刷，是因为它也具有抗水性能，而内墙涂料却不具备抗晒功能，所以不能把内墙涂料当外墙涂料使用。

(1) 聚合物水泥系涂料　聚合物水泥系涂料是在水泥中掺加有机高分子材料制成的。

(2) 溶剂型外墙涂料　溶剂型外墙涂料是以合成树脂溶液为主要成膜物质，有机溶剂为稀释剂，加入适量的颜料、填料及助剂，经混合溶解、研磨后配制而成的一种挥发性涂料。

溶剂型外墙涂料具有较好的硬度、光泽、耐水性、耐酸碱性及良好的耐候性、耐污染性等特点。目前国内外使用较多的溶剂型外墙涂料主要有丙烯酸酯外墙涂料、聚氨酯系外墙涂料。

1）丙烯酸酯外墙涂料。它是用热塑性丙烯酸酯合成树脂为主要成膜物质，加入溶剂、颜料和助剂等，经研磨而成的一种溶剂型涂料。主要适用于民用、工业、高层建筑及高级宾馆等的内外装饰。

其特点是无刺激性气味，耐候性好，不易退色、粉化、脱落，与基体之间粘结牢固；耐碱性好，且对墙面有较好的渗透作用，涂膜坚韧，附着力强；施工方便，可以涂刷、喷涂、滚涂，也可根据工程需要配制成各种颜色。因其具有一定毒性和易燃性，所以施工时应注意。丙烯酸酯外墙涂料技术性能见表12-15。

表12-15　丙烯酸酯外墙涂料技术性能

项　目	指　标
固体含量（%）	>45
干燥时间/h	表干：≤2；实干：≤24
细度/mm	≤60
遮盖力（白色及浅色）/（g/m^2）	≤170
耐水性（23℃±2℃，96h）	不起泡、不剥落，允许稍有变色
耐碱性（23℃±2℃，氢氧化钙浸泡）	不起泡、不剥落，允许稍有变色，不露底
耐洗刷性（0.5%皂液，2000次）	不露底、不脱落
耐沾污性（白色及浅色）（5次循环，反射系数下降率）	≤30%
耐候性（人工加速，200h）	不起泡、不剥落、无裂纹，变色及粉化不大于2级

2）聚氨酯系外墙涂料。聚氨酯系外墙涂料是以聚氨酯树脂或聚氨酯与其他树脂复合物为主要成膜物质，加入颜料、填料、助剂等配制而成的优质外墙涂料。聚氨酯外墙涂料包括主涂层涂料和面涂层涂料。

这种涂料具有以下特点：近似橡胶弹性的性质，对基层的裂缝有很好的适应性；耐候性好；极好的耐水、耐碱、耐酸等性能；表面光洁度好，呈瓷状质感，耐污性好，使用寿命可达15年以上。

其主要用于高级住宅、商业楼群、宾馆等的外墙装饰。聚氨酯—丙烯酸酯外墙涂料的主要技术指标见表12-16。

表12-16　聚氨酯—丙烯酸酯外墙涂料的主要技术指标

项　目	指　标
干燥时间（表干）/h	≤2
耐水性（23℃±2℃、96h）	无变化
耐碱性（23℃±2℃，48h）	无变化
耐洗刷性（0.5%皂液，2000次）	无变化
耐沾污性（白色及浅色）（5次循环，反射系数下降率）	≤10%
耐候性（人工加速，200h）	不起泡、不剥落、无裂纹、无粉化

（3）乳液型外墙涂料　以高分子合成树脂乳液为主要成膜物质的外墙涂料，称为乳液型外墙涂料。按照涂料的质感可分为薄质乳液涂料（乳胶漆）、厚质涂料、彩色砂壁状涂料等。

乳液型外墙涂料主要特点如下：以水为分散介质，涂料中无有机溶剂，因而不会对环境造成污染，不易燃，毒性小；施工方便，可刷涂、滚涂、喷涂，施工工具可以用水清洗；涂料透气性好，可以在稍湿的基层上施工；耐候性好。

目前，薄质外墙涂料有乙—丙乳液涂料、苯—丙乳液涂料、聚丙烯酸酯乳液涂料等；厚质涂料有乙—丙厚质涂料、氯—偏厚质涂料等。

1）乙—丙乳液涂料。乙—丙乳液涂料是由醋酸乙烯和一种或几种丙烯酸酯类单体、乳化剂、引发剂，通过乳液聚合反应制得的共聚乳液（称为乙—丙共聚乳液），然后将这种乳液作为主要成膜物质，掺入颜料、填料、成膜助剂、防霉剂等，经分散、混合配制而成的乳液型涂料，其技术指标见表12-17。其适用于住宅、商店、宾馆和工业建筑的外墙装饰。

表12-17　乙—丙外墙乳液涂料技术指标

项　目	指　标
漆膜颜色和外观	符合标准板及其色差范围
粘度（涂-4粘度计）/s	≥17
固体含量（%）	≥45
遮盖力（白色及浅色）/（g/m^2）	≤170
干燥时间	表干：≤30min；实干：≤24h
耐湿性（浸水96h）（%）	板面破坏不超过5
耐碱性（氢氧化钙饱和溶液，48h）（%）	板面破坏不超过5
耐沾污性（30次污染后反射系数下降率）（%）	≤50
冻融稳定性	不小于5次循环，不破乳

2）苯—丙乳液涂料。苯—丙乳液涂料是以苯乙烯—丙烯酸酯共聚物为主要成膜物质，加入颜料、填料及助剂等，经分散、混合配制而成的乳液型外墙涂料。苯—丙乳液涂料的主要技术指标见表12-18。

纯丙烯酸酯乳液配制的涂料，具有优良的耐候性、保光和保色性，适用于外墙装饰。

表12-18　苯—丙乳液涂料的主要技术指标

项　目	指　标
固体含量（%）	≥45
干燥时间/h	表干：≤2；实干：≤12
遮盖力（白色及浅色）/（g/m^2）	≤200
冻融稳定性（-5℃±1℃，16h）	不变质
耐水性（23℃±2℃，96h）	不起泡、不剥落，允许稍有变色
耐碱性（氢氧化钙饱和溶液浸泡，48h）	不起泡、不剥落，允许稍有变色
耐洗刷性（0.5%皂液，1000次）	不露底
耐沾污性（白色及浅色）（5次循环，反射系数下降率）	<50%

3）聚丙烯酸酯乳液涂料。聚丙烯酸酯乳液涂料或称纯丙烯酸聚合物乳胶漆，是由甲基丙烯酸甲酯、丙烯酸丁酯、丙烯酸乙酯等丙烯酸系单体加入乳化剂、引发剂等，经过乳液聚合反应而得到的乳液，然后以该乳液为主要成膜物质，加入颜料、填料及其他助剂，经分散、混合、过滤而成的乳液型涂料。

该涂料在性能上较其他共聚乳胶漆要好，最突出的优点是涂膜光泽柔和、耐候性与保光性都很优异。

4）乙—丙乳液厚质涂料。乙—丙乳液厚质涂料是以醋酸乙烯—丙烯酸共聚物乳液为主要成膜物质，掺入一定量的粗骨料组成的一种厚质外墙涂料。

这种涂料膜质厚实、质感强，耐候性、耐水性、冻融稳定性均较好，且保色性好，附着力强，施工速度快，操作简单，可用于各种建筑物外墙。

5）彩色砂壁状外墙涂料。彩色砂壁状外墙涂料又称彩砂涂料，是以合成树脂乳液和着色骨料为主体，外加增稠剂及各种助剂配制而成，其主要技术指标见表12-19。

彩砂涂料的主要成膜物质有醋酸乙烯—丙烯酸酯共聚乳液、苯乙烯—丙烯酸酯共聚乳液、纯丙烯酸酯共聚乳液等。彩砂涂料中的骨料分为着色骨料和普通骨料两种。

表12-19 彩色砂壁状外墙涂料的主要技术指标

项　目	指　标
在容器中状态	经搅拌后呈均匀状态，无结块
骨料沉降率（%）	<10
干燥时间/h	≤2
颜色及外观	颜色及外观与样本相比，无明显变化
冻融循环（10次）	涂层无裂纹、起泡、剥落现象，允许有轻微变化
粘结强度/MPa	≥0.69
耐水性（240h）	涂层无裂纹、起泡、剥落、软化物析出，允许有轻微变化
耐碱性（240h）	涂层无裂纹、起泡、剥落、软化物析出，允许有轻微变化
耐洗刷性（1000次）	涂层无变化
耐沾污率（%）	5次沾污试验后，沾污率在45%以下
人工耐候性（500h）	涂层无裂纹、起泡、剥落、粉化，变色不大于2级

（4）复层外墙涂料　复层涂料是以水泥系、硅酸盐系和合成树脂系等粘结料及集料为主要原料，用刷涂、滚涂或喷涂等方法，在建筑物表面上涂布2～3层，厚度（如为凹凸状，指凸部厚度）为1～5mm的凹凸或平状复层建筑涂料，简称复层涂料。复层涂料也称凹凸花纹涂料或浮雕涂料、喷塑涂料，它是由两种以上涂层组成的复合涂料。

复层涂料由底层涂料、主层涂料和罩面涂料三部分组成。底涂层用于封闭基层和增强主涂层涂料的附着力；主涂层用于形成凹凸式平状装饰面；面涂层用于装饰面着色，提高耐候性、耐污染性和防水性等。

按主层涂料主要成膜物质的不同，可分为聚合物水泥系复层涂料（CE）、硅酸盐系复层涂料（Si）、合成树脂乳液系复层涂料（E）、反应固化型合成树脂乳液系复层涂料（RE）四大类。

底涂层涂料主要采用合成树脂乳液及无机高分子材料的混合物，也可采用溶剂型合成树脂。主层涂料主要采用以合成树脂乳液、无机硅溶胶、环氧树脂等为基料的厚质涂料以及普通硅酸盐水泥等。面涂层涂料主要采用丙烯酸系乳液涂料，也可采用溶剂型丙烯酸树脂和丙烯酸—聚氨酯的清漆和磁漆。复层涂料适用于多种基层材料，其主要技术指标见表12-20。

表 12-20 复层涂料的主要技术指标

项目		分类代号			
		CE	Si	E	RE
低温稳定性（ -5℃ ±2℃）		3 次循环不结块，无组成物分离、凝聚			
初期干燥抗裂性		不出现裂纹			
粘结强度/MPa	标准状态	>0.49		>0.68	>0.98
	浸水后	>0.49		>0.49	>0.68
耐冷热循环（10 次）		不剥落、不起泡，无裂纹，无明显变色			
透水性/mL		溶剂型 <0.5；水乳型 <2.0			
耐碱性（7d）		不剥落、不起泡、不粉化、无裂纹			
耐冲击性（500g，300mm）		不剥落、不起泡，无明显变色			
耐候性（250h）		不起泡、无裂纹；粉化≤1 级；变色≤2 级			
耐沾污性（%）		<30			

复层建筑涂料的主要特点是外观美观，耐久性和耐污染性较好，且由于其涂层较厚，对墙体的保护功能也较佳。

（5）无机外墙涂料　无机外墙涂料是以碱金属硅酸盐或硅溶胶为主要成膜物质，加入填料、颜料、助剂等配制而成的建筑外墙涂料，其主要技术性能见表 12-21。

表 12-21　无机外墙涂料的主要技术性能

品名	项目	指标
钾水玻璃外墙涂料	耐水性（25℃，浸水 60d）	无异常
	耐碱性［$Ca(OH)_2$ 饱和溶液浸 30d］	无变化
	耐污性（循环 30 次）	白度下降 18% ~32%
	硬度（H）	≥6
	附着力	100%
	冻融循环（50 次）	无变化
	人工老化（600h）	无变化
钠水玻璃改性外墙涂料	粘度（涂 -4 粘度计）/s	15 ~20
	干燥时间/h	0.5
	pH	8.8 ~9.7
	硬度（H）	>6
	耐水性（浸水 1000h）	无异常
	耐碱性（$Ca(OH)_2$ 饱和溶液浸 500h）	无异常
	人工老化（氙气，1000h）	无粉化，不起泡
	冻融循环（50 次）	无变化
	光泽度	3.5 ~5.5
	成膜温度/℃	>5

按其主要成膜物质的不同可分为两类：一类是以碱金属硅酸盐为主要成膜物质，另一类

是以硅溶胶为主要成膜物质。无机外墙涂料广泛用于住宅、办公楼、商店、宾馆等的外墙装饰，也可用于内墙和顶棚等的装饰。常见外墙涂料示例及特征见表12-22。

表12-22　常见外墙涂料示例及特征

序号	名称	图片	光泽	特征
1	合成树脂外墙涂料		丝光、柔光、半光、哑光	由人工合成的一类高分子聚合物。为粘稠液体或加热可软化的固体，受热时通常有熔融或软化的温度范围，在外力作用下可呈塑性流动状态，某些性质与天然树脂相似。以合成树脂乳液为基料，与颜料、体质颜料及各种助剂配制而成。漆膜具有良好的耐水性、耐碱性、耐洗刷性、防霉性，色彩柔和，易于翻新
2	合成树脂乳液砂壁状建筑涂料	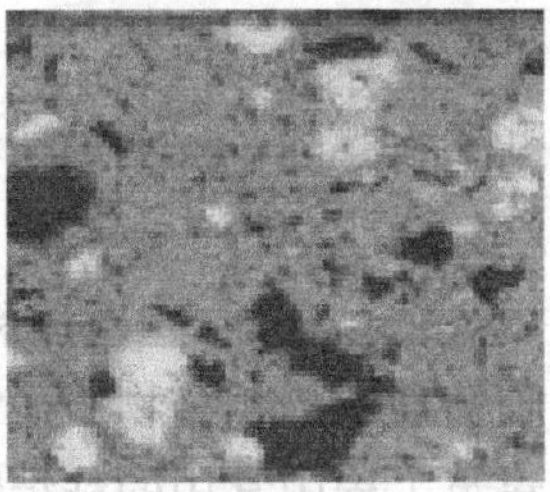	哑光	彩砂涂料是以合成树脂乳液为基料，加入彩色骨料或石粉及其他助剂配制而成的粗面厚质涂料，简称砂壁状涂料。仿大理石、花岗岩质感，又称仿石涂料。石艺漆、真石漆，一般采用喷涂法施工，具有丰富的质感和色彩，耐水性、耐候性良好，涂膜坚实，骨料不易脱落。适合小面积使用，起点缀作用
3	纳米外墙涂料（防霉、抗藻）		半光、哑光	防霉、抗藻；硬度高，耐擦洗；自洁、抗污；耐人工老化；防水隔热；持续释放负离子。理论耗漆量：$12 \sim 14m^2/kg$/层（白色及浅色漆，干膜厚度$30\mu m$）。适用范围：可涂于混凝土、砖砌墙体、水泥石棉板等表面。适用于各种做好底材处理的外墙装饰和保护
4	复合建筑涂料（浮雕涂料）		哑光	采用喷漆，由基层封闭涂料、主层封闭涂料、罩面涂料组成，广泛用于商业、办公、宾馆、饭店等的外墙、内墙、顶棚等
5	丙烯酸外墙涂料		高光、平光、低光	100%丙烯酸缎面外墙乳胶漆性能优越，坚固耐用，耐侯性、高流平性、透气性佳，持久亮丽，抗碱、抗霉、抗油污，柔韧性强，具有完美的缎面光泽效果

12.5　常用的建筑胶粘剂

胶粘剂又称粘合剂，简称胶，是使物体与另一物体紧密连接为一体的非金属媒介材料。它能在两种物体表面之间形成薄膜，使之粘结在一起，其形态通常为液态或膏状。使用胶粘剂完成胶接施工之后，所得胶接件能够满足机械性能和物理化学性能方面实际所需的各项要求。粘合剂的应用已有6000多年的历史，进入20世纪后，人类发明了应用高分子化学和石油化学制造的“合成粘结剂”，其种类繁多，粘结力强，产量也有了飞跃发展。胶粘剂现已广泛应用于汽车、工业、化工、建筑等各个领域。本节主要介绍建筑领域中常用的胶粘剂。

建筑胶粘剂是能将相同或不同品种的建筑材料互相粘合并赋予胶层一定机械强度的物质。它广泛用于建筑施工中的墙面和地面装修、玻璃密封、防水防腐、保温保冷、新旧混凝土连接、结构加固修补以及新型建筑材料（如复合保温板、人造装饰板等）的生产。

12.5.1　建筑胶粘剂的组成与分类

1. 建筑胶粘剂的组成

胶粘剂一般多为有机合成材料，通常是由粘结料、固化剂、增塑剂、稀释剂及填充剂等原料经配制而成。胶粘剂粘结性能主要取决于粘结物质的特性。

（1）粘结料　也称粘结物质，是胶粘剂中的主要成分，它对胶粘剂的性能，如胶结强度、耐热性、韧性、耐介质性等起重要作用。胶粘剂中的粘结物质通常由一种或几种高聚物混合而成，主要起粘结两种物件的作用。一般建筑工程中常用的粘结物质有热固性树脂、热塑性树脂、合成橡胶类等。

（2）固化剂　是促使粘结料进行化学反应，加快胶粘剂固化产生胶结强度的一种物质，常用的有胺类或酸酐类固化剂等。

（3）增塑剂　也称增韧剂，它主要是可以改善胶粘剂的韧性，提高胶结接头的抗剥离、抗冲击能力以及耐寒性等。常用的增塑剂主要有邻苯二丁酯和邻苯二甲酸二辛酯等。

（4）稀释剂　也称溶剂，主要对胶粘剂起稀释分散、降低粘度的作用，使其便于施工，并能增加胶粘剂与被胶粘材料的浸润能力，以及延长胶粘剂的使用寿命。

稀释剂分为两大类：一类为非活性稀释剂，俗称溶剂，不参与胶粘剂的固化反应；另一类为活性稀释剂。常用的有机溶剂有丙酮、甲乙酮、乙酸乙酯、苯、甲苯、酒精等。

（5）填充剂　填充剂也称填料，一般在胶粘剂中不与其他组分发生化学反应。其作用是增加胶粘剂的稠度，降低膨胀系数，减少收缩性，提高胶结层的抗冲击韧性和机械强度。常用的填充剂有金属及金属氧化物的粉末，玻璃、石棉纤维制品以及其他植物纤维等，如石棉粉、铝粉、磁性铁粉、石英粉、滑石粉及其他矿粉等无机材料。

（6）改性剂　改性剂一般是为了改善胶粘剂某一方面的性能，例如：偶联剂，其具有能分别和被粘物及粘合剂反应成键的两种基团，可提高胶接强度；稳定剂，可防止胶粘剂长期受热分解或贮存时性能变化。

另外，胶粘剂的原料还有防腐剂、防霉剂、阻燃剂等。

2. 建筑胶粘剂的分类

1）按应用方法分：热固型、热熔型、室温固化型、压敏型等。

2）按用途可以分为：结构型胶粘剂、非结构型胶粘剂、特种胶粘剂等。

3）按状态可以分为：溶液类胶粘剂、乳液类胶粘剂、膏糊类胶粘剂、膜状类胶粘剂和固体类胶粘剂等。

4）按固化条件可分为：室温固化胶粘剂、低温固化胶粘剂、高温固化胶粘剂、光敏固化胶粘剂、电子束固化胶粘剂等。

5）按粘结料性质可分为：有机胶粘剂和无机胶粘剂，其中有机类中又可再分为人工合成有机类和天然有机类，即：

- 胶粘剂
  - 有机类
    - 合成类
      - 热固型树脂胶粘剂：环氧、酚醛、有机硅等
      - 热塑型树脂胶粘剂：聚醋酸乙烯脂、乙烯醋酸乙烯脂等
      - 橡胶型胶粘剂：氯丁橡胶、丁腈橡胶、硅橡胶等
      - 混合型胶粘剂：酚醛—环氧、酚醛—丁腈、环氧、尼龙等
    - 天然类
      - 天然树脂类：松香、虫胶、大漆等
      - 蛋白质类：植物蛋白、骨脂、鱼胶等
      - 葡萄糖类：淀粉、糊精、阿拉伯树胶等
  - 无机类
    - 硅酸盐类：各种硅酸盐类胶凝材料
    - 铝酸盐类：各种铝酸盐类胶凝材料
    - 磷酸盐类：各种磷酸盐类胶凝材料
    - 硼酸盐类：各种硼酸盐类胶凝材料

常用合成胶粘剂的品种和特性见表12-23。

表12-23　常用合成胶粘剂的品种和特性

类别	品种	特性	主要用途
热固型	环氧树脂	强度高、耐水、耐油、耐酸、耐溶剂	粘接金属、非金属，结构加固，裂缝修补
	聚氨酯	耐水、耐蚀、耐低温、耐冲击，初始强度高	粘接金属、橡胶、玻璃、塑料、木材、陶瓷，防水密封
	酚醛树脂	强度高、脆性大、耐热、耐水、耐酸、耐蚀	粘接木材、混凝土、陶瓷和金属等，制作胶合板和层压板
	脲醛树脂	强度高、脆性大、耐水、耐酸碱、耐热	粘接混凝土、瓷砖、木材，制作玻璃钢
	氨基树脂（三聚氰胺树脂）	色浅、毒性小、成本低、固化快、耐光照性好、耐水差、强度不高	粘接木材，制造胶合板、装饰板和层压板
	不饱和聚氨酯	色浅、黏度低、透明性好、强度高、耐水、耐酸、收缩大、性脆	粘接陶瓷、塑料和玻璃，主要制作玻璃钢
热塑型	聚乙烯醇缩醛	耐光、耐热、韧性好、耐水性差、价格低、使用方便	粘接玻璃、壁纸、木材，配制聚合物砂浆，制作安全玻璃
	聚醋酸乙烯脂及其共聚物	无毒、使用方便、价格较低，其共聚物耐水性、韧性和粘接强度相应提高	粘接木材、纸张、织物、壁纸、塑料，配制聚合物砂浆
	聚丙烯酸脂及其共聚物	耐水、耐大气老化、粘接强度较高、固化快、使用方便	粘接织物、木材、塑料、金属、陶瓷，配制聚合物砂浆、密封胶和彩砂涂料等
橡胶型	氧丁橡胶	耐光、耐油、化学稳定性好、韧性好	粘接橡胶、塑料、金属、木材和水泥制品
	聚硫橡胶	耐水、耐油、耐溶剂、气密性好、弹性高、粘附性良好	玻璃、金属、混凝土之间的粘合密封
	硅橡胶	耐紫外线、耐臭氧、耐化学介质，热稳定性、低温柔软性好，耐老化	玻璃、金属、混凝土、塑料之间的粘合密封

12.5.2 胶粘机理及影响胶结强度的因素

研究胶粘机理首先要分析和探讨胶结接头是怎样被破坏的。胶结接头的破坏有三种情况：被胶物本身内聚破坏、胶层本身内聚破坏、胶与被胶物界面粘附破坏。

胶粘剂与被胶材料产生胶结强度，其大小取决于胶与被胶物之间的粘附力和胶层本身的内聚力。要胶粘剂与被胶材料产生最大的胶结强度，就必须提高内聚力和粘附力的共同作用。要使胶粘剂与被胶材料产生粘合力，首要的条件是胶粘剂能良好地浸润被胶材料。

选择胶粘剂的基本原则有以下几个方面：了解粘结材料的品种和特性，根据被粘材料的物理性质和化学性质选择合适的胶粘剂；了解粘结材料的使用要求和应用环境，即粘结部位的受力情况、使用温度、耐介质及耐老化性、耐酸碱性等；了解粘结的工艺性，即根据粘结结构的类型采用适宜的粘接工艺；了解胶粘剂组分的毒性；了解胶粘剂的价格和来源的难易，在满足使用性能要求的条件下，尽可能选用价廉的、来源容易的、通用性强的胶粘剂。

（1）胶结理论

1）机械连结理论。这种理论认为粘结力的产生主要是由于胶粘剂在不平的被粘物的表面形成机械互锁力。任何物体的表面在肉眼看来十分光滑，但放大来看还是十分粗糙的，有些表面还是多孔性的，粘胶剂渗透到被粘物表面的缝隙或凹凸之处，固化之后就像许多小钩子似的把胶粘剂和被粘物连接在一起。在粘合多孔材料、纸张、织物等时，机械连接力是很重要的，但对某些坚实而光滑的表面，这种作用并不显著。

2）物理吸附理论。人们把固体对胶粘剂的吸附看成是胶结主要原因的理论，称为胶结的吸附理论。理论认为，粘结力的主要来源是粘结体系的分子作用力，即范德华力和氢键力。

3）扩散理论。是指两种聚合物在具有相容性的前提下，当它们相互紧密接触时，由于分子的布朗运动，且有足够的相容性产生相互扩散现象。这种扩散作用是穿越胶粘剂、被粘物的界面交织进行的。扩散的结果是导致界面的消失和过渡区的产生。

4）化学键理论。粘合作用是由于粘合剂与被粘物之间的化学力—主价力相结合而产生的。通过粘合剂与被粘物分子之间可能产生的化学反应，而得到牢固的化学结合力，但它只限于反应性的特定的粘合剂品种，不能解释所有的、没有化学反应的粘合剂品种。

5）静电理论。当胶粘剂和被粘物体是一种电子的接受体—供给体的组合形式时，电子会从供给体（如金属）转移到接受体（如聚合物），在界面区两侧形成双电层，从而产生静电引力。

（2）影响胶结强度的因素　评定胶结强度的指标有剪切强度、剥离强度、疲劳强度、冲击强度等，一般采用拉伸剪切强度作为胶结强度大小的主要评定指标。

影响胶结强度的因素有很多，最主要的有胶粘剂的类型、被粘结材料的性质、胶粘剂对被粘物表面的浸润性（或称湿润性）、粘结工艺及环境条件（如温度）等。选择合适的胶粘剂是影响胶结强度的关键因素。粘结强度的好坏除了受胶粘剂的组成结构及有关的物理力学性能影响外，还与一些物理因素有关，这些因素中主要有被粘物表面光滑情况、界面状况、应力分布等。这些因素虽不属于产生粘结力的基本物理化学过程，但它们的影响因素是不可忽视的，有时候甚至起决定性作用。

1）粗糙度和表面形态。被粘物表面的粗糙程度是产生机械粘结力的源泉，在浸润性好的情况下，胶粘剂在粗糙表面的浸润性比光滑表面好。

2）弱界面层。当胶粘剂与被粘物之间的粘结力主要来源于分子间的作用，而胶粘剂和被粘物中存在相容性差，易迁移的低分子杂质，并且这种低分子杂质对被粘物表面的吸附力比对胶粘剂强时，界面间的作用力就会削弱，即产生弱界面层。

3）内应力。内应力除了与固化时的体积收缩及胶层各组分的线膨胀系数差别等有关外，还与胶层的老化过程密切相关。

4）胶层厚度。一般来说，胶层的厚度减小，强度越大。胶层的厚度也与接头所承受的应力类型有关，单纯的拉伸、压缩后剪切，胶层越薄，强度越大。对于冲击负荷，弹性模量小的胶粘剂，胶层越厚，冲击强度越高；而对于弹性模量大的胶粘剂，冲击强度与胶层的厚度是无关的。

5）使用时间。随着使用时间的增长，常因胶粘剂的老化而降低粘结的强度。胶层的老化与胶粘剂的物理化学变化，使用时的受力情况及使用环境是有关的。

（3）常用的建筑胶粘剂

1）乳液型建筑胶粘剂。乙烯—乙酸乙烯、丙烯酸乳液、水乳环氧、纤维素醚类溶液及聚乙烯醇缩甲醛等，它们是以水为分散介质，现场只需加入预拌好的硅酸盐水泥、砂子，拌匀后即成聚合物砂浆，可用于饰面砖板黏贴、抹灰及批刮腻子等。

2）粉状型建筑胶粘剂。常用的胶粘剂有纤维素醚类、可再分散的乳液粉，目前这些干粉均需进口。

3）膏状胶粘剂。市场上出售的膏状胶粘剂大都以乙烯—乙酸乙烯为胶结料，以松香的乙醇溶液为增塑剂，再加入无机填料及甲苯经搅拌而制成，使用方便。

4）混凝土界面处理剂。它是通过被粘接物的表面如混凝土基层、饰面砖板被粘面的涂覆，然后再用普通水泥砂浆粘贴，从而增加了界面的粘结力。

5）建筑密封胶。主要用于玻璃与金属、金属与金属、金属与混凝土、混凝土与混凝土之间的密封，要求粘结牢固、有弹性，防水、耐老化性能好。

6）建筑结构及化学灌浆用胶粘剂。主要有环氧树脂、改性环氧类。

7）建筑防腐胶粘剂。这类胶粘剂多为双组分溶剂型胶粘剂，如环氧树脂、不饱和聚酯、酚醛树脂、呋喃树脂等，主要适用于酸、碱、盐腐蚀的场合。环氧树脂的分类及代号见表12-24。

表12-24　环氧树脂的分类及代号

代号	环氧树脂类别	代号	环氧树脂类别
E	二酚基丙烷环氧树脂	G	硅环氧树脂
ET	有机钛改性二酚基丙烷环氧树脂	N	酚酞环氧树脂
EG	有机硅改性二酚基丙烷环氧树脂	S	四酚基环氧树脂
EX	溴改性二酚基丙烷环氧树脂	J	间苯二酚环氧树脂
EL	氯改性二酚基丙烷环氧树脂	A	三聚氰酸环氧树脂
EI	二酚基丙烷侧链型环氧树脂	R	二氧化双环戊二烯环氧树脂
F	酚醛多环氧树脂	Y	二氧化乙烯环己烯环氧树脂
B	丙三醇环氧树脂	D	聚丁二烯环氧树脂
ZQ	脂肪酸甘油脂环氧树脂	H	3,4—环氧基—6—甲基环乙烷甲酸
IQ	脂环族缩水甘油脂		3′,4—环氧基—6′—甲基环己烷甲酯
L	有机磷环氧树脂	W	二氧化双环戊烯基醚树脂

单元小结

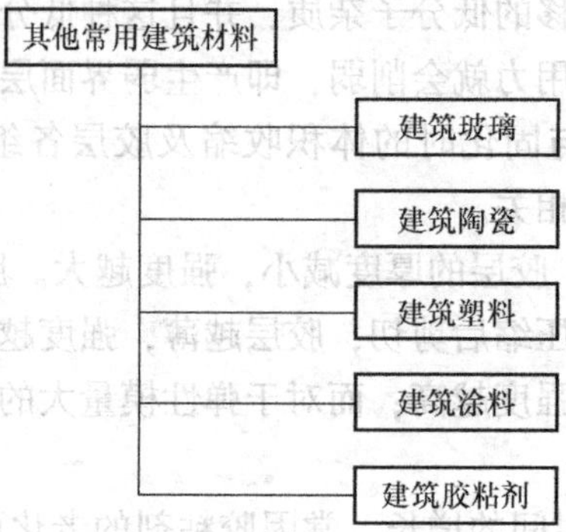

同步测试

12.1 玻璃按化学组成分有哪些品种？按功能分有哪些品种？

12.2 陶瓷制品根据其结构特征分为哪几类？

12.3 陶瓷制品的表面装饰方法有哪几种？

12.4 建筑陶瓷制品有哪些常用品种？

12.5 常用的建筑塑料有哪些种类？它们又有哪些特性？

12.6 塑料地板有哪些种类？不同种类的塑料地板各有哪些特性？

12.7 塑料壁纸有哪些种类？塑料壁纸有哪些技术要求？不同品种的塑料壁纸的特性有哪些不同？

12.8 外墙涂料应具有哪些特性？为什么内墙涂料不能用于外墙？

12.9 涂料的主要成膜物质是什么？建筑涂料的分类如何？

12.10 常用的建筑胶粘剂有哪些？它们的分类如何？

参考文献

[1] 梅杨，夏文杰．建筑材料与检测［M］. 北京：北京大学出版社，2010.
[2] 崔长江. 建筑材料［M］. 3版. 郑州：黄河水利出版社，2009.
[3] 卢经扬，余素萍．建筑材料［M］. 2版. 北京：清华大学出版社，2011.
[4] 申淑荣，冯翔．建筑材料［M］. 北京：冶金工业出版社，2012.
[5] 安素琴．建筑装饰材料［M］. 北京：中国建筑工业出版社，2000.
[6] 范文昭．建筑装饰材料［M］. 武汉：武汉理工大学出版社，2003.
[7] 张书梅．建筑装饰材料［M］. 北京：机械工业出版社，2009.
[8] 隋良志，刘锦子．建筑与装饰材料［M］. 天津：天津大学出版社，2008.
[9] 邵元纯，杨胜敏．建筑与装饰材料［M］. 北京：人民交通出版社，2011.
[10] 曹亚玲．建筑材料［M］. 北京：化学工业出版社，2008.
[11] 刘祥顺. 建筑材料［M］. 北京：中国建筑工业出版社，1997.
[12] 马眷荣. 建筑材料辞典［M］. 北京：化学工业出版社，2003.
[13] 范文昭．建筑材料［M］. 北京：中国建筑工业出版社，2004.